石油化工设备技术问答丛书

工业汽轮机安装技术问答

中石化第五建设有限公司　王学义　编著

中国石化出版社

内 容 提 要

本书内容涉及工业汽轮机安装前的准备、气缸和轴承座的安装、盘车装置及齿轮变速齿轮箱的安装、汽轮机调节系统的安装、附属机械及设备的安装等方面。以紧密联系生产实际的原则，尽量反映新技术、新工艺、新设备、新方法，采用问答的形式并配以图解。

在编著过程中力求做到结构合理、内容新颖、图文并茂、覆盖面广、深入浅出、文字通俗易懂。本书适合从事工业汽轮机安装、操作及维护的技术人员和管理人员参考阅读。

图书在版编目(CIP)数据

工业汽轮机安装技术问答 / 王学义编著. — 北京：
中国石化出版社，2015.6
ISBN 978-7-5114-3357-2

Ⅰ.①工… Ⅱ.①王… Ⅲ.①蒸汽透平-设备安装-问题解答 Ⅳ.①TK26-44

中国版本图书馆 CIP 数据核字(2015)第 095641 号

中国石化出版社出版发行

地址:北京市东城区安定门外大街 58 号
邮编:100011　电话:(010)84271850
读者服务部电话:(010)84289974
http://www.sinopec-press.com
E-mail:press@sinopec.com
北京富泰印刷有限责任公司印刷
全国各地新华书店经销

*

787×1092 毫米 16 开本 15.25 印张 357 千字
2015 年 6 月第 1 版　2015 年 6 月第 1 次印刷
定价:42.00 元

序

　　设备是企业进行生产的物质技术基础。现代化的石油化工企业，生产连续性强、自动化水平高，且具有高温、高压、易燃、易爆、易腐蚀、易中毒的特点。设备一旦发生问题，会带来一系列严重的后果，往往会导致装置停产、环境污染、火灾爆炸、人身伤亡等重大事故的发生。因而石油化工厂的设备更体现了设备是企业进行生产、发展的重要物质基础，"基础不牢，地动山摇"。设备状况的好坏，直接影响着石油化工企业生产装置的安全、稳定、长周期运行，从而也影响着企业的经济效益。

　　确保石油化工厂设备经常处于良好的状况，就必须强化设备管理，广泛应用先进技术，不断提高检修质量，搞好设备的操作和维护，及时消除设备隐患，排除故障，提高设备的可靠度，从而确保生产装置的安全、稳定、长周期运行。

　　为了加强企业"三基"工作，适应广大石油化工设备管理、操作及维护检修人员了解设备，熟悉设备，懂得设备的结构、性能、作用及可能发生的故障和预防措施，以提高消除隐患、排除故障、搞好操作和日常维护能力的需要，中国石化出版社针对石油化工厂常见的各类设备，诸如，各类泵、压缩机、风机及驱动机、各类工业炉、塔、反应器、压力容器，各类储罐、换热设备，以及各类工业管线、阀门管件等等，组织长期工作在石油化工企业基层，有一定设备理论知识和实践经验的专家和专业技术人员，以设备技术问答的形式，编写了一系列"石油化工设备技术问答丛书"，供大家学习和阅读，希望对广大读者有所帮助。本书即为这套丛书之一。

中国石化设备管理协会副会长

胡安定

前　言

随着科学技术的进步，我国石油化工工业得到了飞速发展。石油化工装置不断地引进新技术、新设备、新工艺，同时，石油化工设备也在向大型化、单系列、自动化、智能化进行着发展，从而对设备的管理和安装以及检修技术的要求也越来越高。

为了提高石油化工装置安装、操作、检修和技术管理人员的技术素质和管理水平，适应汽轮机技术的培训的需要，在我公司编著的《工业汽轮机技术》一书的基础上，以国家、行业标准为指导，结合石油化工装置汽轮机组的特点，编著了《工业汽轮机安装技术问答》。本书紧密联系生产实际，尽量反映新技术、新工艺、新设备、新方法，采用问答的形式并配以图解，在编著过程中力求做到结构合理、内容新颖、图文并茂、覆盖面广、深入浅出、文字通俗易懂。

本书共五章，包括：工业汽轮机安装前的准备、气缸和轴承座的安装、盘车装置及齿轮变速齿轮箱的安装、汽轮机调节系统的安装，附属机械及设备的安装等。

在本书编著过程中，得到了公司领导和同仁、兄弟单位和专家的大力支持与帮助，在此一并表示感谢。也向本书所引用的技术资料的作者们致以衷心的感谢！

鉴于时间仓促和编者水平有限，本书难免有疏漏和不妥之处，诚挚希望读者提出宝贵意见，使之不断完善。在此，编者深表谢意。

目　　录

1

第一章　工业汽轮机安装前的准备

1. 工业汽轮机安装前为什么要做好准备工作?

答：由于工业汽轮机组的安装工作，具有工作量大、各专业交叉作业多、技术精度要求高、施工管理要求严谨、施工周期紧等特点，施工前的各项组织准备工作，将直接关系到汽轮机组安装工程的安全、质量、成本和施工进度。因此，必须根据制造厂技术文件规定及规程规范的技术要求、施工期限、各项经济技术指标、施工单位的技术水平、施工机械及工器具的配备情况，以及现场条件，做好现场施工组织设计显得更为重要。

2. 汽轮机施工前对施工人员有哪些要求?

答：由于工业汽轮机结构复杂，零部件多，质量要求高、安装难度大，因此汽轮机施工前应做好周密、细致地准备工作。并要求参与汽轮机的安装人员，应有高度的责任感、事业心，了解、熟悉汽轮机的结构性能及施工工艺，并执行相关的规程规范及标准，施工中运用新技术、新工艺，不断提高施工质量。施工中认真执行 QHSE 及各项安全制度和措施，确保汽轮机组优质、高速、低耗地完成安装任务，并使机组一次试运行成功。

第一节　技术文件准备

1. 汽轮机施工前准备设计文件包括哪些内容?

答：(1)汽轮机厂房内设备及原始工艺系统布置图；

(2)管道的施工图包括：①新蒸汽进汽管；②排汽管；③主抽汽管(工艺热网系统总管，或到减温减压器装置总管)；④汽封抽汽管；⑤循环水总管；⑥疏水管；⑦仪表管；⑧润滑油、调节保安油系统的施工总图。

(3)管道详图及各支、吊架的结构及布置图；

(4)设备的基础图，基金属结构图及构架图；

(5)相关专业的施工图；

(6)机组平面布置图，底座、汽轮机、被驱动机械及附属设备的安装图。

2. 汽轮机施工前准备制造厂技术文件包括哪些内容?

答：(1)使用、维护说明书；

(2)设备产品出厂合格证书及检验试验记录；

(3)设备供货清单及装箱清单；

(4)主要零部件材料的质量证明文件；

(5)各部套的装配图及易损件图；

(6)热力系统图，调节保安系统、油系统图等；

(7)平台以上部分的调节保安管路图，润滑油管路图及汽水管路图。

3. 汽轮机施工前准备制造厂施工文件包括哪些内容?

答：(1)图纸会审、核查记录；

(2)编制施工技术方案并经审批；

（3）机组施工前应对施工人员进行技术交底。

4. 施工单位如何编制凝汽式汽轮机施工程序？

答：汽轮机在现场安装时，有些制造厂技术文件明确规定汽轮机不得解体，必须进行整体安装。但由于制造装配环境、油封包装材料、用户存放条件及运输状况等原因，难以保证汽轮机维持制造厂装配状态和内部的清洁度，经建设单位、总承包商与制造厂协商同意，可在现场解体安装时，还应解体进行清理、检查、调整和组装，以保确汽轮机的安装质量。

根据施工进度的安排和汽轮机型式的特点作出施工措施和安装工艺流程，并结合参加施工的人员和工、机具及设备到货情况，制订出施工计划，以便满足施工项目部总的施工进度要求。现将解体凝汽式汽轮机的安装程序列于图1-1，仅供参考。

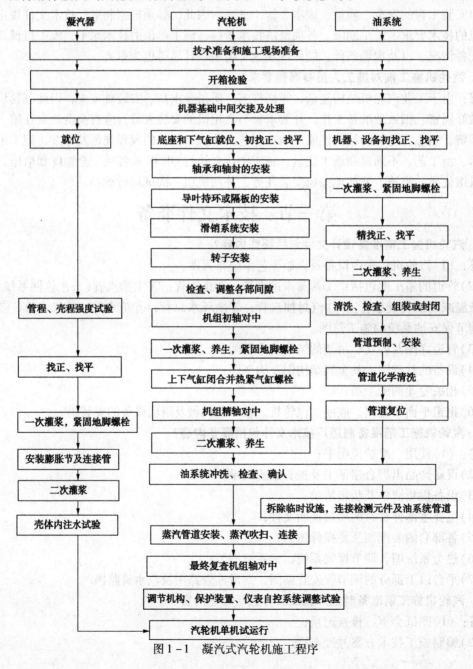

图1-1 凝汽式汽轮机施工程序

第二节　现 场 准 备

1. 汽轮机施工现场应做好哪些准备工作?

答：(1)熟悉规程规范、图纸、资料;

(2)组织图纸会审、编制施工方案并进行技术交底;

(3)与机组安装相关的土建主体工程已完工,机器基础具备安装条件,避雷接地设施完善;

(4)对施工场地及运输通道,应确信能承受所放置设备的重量,并做到场地平整、道路畅通,并备有可靠的消防设施和消防水源;

(5)具有可靠的施工用水、电、照明、压缩空气等设施并已具备使用条件;

(6)厂房内的桥式起重机的起吊重量,行车速度、起吊高度、起吊速度以及起吊及纵横向行车的极限范围等性能已检查确认,并能满足设备安装的需求;起重施工机械及索具等具备使用条件;

(7)现场应有零部件、工具及施工材料等存放设施,地面或货架应具有足够的承载能力,禁止在不了解设备重量或建筑结构承载强度的情况下任意放置重物,特殊材质的钢管、管件和部件,应分类摆放,不得混淆;

(8)现场应具有相应的防风、防雨、防冻、防尘等防护措施;汽轮机厂房的室内温度应保持在5℃以上;

(9)施工用计量器具应在有效检定期内,精度等级必须满足测量的需要;

(10)对于充氮保护的设备,应定期检查氮气压力及设备密封情况,当压力低于0.35MPa时,应立即补充氮气;

(11)各层平台、梯子、栏杆、扶手和踢脚板等均应安装完毕并焊接牢固,各孔洞和尚未完工的敞口部位应有可靠的临时盖板和栏杆及有醒目标记。

2. 汽轮机厂房内桥式起重机轨道安装时应符合哪些要求?

答：汽轮机厂房内桥式起重机(又称行车)轨道安装时,应符合表1-1的要求。

表1-1　桥式起重机轨道安装允许偏差值

项　目		允许偏差值/mm	测量方法
厂房同一断面处两根轨道顶部的标高差：在柱子处		±10	水准仪
其他地点		±5	
同一轨道上两柱间,柱子处轨道顶部的标高差(柱间距为B)		$<\dfrac{B}{1500}$但≤10	
每个轨道的纵向中心线与基础中心线位置偏差		≤±2	钢板尺
桥式起重机两轨道与原设计规定尺寸的偏差：跨距小于15mm时		≤±3	钢卷尺
跨距大于15mm时		≤±5	
同一根轨道接头处横向错口		≤±1	
同一根轨道接头处高低偏差		≤±1	
轨道接头间隙		≈1~2	

3. 桥式起重机安装完毕后，作动、静负荷试验时，应符合哪些要求？

答：（1）静负荷试验

将线锤固定在桥式起重机桥架上梁的中心位置，吊起许可负荷（即100%负荷）至距地面100mm的高度，在此高度下静止10min，测量上梁的垂弧 f，其垂弧应符合下列要求，即

$$L < 20m \text{ 时}, f \leqslant \frac{L}{800}$$

$$L > 20m \text{ 时}, f \leqslant \frac{L}{1000}$$

若桥式起重机在许可静负荷下试验符合要求，即可将负荷加至许可负荷的120%，将此负荷吊至距地面100mm高度后再放在地面上，检查上梁垂弧能否恢复至原来状态，能者即为合格。

（2）动负荷试验

吊起许可负荷的1.1倍，作上下、左右移动该负荷，若桥式起重机未发生变形，即动负荷试验合格。

4. 汽轮机安装所需准备的计量器具有哪些？

答：汽轮机安装所需准备的计量器具主要有：激光对中仪、激光准直仪、光学合像水平仪、框式水平仪、块规、塞尺、外径千分尺、内径千分尺、游标卡尺、深度游标卡尺、百分表、杠杆百分表、内径百分表、磁力表架、平尺、钢板尺、钢卷尺、角尺、转速表、测振仪等。

5. 汽轮机安装所需准备的专用工具有哪些？

答：安装汽轮机所需准备的专用工具，一部分由制造厂提供，绝大部分是自制的。由于各汽轮机结构的特点各异，制造厂供给件也不一样。表1-2所列的专用工具要在现场制作。

表1-2　汽轮机安装自制专用工具

序　号	名　　称	用　　途
1	转子搁架	安放转子用
2	起吊隔板工具	吊装隔板用
3	假轴	找隔板和轴封室中心用
4	拉钢丝法用找中心工具	拉钢丝找中心用
5	联轴器找正工具或激光找正仪器	联轴器轴对中用
6	螺栓或液压千斤顶	找正找平用
7	联轴器铰孔工具	汽轮发电机组刚性联轴器铰孔用
8	平尺	找平气缸用
9	微抬轴工具	微抬转子取轴瓦和测量轴瓦顶间隙用

6. 汽轮机气缸水平剖分面、轴承水平中分面常用哪些涂料或密封胶？

答：（1）汽轮机气缸涂料配比如下：

①用于中压参数蒸汽的汽轮机的气缸涂料配比见表1－3。

表1－3　中压参数蒸汽的汽轮机的气缸涂料配比

成　分	质量百分数/%	成　分	质量百分数/%
黑铅粉（精制）	40	白铅粉	20
红丹粉	40	精炼的亚麻仁油	适量

②用于高压及中压参数蒸汽的气缸涂料：通常使用精炼的亚麻仁油和细微鳞状黑铅粉（精制）调均成合适的黏度，两者的体积比是1:1，厚度为0.2~0.5mm。

③用于高温蒸汽条件的另一种气缸涂料配比见表1－4。

表1－4　高温蒸汽条件的一种气缸涂料配比

成　分	质量百分数/%	成　分	质量百分数/%
红丹粉	70	精炼的亚麻仁油	20
黑铅粉（精制）	10		

（2）汽轮机气缸常用的密封胶见表1－5。

表1－5　汽轮机气缸常用的密封胶

牌　号	组　成	使用温度/℃	使用压力/MPa
铁锚604	—	500	10
WJ－2F	淡绿色粉末和白色液体	200~800	20

注：WJ－2F密封胶使用时配制。

7. 汽轮机螺栓常用的防咬合剂有哪些种类？

答：汽轮机螺栓常用的防咬合剂种类见表1－6。

表1－6　汽轮机螺栓常用的防咬合剂

种　类	使用温度/℃	性　能
二硫化钼粉（MoS_2）	≥400	不溶于水及有机溶液
二硫化钨粉（WS_2）	≥510	不溶于水及有机溶液
石墨鳞片（C）	≥450	在常温下不与酸、碱及有机溶液起反应
CF1－型高温防烧剂	≤500	抗高温、耐磨、耐腐蚀

注：可根据使用条件，采用不同的润滑油（脂）或其他调合剂进行配制。

第三节　设备开箱检验

1. 什么是设备开箱检验？

答：设备开箱检查是指将设备的包装箱等包装物打开，按照设计图纸、技术资料和装箱清单对设备及其零部件进行清点检查，以备安装。

2. 如何进行设备开箱检验？

答：设备开箱验收应由建设/监理单位组织，供货方及施工单位参加，按照设计图纸、技术资料和装箱清单对下列项目进行检查，并应作出记录：

(1) 逐一对设备的位号、名称、型号、规格、包装箱号及箱数进行核对；

(2) 对机器、设备及零部件进行外观检查，并核实零部件的种类、规格及数量等；

(3) 随机技术文件及专用工具；

(4) 设备有无缺损件，表面有无损坏和锈蚀等；

(5) 开箱检查后，应由参加各方的代表在检查记录上签字。

3. 开箱检验时应注意哪些事项？

答：(1) 开箱检验时，应使用合适的工具，不得用大锤、撬杠猛烈的敲击，以防止损坏设备。

(2) 设备的转动和滑动面，在防腐油脂未清理前，不得转动和滑动，检验后仍应进行防腐处理。

(3) 如发现有制造缺陷或制造质量问题，应联系制造厂研究处理并应有记录。

(4) 暂不安装的零部件，应检查其防腐油脂部位。如有变质应对防腐油脂进行更换。备用零部件经检验后，应列出明细、重新装箱，并妥善保管。

(5) 对精密设备和电气、仪表设备，应入库保管。库内应有控制湿度和温度的设施。对一般设备放置时，应用枕木垫高，加盖防雨棚布。

4. 对机器设备保管有哪些要求？

答：(1) 按性质和要求的不同，对设备进行分类保管。对于不怕雨雪浸蚀和不受温度变化影响的设备，如凝汽器、油箱、除氧器、一般阀门及管道等可放入露天存放场；怕雨雪浸蚀而不受温度影响的设备，如气缸、汽轮机转子油冷器等，应设置支架顶棚；对于怕雨雪浸蚀和受温度变化影响的设备，如隔板、自动主气阀、调节气阀等应存入库房内进行保管；对入精密部件、电气仪表自动装置等设备应存放在有保温设备的库房内；

(2) 机器设备和零部件以及相配套的电气、仪表等设备及配件，应由各专业人员进行检验；若暂不安装时，应按专业要求进行保管；

(3) 精密零、部件应按技术文件要求存放在适宜库房的货架上；

(4) 随机供货的备品、备件经检查后应列出明细、重新装箱，并妥善保管；

(5) 随机技术文件、专用工具及计量器具，应清点造册，妥善保管；

(6) 对充氮气保护的设备，应定期检查氮气压力及设备密封情况，当压力低于制造厂技术文件规定时，应立即补充氮气。

5. 对机器设备存放有哪些要求？

答：(1) 存放区域应有消防通道，并具备可靠的消防设施。

(2) 存放区域应有充足的照明。

(3) 大件机器设备的存放位置应根据施工程序和运输条件进行合理布置。

(4) 存放机器设备时，其底部需用高 200～250mm 的道木垫牢，道木的距离约在 1500～2000mm 之间。

(5) 存放机器设备的库房应选择地势较高的地方，并在设备存放处的四周挖掘排水沟，使排水畅通。

(6) 存放机器设备地面应铺以一定数量的石子、沙子和木炭，以吸收潮气，保持地面干燥。

(7)地面或货架应具有足够的承载能力。

6. 机器设备吊装、运输时应注意哪些事项？

答：(1)机器设备吊装时，应按设备箱上指定的吊装部位绑扎索具。索具转折处应加衬垫或将索具用软质材料包裹，以防止设备损坏。

(2)了解设备或设备箱的重心位置，对箱内设备上的活动部位应予以固定，以防止重心偏移，造成倾斜，发生事故。

(3)对刚度较差的设备、底座的吊装，应采取防变形措施。

(4)转子吊装必须使用专用吊、索具，起吊时应保持平稳及水平状态，起吊和就位时不得与机体内部件发生碰撞。

(5)转子运输时，应使用专用运输支架或包装箱进行运输。

(6)吊装索具宜用吊装带。

第四节　基础中间交接及处理

1. 什么是基础验收？

答：基础验收又称基础复查，是指设备安装前，安装施工人员对设备基础质量进行检查复验的一道工序。其内容包括：对设备基础位置及几何尺寸进行复检，检查基础外观不得有裂纹、蜂窝、空洞、露筋等缺陷。

2. 如何进行机器基础中间交接？

答：土建施工单位在汽轮机基础混凝土保养期满后(达到设计强度70%以上时)，将基础清理干净，并根据机组布置图及制造厂提供的有关图纸，用墨线标出机组、地脚螺栓的纵、横中心线及标高，并有基础质量合格证书，然后由监理单位人员组织汽轮机安装单位、土建施工单位人员进行机器基础验收，验收合格后，办理中间交接手续。

3. 机器基础中间交接时应复查哪些项目？

答：(1)对基础进行外观检查，基础混凝土表面应平整，无裂纹、蜂窝、空洞、露筋等缺陷。特别是布置垫铁或支承板的位置不应由外露钢筋，更不应用水泥砂浆抹面。

(2)按基础图及设计技术文件对基础外形尺寸、纵横中心线、标高、地脚螺栓孔中心线及预埋地脚螺栓套管相对位置尺寸进行复查，其允许偏差应符合表1-7的规定。图1-2所示为复查基础中心线示意图。

表 1-7　机器基础尺寸及位置允许偏差

项目	项目名称		允许偏差/mm
1	坐标位置(纵横轴线)		±20
2	不同平面的标高		-20
3	平面外形尺寸		±20
	凸台上平面外形尺寸		-20
	凹穴尺寸		+20
4	平面水平度	每米	5
		全长	10

续表

项目	项目名称		允许偏差/mm
5	垂直度	每米	5
		全高	10
6	预埋地脚螺栓	标高(顶端)	+20
		中心距(在根部和顶端两处测量)	±2
7	预留地脚螺栓孔	中心位置	±10
		深度	+20
		孔壁垂直度(每米)	10
8	带锚板的活动地脚螺栓	标高	+20
		中心位置	±5
		水平度(带槽的锚板)每米	5
		水平度(带螺纹孔的锚板)每米	2

（3）基础的纵向中心线对凝汽器和工作机械的横向中心线应垂直，并确认汽轮机上、下部件的连接在受热膨胀时能自由膨胀。

（4）预留地脚螺栓孔及贯穿式地脚螺栓套管内应清理干净，不得有杂物，贯穿式螺孔下部与地脚螺栓锚板接触的混凝土平面应平整，以防二次灌浆浇灌砂浆时，在地脚螺栓孔的底部处漏浆；锚板与混凝土基础的接触面积应大于锚板面积的50%。

（5）贯穿式地脚螺栓预埋套管不应高出混凝土平面，以防与底座相碰影响二次灌浆质量。

（6）螺孔内壁的铅垂直度可用吊线法检查，沿螺孔全长允许偏差应不大于10mm，或小于螺孔内壁直径的0.1d，如图1-3所示。

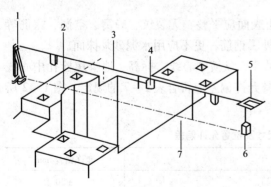 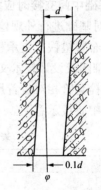

图1-2　复查汽轮机基础中心线示意图

1、5—线架；2—线锤；3—钢丝；4—带颜色的纸条；
6—铅锤；7—纵向中心线

图1-3　贯穿式地脚螺栓孔
垂直度的检查示意图

（7）基础与厂房间的隔振缝隙中的模板和杂物应清理干净，并应留有10~15mm的隔振缝。

（8）用地质水准仪测量并记录基础上个沉降观测点的标高，作为原始记录，以便在机组设备安装过程中，按不同阶段对基础应进行沉降观测，以防因基础沉降影响设备安装质量。

4. 什么是基础放线？

答： 基础放线是指根据设备平面布置图和基础图，按厂房的定位轴线来测定机器设备安装的坐标位置（纵横轴线）和其他基准线并用墨线将其划在基础表面上。

5. 汽轮机组基础沉降观测工作应配合哪些工序进行？

答： 在汽轮机组安装的过程中，按不同阶段观测基础的沉降状况，以防因基础沉降造成对汽轮机组安装的影响。一般应按如下工序观测基础沉降：

（1）基础养护期满后（此次测量标高值作为原始数据）；

（2）汽轮机和工作机械安装前；

（3）汽轮机和工作机械安装完毕，基础二次灌浆前；

（4）机组72h试运行后。

进行沉降观测时，应使用精度为二级的仪器观测并记录，并应将沉降观测点进行妥善保护。沉降值应符合规范要求，不允许基础有较大的不均匀沉降。

6. 对汽轮机基础应如何进行处理？

答： （1）与二次灌浆层相结合的基础表面应铲掉混凝土疏松层，并凿出麻面，麻点深度不宜小于10mm，麻点分布以每平方分米内有3~5个点为宜。渗透在基础混凝土上的油垢应凿除干净，并将高出基础表面的预埋钢套管切割掉；

（2）放置平垫铁处（至周边50mm）的混凝土表面应凿平，凿平部位的水平偏差为2mm/m，且应与垫铁接触密实并四角无翘动。

（3）安放调整螺顶或临时螺丝千斤顶下部支承板的部位应凿平整。

7. 对二次灌浆料有哪些要求？

答： 机器设备底座与基础牢固地结合在一起，是建立在科学地微膨胀灌浆基础上的。所以要求二次灌浆料必须具有自流性、微膨胀、抗剥离、抗油渗、耐候性好的特性，确保二次灌浆料充满整个机器设备底座与基础表面的空间内，且固化后的灌浆层与机组底座及基础面紧密地结合，灌浆层无收缩现象。此外，还要求二次灌浆料要具有早强高强和持久高强的特性，即1~3天内达到设计强度。

8. 机器安装时，一般采用哪两种安装方法？

答： 机器安装时，一般采用有垫铁和无垫铁两种不同的安装方法。采用哪一种安装方法主要取决于机器的质量、底座的结构型式及负荷的分布情况等。

9. 垫铁布置的原则是什么？

答： 垫铁布置图一般由制造厂技术文件提供，若无提供时，可按下列原则进行垫铁布置：

（1）负荷集中的部位；

（2）底座地脚螺栓的两侧；

（3）底座加强筋及纵向中心线部位；

（4）底座的四角处；

（5）垫铁上的压强不应超过4MPa；

（6）相邻两垫铁组的间距宜为：小型底座一般为300mm左右，大型底座一般为700mm。

10. 规范中垫铁的布置有哪些要求？

答： （1）每个地脚螺栓旁至少应有一组垫铁。

（2）在地脚螺栓两侧应各放置一组垫铁，并应使垫铁尽量靠近地脚螺栓。

（3）对于带锚板的地脚螺栓两侧的垫铁组，应放置在预留套管的两侧。

（4）相邻两垫铁组的间距宜为300～700mm。

（5）选用垫铁时，每一垫铁组的面积，应根据设备的负荷，按式（1-1）计算：

$$A \geq C \frac{(Q_1 + Q_2) \times 10^4}{R} \qquad (1-1)$$

式中　A——垫铁面积，mm^2；

　　　Q_1——设备本身及其他重量作用在该垫铁组上的负荷，N；

　　　Q_2——地脚螺栓紧固后所分布在该垫铁组上的压力，N，可取螺栓的许可抗拉力；

　　　R——基础或地坪混凝土的单位面积抗压强度，MPa，可取混凝土设计强度；

　　　C——安全系数，宜取1.5～3。

（6）设备底座接缝处、加强筋的两侧应各安放一组垫铁。

11. 采用垫铁安装法有哪些要求？

答：（1）每一垫铁组的层数一般不宜超过4块，其中只允许一对斜垫铁（按2块计算）；放置平垫铁时，厚的垫铁宜放在最下面，薄的垫铁宜放在垫铁组中间且不宜小于2mm，垫铁组的高度一般为30～70mm。

（2）垫铁直接放置在基础上时，应与基础均匀接触，其接触面积应大于垫铁面积的50%。平垫铁上表面水平度允许偏差为2mm/m，各垫铁上表面的标高应与机器底面实际安装标高相符。

（3）机器找正、找平后，平垫铁端面应露出设备底座10～30mm；斜垫铁宜露出10～50mm。垫铁组伸入设备底座底面的长度，均应超过设备地脚螺栓的中心。

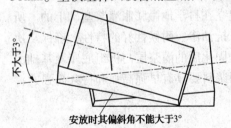

安放时其偏斜角不能大于3°

图1-4　斜垫铁放置位置示意图

（4）机器用垫铁找正、找平后，用质量为0.5磅的手锤逐组轻击听音检查，应无松动现象。对高速运行的机器，用0.05mm塞尺检查底座与垫铁或垫铁之间的间隙时，在垫铁同一断面处以两侧塞入的长度总和不得超过垫铁长（宽）度的1/3。

（5）配对斜垫铁的搭接长度应不小于全长的3/4，其相互间的偏斜角α应不大于3°，如图1-4所示。

（6）气缸正式闭合前，应将各垫铁组侧面进行定位焊，但垫铁与机器底座之间不得点焊。

12. 如何进行无垫铁安装法施工？

答：无垫铁安装法的机器的自重及地脚螺栓的拧紧力均有二次灌浆层来承担。该方法是利用临时螺丝千斤顶或设备上已有的调整螺钉来进行设备找正、找平并同时将地脚螺栓基本紧固。在底座周围按要求支上木模板，然后用无收缩水泥砂浆或专用灌浆料进行二次灌浆，将底座与混凝土基础间的空间全部填充捣实，使灌浆料同底座、混凝土基础紧密地结合，待二次灌浆层达到设计强度的75%以上时，取出螺丝千斤顶或旋松调整螺钉，用力矩扳手再次紧固地脚螺栓，并复查底座沉降量及轴对中值。无垫铁安装法适用于框架式结构底座底面或机器底面比较平整的机器。

13. 机器设备采用无垫铁安装法有哪些优点？

答：（1）不需要铲平要求很高的垫铁窝，减少加工件，节省钢材，没有垫铁腐蚀的问题；

（2）设备找正、安装速度快、精度高、调整方便；

（3）基础受力均匀，机组运行时稳定性好，减少机组振动和噪音，机组所有载荷通过二次灌浆层均匀地传递到基础和土壤层，使其振幅在设计允许范围内，延长机组的使用寿命。

14. 机器设备采用无垫铁安装法时，如何制作支承板的座浆墩？

答：（1）根据机器的质量和机器支座的结构型式，确定调整螺顶或临时螺纹千斤顶下部支承板的位置及数量；

（2）根据支承板的尺寸 B，铲出比支承板每边大 30～40mm，深度 H 为 15～20mm 的座浆坑，并在座浆坑内及周围涂一层水泥浆；

（3）清理座浆坑内杂物并用水冲洗干净，用水充分浸润 30min 然后，清除坑内积水；

（4）在座浆坑内及周围涂一层水泥浆，水泥浆的水灰质量比宜为：

水泥:水 = 0.5 : (1～1.2)

（5）浇注支承板的座浆墩，如图 1-5 所示，将搅拌好的专用灌浆料浇注模板内，放置支承板并用胶皮锤敲击，使其平稳下降，支承板上平面的水平度允许偏差为0.05/1000mm，各支承板上平面标高允许偏差为 ±2mm；

（6）灌浆料应低于支承板上平面 2～3mm；

（7）待专用灌浆料养护期满后，即可将底座、下气缸或汽轮机吊装就位。

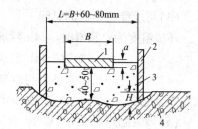

图 1-5 支承板座浆墩制作示意图
1—支承板；2—模板；3—专用灌浆料；
4—混凝土基础；
B—支承板尺寸（一般为 □100mm×100mm）；
H—座浆坑深度（一般为 15～20mm）；
a—支承板厚度（一般为 10～15mm）

15. 如何用环氧树脂灰浆粘接支承板（或垫铁）？

答：用环氧树脂灰浆粘接支承板步骤如下：

（1）在粘接支承板前，应按制造厂垫铁布置图在基础上确定垫铁的位置，然后将垫铁位置处基础表面混凝土疏松层铲掉 10～15mm，并应铲平整；

（2）粘接支承板时，首先将混凝土表面与支承板的结合面刷一层环氧树脂粘合剂，然后填入厚度为 5～10mm 环氧树脂砂浆层，再安放支承板。从粘接到砂浆层凝固，应经常用水平仪监视支承板上平面的水平度；

（3）为防止环氧树脂砂浆与空气接触而老化，降低强度，应在支承板四周进行二次灌浆，二次灌浆层混凝土的标号应与基础混凝土标号相同或略高些；

（4）二次灌浆层只起保护树脂的作用，并不承受载荷。为不妨碍调节螺钉的调整，二次灌浆层应低于支承板上平面 2～3mm。

16. 环氧树脂砂浆的配比是怎样的？

答：环氧树脂砂浆的配比见表 1-8。

表 1-8 环氧树脂砂浆的配比

性　　能	环氧树脂:石英砂（质量比）	
	1:6	1:8
抗压强度/（kgf/cm²）	1150	950
抗拉强度/（kgf/cm²）	190	150
抗弯强度/（kgf/cm²）	440	320

注：表中树脂包括固化剂，一般环氧树脂配 6%～8% 乙二胺、10% 二丁酯。

17. 环氧树脂砂浆的使用方法有什么要求?

答:(1)配好的砂浆可使用的时间

环境温度为:20℃时　1h 40min 后使用;

　　　　　　　5℃时　6h 后使用。

(2)可承受轻载荷的时间

环境温度为:20℃时　12h 后承载;

　　　　　　　10℃时　24h 后承载。

(3)可承受重负荷的时间

环境温度为:20℃时　24h 后承载;

　　　　　　　10℃时　48h 后承载。

(4)为防止环氧树脂砂浆与空气接触而老化降低强度,应在支承板四周进行二次灌浆,二次灌浆层混凝土的标号应与基础混凝土标号相同或略高些。

(5)砂浆温度应在8℃以上。

18. 无垫铁安装方法用哪两种?

答:(1)用机器底座上带有的调整螺钉进行机器的找正、找平,如图1-6所示。安装前将底座上的调整螺钉均匀落出底座25~30mm。安装时在基础上与调整螺钉相对应的位置埋设一块□100~150mm,厚度在10~20mm(按机器负荷选择)之间的支承板,用高强度水泥砂浆使其与基础相结合。机器的找正、找平完毕后,用专用二次灌浆料或无收缩水泥砂浆进行二次灌浆(地脚螺栓预留孔和底座与基础之间的灌浆同时进行),并用捣浆工具将灌浆层捣实。待灌浆强度达到设计强度75%以上时,旋松调整螺钉,进行地脚螺栓紧固。

(2)机器上无调节螺钉,可用自制螺纹千斤顶进行机器的找正、找平,如图1-7所示。小型千斤顶或临时垫铁布置的位置和数量,应根据机器的重量、底座的结构等具体情况而定,一般应先在基础上铲出千斤顶垫板窝,然后浇注上一层稠密的高强度砂浆,并将垫铁放在砂浆之上将其找平,待砂浆强度达到设计强度80%以上,即可将机器吊装就位,进行找正找平。二次灌浆前,将螺纹千斤顶位置用模板隔离,然后用专用灌浆料灌入基础与机器底座之间的空隙,并用捣浆工具将灌浆层捣实,待二次灌浆层达到设计强度75%以上时,取出千斤顶,复测水平度,然后用砂浆将螺纹千斤顶预留位置进行补灌。

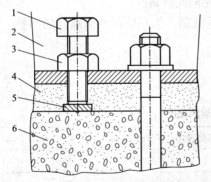

图1-6　用调整螺钉进行机器找正、找平

1—调整螺钉;2—机器底座;3—螺母;

4—二次灌浆层;5—支承板;6—混凝土基础

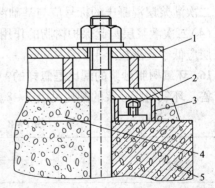

图1-7　用螺纹千斤顶进行机器找正、找平

1—机器底座;2—螺纹千斤顶;3—模板;

4—二次灌浆层;5—混凝土基础

19. 什么是设备就位？

答：设备就位是指根据基础上的安装基准线，将设备放置在基础的安装位置上。

20. 什么是设备找平？

答：设备找平是指设备在安装过程中，按照制造厂技术文件和施工规范的要求，通过一系列手段，将设备的主要工作面、加工面作为安装基准测点，将其调整为水平状态或垂直状态的工作。

21. 什么是设备找正？

答：设备找正是指设备在安装过程中，按照制造厂技术文件和施工验收及规范的要求，通过一系列手段，调整设备及其相关零部件至正确位置或正确相关状态的工作总称。

22. 什么是粗平（初平）？

答：设备初平是指设备在找平过程中，调整设备安装水平度的初步工作。设备就位后，结合设备要求的位置及标高，初步将设备的安装水平度调整至接近制造厂技术文件和施工验收及规范要求。

23. 什么是精平？

答：设备找平的最后工序。即对设备的安装水平度进行最后调整，直至达到制造厂技术文件和施工验收及规范的要求。

第二章　汽轮机本体的安装

第一节　底座的安装

1. 底座有什么作用？

答：底座的作用是支承机组的各部件，使它们的重量合适地分布在基础上，并通过地脚螺栓牢固地固定在基础上，同时允许气缸因热膨胀而推动轴承座在底座上滑动，使气缸不至于变形，避免造成重大事故发生。

2. 底座有哪几种安装方法？

答：底座可以单独安装，然后再组装其他部件，底座也可以与汽轮机一同安装。目前，许多制造厂将汽轮机与底座在组装台上组装好，然后运到现场后一同安装。

3. 底座安装前检查应符合哪些要求？

答：(1)底座底面上应清洁、无泥土、油漆、污垢、锈蚀；

(2)校核底座及基础上的螺栓孔尺寸及相互间的尺寸，应符合设计文件的要求；

(3)底座上的滑动面应平整、光滑、无毛刺、损伤及变形等缺陷；

(4)底座与地脚螺栓螺母、垫片的接触面应平整，无歪斜；

(5)底座上的各调整螺钉应活动自如，无锈死、松旷现象；

(6)将滑销拆卸清理后，滑销在底座上应固定牢靠，用螺栓固定的滑销，螺栓端部不得高出滑销平面。

(7)直接镶装的滑销，镶装时必须有一定的紧力，其过盈量约为 0.02mm 左右；

(8)用着色法检查底座与轴承座或底座与气缸的接触面的接触情况，其接触面积应大于 75% 以上，并均匀分布，用 0.05mm 塞尺沿四周检查应塞不进。

4. 底座安装有哪些要求？

答：(1)底座与轴承座、底座与气缸的结合面应光滑、无毛刺，并接触实密，用 0.05mm 塞尺检查接触面四周不得塞入；

(2)将底座上的调节螺钉螺纹上涂抹石墨润滑剂，并将调节螺钉露出底座底平面 25～30mm；

(3)用线锤测量底座的轴线应与机器基础的轴线应一致，允许偏差为 2mm；

(4)用水准仪测量底座的安装标高，允许偏差为 3mm；

(5)底座纵、横向水平度应在底座基准面上用精密水平仪进行测量，允许偏差为 0.10mm；

(6)气缸与底座整体供货时，纵向水平度应在前后轴承座孔上进行测量，横向水平度在前后轴承座水平中分面上进行测量；

(7)机组若由两个或两个以上底座构成时，应以设计文件规定的机器底座为基准；当以汽轮机底座为基准时，应调整压缩机底座；当以齿轮变速箱为基准时，应向两侧分别调整汽轮机底座和压缩机底座或发电机底座，并应保证机组的轴端距符合设计文件的规定。

第二节　气缸和轴承座的安装

1. 汽轮机的气缸有什么作用？

答：气缸的主要作用是包容转子，将汽轮机的通流部分喷嘴、导叶持环、叶轮及转子等与大气隔开，形成内密封腔室，并与蒸汽室、导叶持环组成蒸汽通道，保证蒸汽在汽轮机内完成热能转换成机械能的过程。另外，它还支承汽轮机的某些静止部件（蒸汽室、导叶持环、汽封等），承受它们的重量，还要承受由于沿气缸轴向、径向温度分布不均而产生的热应力，容纳并通过蒸汽。同时作为蒸汽室、喷嘴室、导叶持环、汽封、主气阀、调节气阀等部件的连接躯体。

2. 汽轮机的气缸分为哪几种？

答：汽轮机气缸一般制成水平剖分式，即分为上气缸和下气缸。上下气缸之间水平剖分面用螺栓连接在一起，水平剖分面应加工平整、光滑，粗糙度高，以保证上下气缸水平剖分面密封严密，不漏汽。气缸制成上下缸，便于加工制造、安装与检修。为合理利用钢材，中小型汽轮机气缸常以一个或两个垂直结合面分为高压段、中压段和低压段。大功率的汽轮机可根据工作特点分别设置高压缸、中压缸和低压缸。高压高温采用双层气缸结构，气缸分为内缸和外缸。汽轮机末级叶片以后将蒸汽排入凝汽器，这部分气缸称为排汽缸。

3. 气缸结构由哪几部分组成？

答：由于工业汽轮机用户要求各异，因此气缸结构也各不相同。对多级工业汽轮机，可用构造法来实现系列化，这种方法可将产品分成若干个结构区段，例如分成进汽段、中间段（包括减压段、延长段、过渡段和法兰段）及排汽段，每种区段各有几种尺寸的部件。利用这些部件，通过适当的组合，就可构成多种尺寸的基型。工业汽轮机的气缸通常由进汽部分、高压段和低压段三部分组成。

4. 什么是汽轮机气缸进汽部分？其布置有哪几种形式？

答：从调节气阀到调节级喷嘴这个区段称为进汽部分，其包括蒸汽室和喷嘴室，是气缸中承受温度和压力最高的区域。

气缸进汽部分布置形式有以下几种：

（1）部分组合式

进汽室与喷嘴室为一整体，与气缸分成两部分铸造，然后将它们用螺栓连接为一体，只适用于中、低参数汽轮机组。

（2）单独式

高参数汽轮机单层气缸的进汽部分则是将气缸、蒸汽室、喷嘴分别铸造好后，焊接在一起。汽轮机的进汽室、喷嘴室及对应的调节气阀分成若干组，各自独立。

5. 单独式气缸进汽部分有什么优点？

答：单独式气缸进汽部分的优点是：气缸结构形状简单，便于铸造；进汽室、喷嘴室沿气缸圆周对称布置，而且调节气阀开启顺序一般得与轴心对称，使气缸受热均匀，减少了气缸热应力；由于高温、高压部分集中在进汽室和喷嘴室，气缸承受的是调节级喷嘴出口比较低的温度和压力，所以气缸用的材料可以低一级，适用于高参数(蒸汽工作压力≥8MPa、温度≥480℃)。

6. 高压段采用单层结构气缸适用于什么汽轮机？它有什么特点？

答：一般适用于中、低参数工业汽轮机，其将隔板或导叶持环和导向叶片支承直接搁置在气缸定位块上。其结构简单，便于制造、安装和维修。

7. 为什么高参数汽轮机的高压段不能采用单层结构气缸？

答：单层结构气缸用于高参数汽轮机时，由于气缸内的压力很高，为了保证气缸水平剖分面的密封性，应增大联接螺栓的尺寸及相应增加水平剖分面法兰和气缸壁壁厚。这样，在汽轮机启动、停机和变工况时，气缸中的温度分布不均匀会引起很大的热应力和热变形，有可能将联接螺栓拉断，因此必须限制汽轮机组的启动、升速和停机的速度。当气缸采用单层结构时，整个高压缸都应用贵重的耐热合金钢材料制造，而气缸的尺寸和重量又很大，大大增加了制造成本。

8. 汽轮机高压段在什么情况下采用双层结构气缸？它有什么特点？

答：当汽轮机的初参数压力≥13.5MPa、温度≥545℃时，因其压力和温度都很高，其突出矛盾是热应力和热膨胀，为减少气缸的热应力和保证法兰的密封性，高压缸大多采用双层气缸结构。内缸主要承受高温，而压力则由内、外缸分别承受，这样可以使内缸的尺寸小、缸壁薄、所需材料少；外缸承受的温度是内缸的排汽温度，比新蒸汽进口时的参数降低了很多，外缸可以用比内缸稍差的材料。此外，双层气缸在启动、停机时便于对气缸采取加热或冷却措施，可以缩短启动时间。有的气缸的外缸或内缸采用无中分面的圆筒形结构，其优点是：形状简单、完全对称、内应力小，因此在温度、压力变化时不会产生很大的应力；由于气缸无中分面，可以完全避免高压缸中分面因热变形翘曲而产生漏汽问题；省掉了笨重的法兰和巨大的水平剖分面连接螺栓。但筒形结构气缸装配及维修较比困难。

9. 工业汽轮机气缸内腔结构形状分为哪几类？

答：工业汽轮机气缸内腔结构形状，大致可分为整体型气缸、钟罩型气缸、双喇叭型气缸三类，如图2-1所示。

(a)整体型气缸　　　　(b)钟罩型气缸　　　　(c)双喇叭型气缸

图2-1　工业汽轮机气缸内腔形状

（1）整体型气缸

图2-1(a)所示为背压式汽轮机NG、HNG型气缸，它的两端直径小，是放置前、后轴封体的；中间部分直径大，以放置转子和叶片。

（2）钟罩型气缸

图2-1(b)所示为凝汽式汽轮机NK、HNK型的前气缸，气缸出轴端的孔径是放置轴封体的；中间部分内孔直径逐渐扩大，以容纳转子和叶片。

（3）双喇叭型气缸

图2-1(c)所示为双流式汽轮机WK型的气缸，蒸汽由气缸中部进入，然后流入双向排汽的气缸，气缸的内腔中间部分直径小，两端直径大。

10. 凝汽式工业汽轮机气缸结构由哪些部件组成?

答: 图 2-2 所示为凝汽工业汽轮机气缸结构。主要由导叶持环定位块 2、排汽缸 3、后汽封室 4、后轴承座架 5、后气缸滑销导板 6、导叶持环洼窝 8、前气缸下猫爪 9、前汽封室 10、调节气阀阀座 12 等组成。

11. 背压式工业汽轮机气缸结构由哪些部件组成?

答: 图 2-3 所示为背压式工业汽轮机 WK 型的气缸结构。主要由导叶持环定位块 2、排汽缸 3、排汽缸上猫爪 4、后汽封室 5、汽封抽汽管 8、导叶持环洼窝 10、前气缸下猫爪 11、前汽封室 12、调节气阀阀座 14 等组成。

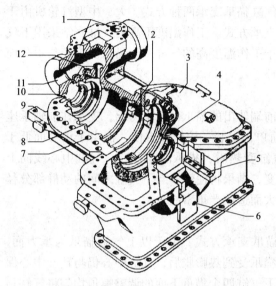

图 2-2 凝汽式工业汽轮机的气缸
1—调节阀拉杆孔;2—导叶持环定位块;
3—排汽缸;4—后汽封室;5—后轴承座架;
6—后气缸滑销导板;7—气缸水平剖分面螺栓孔;
8—导叶持环洼窝;9—前气缸下猫爪;
10—前汽封室;11—新汽进口;12—调节气阀阀座

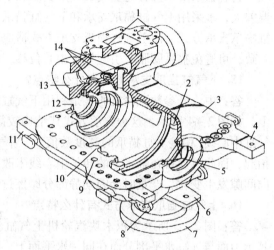

图 2-3 背压式工业汽轮机的气缸
1—调节气阀拉杆孔;2—导叶持环定位块;
3—排汽缸;4—排汽缸上猫爪;5—后汽封室;
6—与后座架连接的偏心销孔;7—排汽法兰;
8—汽封抽汽管;9—气缸水平剖分面螺栓孔;
10—导叶持环洼窝;11—前气缸下猫爪;
12—前汽封室;13—新汽进口;14—调节气阀阀座

12. 对气缸的结构有什么要求?

答: 气缸在工作中,承受着由蒸汽压力所产生的静应力和由各部分温度分布不均匀所产生的热应力和热变形,或由于尺寸庞大和所受的真空力而产生的静变形等。为了保证汽轮机气缸在运行中的安全、使用方便及节约材料等,一般对气缸结构有以下要求:

(1)应保证有足够的强度、刚度和良好的密封性能及尽可能均匀变形。

(2)气缸形状、结构应简单、对称,直径变化、缸壁厚度变化及其尺寸应缓缓过渡,以避免尖角、锐边,引起应力集中。

(3)为了避免产生过大的热应力,气缸受热时能自由地热膨胀,并设有完全可靠的定位以及滑销系统,以保证转子与气缸的同轴度和最小的膨胀差。

(4)合理使用金属材料,节约贵重钢材耗量,高温部分尽量集中在较小的范围内,排汽部分应使用价格较便宜的铸铁材料;对分段制造的气缸,应合理选择分段处的压力、温度;前区段、中间段、后区段垂直剖分面拼接时,应确保垂直剖分面密封严密。

（5）工艺性要好，便于加工制造、安装、检修及运输。

（6）为了便于装配和拆卸汽轮机，多数气缸做成水平剖分式，但要尽量避免出现平壁。

（7）在下气缸最低处应开有疏水孔，以便排除凝结水。

13. 气缸的支承方式有哪几种？

答：气缸的支承方式目前有台板支承、猫爪支承和挠性板支承三种方式。（1）台板支承通过排汽缸外伸的撑脚直接放置在座架（台板）上；（2）猫爪支承是气缸通过水平剖分面法兰所伸出的猫爪支承在轴承座上；（3）挠性板支承替代前轴承座和排汽缸两侧的座架滑动面。

14. 猫爪支承分为哪两种方式？

答：猫爪支承又分为上气缸猫爪支承和下气缸猫爪支承两种方式。大、中型汽轮机由于温差大，多采用上气缸猫爪支承和下气缸猫爪支承方式。工作温度不高的气缸，常采用下气缸猫爪支承方式，而上气缸猫爪支承方式适应于工作温度高的气缸。上猫爪支承面与中分面一致，可避免猫爪膨胀时引起气缸中心位移。

15. 下气缸猫爪支承方式有什么特点？

答：中、低参数汽轮机通常是利用下气缸前端伸出的猫爪作为承力面，支承在前轴承座上，如图2-4所示。这种支承方式其结构较简单，安装、检修较方便，但由于承力面低于气缸中心线（相差下缸猫爪的高度数值），当气缸受热后，猫爪温度升高，气缸中心线向上抬起，而此时支持在轴承上的转子中心线未改变，结果将使转子与下气缸之间的动静部分径向间隙发生变化，严重时会因动静部分摩擦过大而造成严重事故。

16. 上气缸猫爪支承方式有什么特点？

答：图2-5所示为积木块汽轮机上气缸猫爪支承方式。由于以上气缸猫爪为承力面，其承力面与气缸水平剖分面在同一水平面上，猫爪受到热膨胀后，气缸中心仍与转子中心保持一致。上气缸猫爪支承方式在安装时，应将下气缸四个猫爪下面的调整螺顶均匀将气缸顶起0.10mm，并旋紧防松螺母。当上气缸安装完毕，将调整螺钉旋回3~5mm，并旋紧防松螺母，此时下气缸猫爪不再承力。这时，上气缸猫爪支承在调整元件上，承担气缸重量。

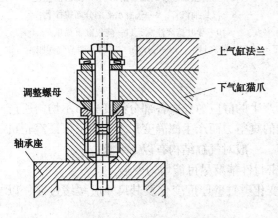

图2-4 气缸下猫爪支承结构

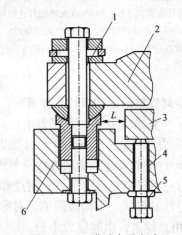

图2-5 上猫爪支承方式

1—调整元件；2—上气缸猫爪；3—下气缸猫爪；
4—调整螺钉；5—防松螺母；6—前座架

17. 凝汽式汽轮机的"死点"布置在什么位置？

答：凝汽式汽轮机的"死点"多布置在低压气缸排汽口的中心线或其附近，由于冷凝器悬挂在后缸的下面，重量重、尺寸较大，当汽轮机受热膨胀时，不希望在热膨胀时冷凝器发生移动，所以绝对"死点"在低压气缸排汽口的中心线上。

18. 气缸如何进行热膨胀？

答： 气缸热膨胀，如图2-6所示。气缸轴向以排汽缸的纵销中心线和横销中心线的交点为"死点"，向汽轮机高压端方向膨胀；气缸径向以几何中心线为基准，沿立销垂直方向膨胀；气缸轴向热膨胀时应与气缸温度相对应并均匀增加，无卡涩和抖动现象；气缸径向热膨胀时，气缸左、右两侧的膨胀值应均匀。

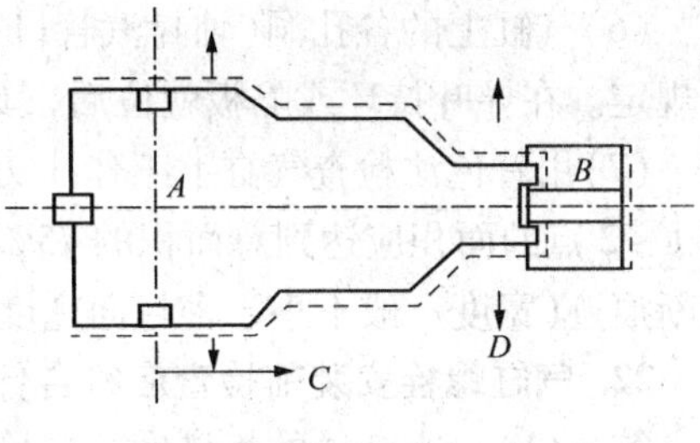

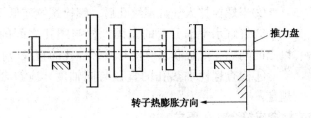

图2-6 气缸热膨胀示意图
A—绝对"死点"；B—纵销；C—轴向膨胀方向；
D—径向膨胀方向

19. 简述气缸与转子的相对膨胀。

答： 汽轮机组在运行时，气缸受热时，气缸轴向由"死点"沿轴向向前端伸长，将前轴承座推向前端，汽轮机的推力轴承也随之前移，也将转子拉向前端，推力轴承所在位置就是转子相对于气缸的膨胀"死点"；转子轴向由安装在前轴承箱内的止推轴承定位，当转子受热膨胀时，则以推力轴承为相对死点，相对于气缸向排汽缸方向膨胀，沿轴向向后端伸长，如图2-7所示。无论是背压式或凝汽式汽轮机气缸的"死点"都在后端，气缸受热膨胀时沿轴向向前伸长，并通过两拉杆螺栓将前轴承座推向前方，汽轮机的推力轴承也随之前移，把转子亦推向前方。当转子受热膨胀时，则以推力轴承为相对"死点"，沿轴向向后伸长。

推力盘

转子热膨胀方向

图2-7 气缸与转子相对热膨胀

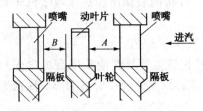

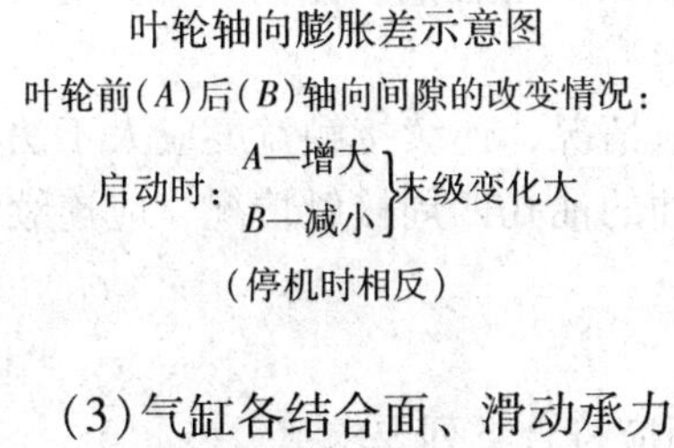

图2-8 汽轮机隔板与转子上的
叶轮轴向膨胀差示意图
叶轮前(A)后(B)轴向间隙的改变情况：
启动时：$\left.\begin{array}{l} A—增大 \\ B—减小 \end{array}\right\}$末级变化大
（停机时相反）

20. 简述气缸与转子的轴向膨胀差。

答： 气缸与转子的轴向膨胀差，如图2-8所示。一般多级汽轮机在启动时，转子温升及热膨胀大于气缸，容易发生叶轮出汽口与下一级隔板间的轴向间隙B较比冷态值缩小，叶轮进汽口测轴向间隙A增大的现象，停机时则相反。

21. 气缸安装前检查应符合哪些要求？

答： (1) 气缸内表面应清洁，无焊瘤、夹渣和铸砂等缺陷，并露出金属光泽；

(2) 气缸外观应无裂纹、夹渣、重皮、焊瘤、气孔、铸砂和损伤等缺陷；

(3) 气缸各结合面、滑动承力面、法兰面、注窝等加工面应光洁、无翘曲、毛刺、锈蚀和污垢，防腐层应全部除净；

(4) 气缸水平剖分面应光洁、平整，无毛刺；

(5)蒸汽室内部应清洁，无焊瘤、夹渣、铸砂等杂物，蒸汽室应无裂纹、松动现象；喷嘴应无裂纹、卷边等缺陷；

(6)气缸上的各孔洞(轴封汽管口、疏水孔)等应光洁、畅通、无损伤，其直径应符合设计规定。在导叶持环或隔板就位后，其疏水通流断面不得减少。

(7)用着色法检查气缸上工作压力超过 2.5MPa 的管道法兰密封面，要求每平方厘米接触 1~2 点的面积应达到总面积的 75% 以上，并均匀分布；或连续一圈接触达一定宽度且无间断痕迹(宽度一般不小于密封面宽度的 3/5)。

22. 气缸螺栓安装前检查应符合什么要求？

答：(1)检查螺栓的粗糙度。螺栓的粗糙度应符合产品技术文件规定，且螺纹部分应无伤痕及锈蚀，装配时螺栓与螺母应按标记装配。

(2)检查螺栓与螺母配合公差。螺栓、螺母及气缸水平剖分面上的螺纹孔(也称栽丝孔)均应光滑、无毛刺，螺栓与螺母的配合不得松旷或过紧，用手能将螺母自由地旋入螺孔内。

(3)检查螺栓的垂直度。螺栓拧入螺纹孔与气缸水平剖分面的垂直度应不大于 0.5mm/m。如稍有偏差可采用球面垫圈进行修正，用着色法检查螺母与垫圈的接触面积，应球面吻合、接触均匀。在气缸闭合，用扳手紧固螺母，用 0.03mm 塞尺检查应塞不进。

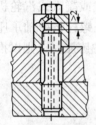

图 2-9　螺栓端部与罩形螺母之间的间隙(富裕螺纹)

(4)其他尺寸的检查：

①当螺母在螺栓上紧固到安装位置时，螺栓螺纹应落出螺母 2~3 个螺纹。螺栓端部与罩形螺母之间应留有 2mm 以上的间隙(富裕螺纹)，如图 2-9 所示；

②当螺栓拧入气缸螺纹孔后，螺栓螺纹应低于气缸水平剖分面；

③气缸水平剖分面的紧固螺栓与螺孔之间的四周均应有 0.5mm 以上的间隙，气缸联系螺栓与其螺栓孔的直径应符合设计文件规定；

④检查螺栓加热孔的直径与同轴度，应符合制造厂技术文件的规定。

23. 轴承座安装前检查应符合什么要求？

答：(1)轴承座内表面应清洁、无型砂、夹渣等杂物，并将内表面所涂油漆溶于汽轮机油中予清除掉，并用白面粉团粘干净；

(2)轴承座的油室、油孔及油道应清洁、畅通、无杂物；

(3)轴承座油室应作注油渗漏试验，注油前将轴承座下部法兰及其他孔用盲板紧固封闭，将煤油注入轴承座内，注油高度至回油管上缘以上，在轴承座外部相对盛油部位涂白垩粉，持续时间不得小于 24h，并应无渗漏现象；

(4)用塞尺检查轴承座与轴承盖的水平中分面严密性，紧固螺栓后，用 0.05mm 塞尺应塞不进；

(5)用着色法检查轴承座上的进出油管法兰密封面接触情况，连续接触宽度应大于法兰密封面宽度的 3/5，且无间断痕迹；用着色法检查通压力油的油孔四周接触情况，应连续无间断。

24. 落地式轴承座安装前检查应符合什么要求？

答：落地式轴承座安装检查除应符合题 23 要求外，尚应符合下列要求：

(1)用着色法检查轴承座与底座的滑动面接触应均匀，且接触面积达 75% 以上，用 0.05mm 塞尺检查应塞不进；

（2）轴承座上的销槽表面应光滑、无毛刺，滑销和销槽尺寸及配合间隙应符合制造厂技术文件的规定；

（4）轴承座与底座的相对位置应符合制造厂技术文件的规定，轴承座与底座接触面的边缘应对齐，不得悬空；

（5）各轴承座与底座间的滑销间隙应符合制造厂技术文件的规定，为了防止滑销偏斜，滑销都应靠紧一侧，轴承座的滑销间隙均应留在同一侧，以防轴承座在运行中膨胀不畅或发生卡涩现象。

25. 下气缸和轴承座安装有哪些要求？

答：（1）汽轮机与轴承座的纵横中心线应符合设计文件要求，并同时使工作机械与汽轮机的各地脚螺栓均能穿入地脚螺栓孔内；

（2）气缸水平剖分面和轴承座水平中分面的标高应符合设计文件要求，其允许偏差应不大于3mm；

（3）气缸和轴承座与底座的相对位置及尺寸，应满足汽轮机运行时热膨胀的要求，在最大热膨胀的情况下，气缸或轴承座各滑动面不得伸出底座边缘，应有一定的富裕量；

（4）下气缸在底座上就位后，用着色法检查气缸或轴承座与底座的滑动面的接触面积，应达75%以上并均匀分布，用0.05mm塞尺检查应塞不进；

（5）气缸和轴承座与底座各滑动面上，所涂擦耐高温的粉剂涂料应符合制造厂技术文件的规定；

（6）背压式工业汽轮机下气缸是通过猫爪搁在轴承座上的，因此，在下气缸就位前应将落地式轴承座找平找正，再将出厂组装的猫爪调整垫片按编号装入，取下猫爪横销，待下气缸吊至接近安装位置而钢丝绳仍在受力时，装上猫爪横销，下气缸就位后，测量气缸剖分面纵、横向水平时，精密水平仪放置位置如图2-10所示；气缸横向水平也可用大平尺放在气缸前后轴封室及两轴封室中间的水平剖分面上，然后将精密水平仪放在平尺上进行测量，其方法与测量轴承座水平中分面横向水平相同；

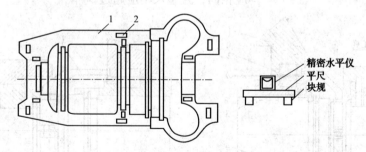

图2-10　测量背压式工业汽轮机下气缸水平时，精密水平仪的安放位置
1—下气缸水平剖分面；2—精密水平仪安放位置

（7）凝汽式汽轮机气缸和轴承座横向水平的测量位置，应在下气缸水平剖分面上轴承座孔两侧，用精密水平仪进行测量，必要时可用平尺和块规配合测量，其水平度允许偏差为0.04mm/m，测量部位如图2-10所示；

（8）凝汽式汽轮机气缸和轴承座纵向水平的测量位置，应在前后轴承座孔上用精密水平仪测量，后轴承座孔上的水平度允许偏差为0.02mm/m，前轴承座孔上的水平度仅作参考，测量部位如图2-11所示；

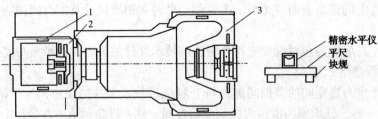

图 2 - 11　凝汽式汽轮机下气缸和轴承座找水平时，精密水平仪安放位置
1—精密水平仪安放位置；2—前轴承座水平结合面；3—排汽缸水平剖分面

（9）测量气缸水平时，应将放置水平仪测量位置划出记号，并应将水平仪在原地旋转180°，再次测量一次，取两次实测读数的代数平均值。

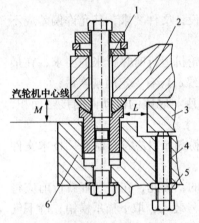

图 2 - 12　复查 L、M 尺寸示意图
1—猫爪螺栓；2—上半气缸；
3—下半气缸；4—调节螺钉；
5—防松螺母；6—前轴承座

26. 积木块式工业汽轮机整体安装找正、找平后，还应复测哪些数据？

答：（1）用游标卡尺或内径千分尺复查图 2 - 12 中尺寸 M 以及调节螺母至下气缸猫爪前端距离 L，均应符合制造厂技术文件的规定；

（2）复查汽轮机前后轴封处的测量环数据，应符合制造厂技术文件的规定。

27. 在测量环处复测转子与气缸同轴度的方法有哪几种？

答：（1）用特制套箍测量工具加塞尺进行测量

为了气缸闭合后或汽轮机大修时，复查转子与气缸的同轴度，在转子上安装制造厂提供的找同轴度工具加塞尺进行测量，如图 2 - 13 所示。其测点位置及记录如图 2 - 14 中 R_3、r_3 所示。每次测量时塞尺插入的深度、方向、用力均应相同，且塞尺不应超过 3 片。

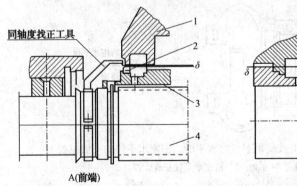
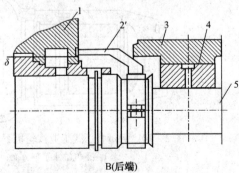

图 2 - 13　用制造厂提供的找同轴度工具复查气缸上的测量环数据
1—找同轴度工具；2—前气缸；2'—后气缸；3—测量环；4—汽封体；5—转子

（2）用杠杆百分表进行测量

利用转子上的主、附加平衡面处铰有的配重 M8 的螺纹孔，在任一螺纹孔中架设特制百分表架并装上杠杆百分表，将杠杆百分表触头触在前、后气缸汽封体内端测量环处，测量转子与气缸轴封室的同轴度、测点位置并记录，如图 2 - 14 中 R_4、r_4 所示。

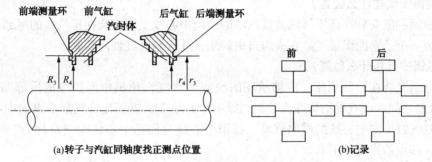

(a)转子与汽缸同轴度找正测点位置　　　　(b)记录

图 2 - 14　转子与气缸同轴度找正测点位置及记录示意图

28. 测量环处复查转子与气缸的同轴度时有哪些注意事项？

答：（1）测量前，应将测量环清理应光洁，无毛刺、锈蚀等缺陷；

（2）松开调节螺钉，使球面垫圈与上气缸猫爪相接触，使上气缸的重量完全由猫爪下的球面垫圈来支撑；

（3）盘动转子前，应在转子表面浇注少量经过滤的汽轮机油；

（4）测量环每次测点应在同一位置并做好标记，如图 2 - 15 所示。

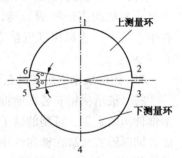

图 2 - 15　测量环测点位置

29. 单缸凝汽式汽轮机滑销系统各滑销布置在什么位置？

答：图 2 - 16 所示为一台单缸凝汽式汽轮机的滑销系统图。图中 O 点为纵销中心线与横销中心线的交点称为"死点"，它是由两个横销和两个立销所确定的，气缸膨胀时此死点始终保持不动。气缸前端左右两侧各有一个猫爪横销，前轴承与前支座之间有一个纵销。气缸的热膨胀是以 O 点为死点，气缸沿纵向向前膨胀，通过横销推动前轴承座在底座上向前滑动。立销均在纵向中心线的垂直线上，使气缸相对于轴承座的中心保持不变，即维持汽轮机动静部分的中心相一致。

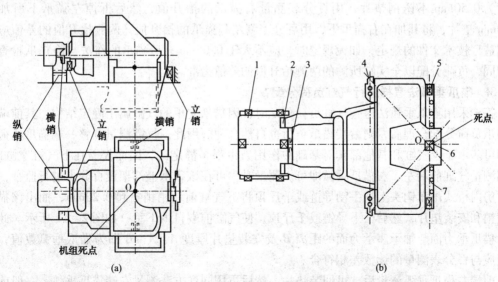

(a)　　　　　　　　　　　　　　　　(b)

图 2 - 16　单缸凝汽式汽轮机的滑销系统示意图

1—角销；2—猫爪横销；3—立销；4—斜销；5—横销；6—纵销；7—联系螺栓

23

30. 横销安装在什么位置?

答:横销一般安装在低压排汽缸排汽室的横向中心线上或安装在排汽室的尾部,左、右两侧各安装一个。它能保证气缸在横向自由膨胀,并限制气缸轴向膨胀。

31. 纵销安装在什么位置?

答:纵销安装在后轴承座、前轴承座的底部及双缸汽轮机中间轴承的底部与支座(台板)的结合面之间,所有纵销均在汽轮机的纵向中心线上。纵销允许气缸沿纵向中心线自由膨胀,限制气缸纵向中心线的横向移动。纵销中心线与横销中心线的交点称为"死点",气缸膨胀时,该点始终保持不动。

32. 立销安装在什么位置?

答:立销安装在低压气缸排汽室尾部与支座之间,高压缸的前端与前轴承座之间以及双缸汽轮机的高压缸的后端,低压缸前端与中间轴承座之间。所有的立销均在机组的纵向中心线上。立销保证气缸在垂直方向上能自由膨胀,并与纵销共同保持机组的纵向中心不变。

33. 猫爪横销安装在什么位置?

答:猫爪横销安装在前轴承座及双缸汽轮机中间轴承座的水平结合面上,由上、下气缸端部伸出的猫爪、特制的销子和调整元件(或紧固螺栓)组成。猫爪横销能保证气缸横向膨胀,同时随着气缸在轴向的膨胀和收缩,推动轴向座向前或向后移动,以保持转子与气缸的轴向相对位置。猫爪横销和立销共同保持气缸的中心与轴承座的中心一致。

34. 什么是气缸负荷分配?气缸负荷分配通常采用哪几种方法?

答:汽轮机安装时,将气缸的重量合理地分配到各个底座的承力面上,称为负荷分配。各承力面的负荷应按制造厂的要求进行调整,如制造厂无此规定,可不作负荷分配。气缸负荷分配通常采用的方法是猫爪抬差法、猫爪垂弧法、测力计法。

35. 猫爪抬差法怎样进行气缸负荷分配?

答:采用猫爪抬差法进行负荷分配的汽轮机,前后猫爪应分别进行,并在半实缸和全实缸各进行一次。作前猫爪时,应先紧固后猫爪螺栓,松开前猫爪螺栓,在左侧猫爪下加一个厚度为 0.50mm 不锈钢垫片,用百分表测量右猫爪的抬升值,然后拆掉左猫爪下所加的 0.50mm 垫片,将其加在右猫爪下,用百分表测左侧猫爪的抬升值,两侧抬升值的差值应符合制造厂技术文件的规定,如无规定时,应不大于 0.05mm,后猫爪的作法与前猫爪检查方法相同,负荷分配以全实缸所测的两侧抬升值的差值为准。

36. 猫爪垂弧法怎样进行气缸负荷分配?

答:采用猫爪垂弧法检查气缸负荷分配时,因猫爪支承的气缸属于静定结构,其前端左右猫爪负荷分配合理后,则后端猫爪负荷也自然合理。因此,仅需测量调整一端猫爪负荷均衡即可。由于上气缸和其他部套对基础的作用力也都是静定的,因而仅需在下气缸空缸时,分别测量气缸前端左、右猫爪垂弧即可。测量时,可在该猫爪上部架设百分表进行监视,利用厂房内桥式吊车钩头上挂手动导链或千斤顶将下气缸前端稍稍抬起 0.20mm,抽出该猫爪的横销和安装垫片,然后松下导链或千斤顶,使气缸前端自由下垂,如图 2−17 所示。此时测量猫爪承力面与轴承座承力面的距离 B 及安装垫片厚度 A,$A-B$ 即为猫爪垂弧数值,该数值应与百分表测量的读数差相符合。

前端左猫爪垂弧测量后,可回装垫片,然后再用同样方法测量右端猫爪垂弧。一般前端左、右垂弧允许偏差值应不大于 0.10mm。左、右垂弧值之差,应小于左右平均值的 5%。

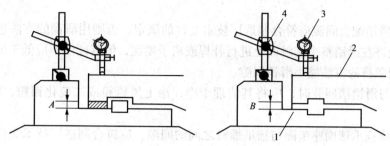

图 2 – 17　检查气缸猫爪垂弧示意图

1—轴承座；2—下气缸水平剖分面；3—百分表；4—磁力表架

A—测量间隙值；B—调整垫片厚度

37. 气缸负荷分配时有什么要求？

答：（1）在进行负荷分配时应检查猫爪横销的承力面、滑动面及底座的滑动面均应接触良好，用 0.05mm 塞尺检查不得塞入并应与试装时基本相符。特殊情况下，允许在猫爪横销不滑动的接触面间加一层不锈钢调整垫片，其厚度不应小于 0.10mm。

（2）对于没有后支座而只有前猫爪和两侧支座支持的气缸，其负荷分配一般可根据气缸水平度及猫爪垂弧进行调整。

（3）调整负荷分配时，应综合考虑气缸水平以及转子在轴封室的中心位置，使其达到制造厂技术文件的规定。

（4）气缸负荷分配完毕后，根据塞尺检查猫爪下部安装垫片处的间隙，来调整安装垫片的厚度。回装安装垫片时，监视猫爪高度的百分表指针变化应小于 0.02mm。然后复测汽封洼窝的中心，应无变化。调整气缸与轴承座之间的立销，应无卡涩及歪斜现象，其配合间隙也应符合制造厂技术文件的规定。回装猫爪横销时，应无卡涩、歪斜，间隙均匀，横销的一侧与猫爪接触，另一侧应留有间隙。

38. 滑销系统安装时有什么要求？

答：（1）滑销及销槽清理干净后，检查滑销各滑动配合面应无毛刺、卷边和损伤等缺陷，必要时应进行修刮。

（2）用塞尺测量滑销与销槽的配合间隙，或用内、外径千分尺沿滑动方向分别检查滑销及销槽相对应处的尺寸，取其差值作为滑销间隙并记录。

（3）测量滑销间隙时，一般沿滑动方向应测量两端及中间三点，所测得的各点尺寸应相等，其允许偏差应不大于 0.01mm，间隙沿销长应均匀分布。

（4）在同一个底座上有两个纵销位于一条直线上时，在滑销安装后，将轴承座试装在底座上，借助工具进行往复推拉，应滑动自如、无卡涩现象。检查两个滑销是否在一条直线上，可在滑销上涂红丹油，将轴承座紧靠滑销一边，往复推拉数次，再将轴承座推向另一边，往复推拉数次，然后将轴承座吊离，检查接触痕迹：若痕迹接触不均匀，说明滑销有偏斜现象，应予以修正销槽；若痕迹接触均匀，则说明滑销在一条直线上。滑销经研刮调整后，滑销在滑销槽内往复滑动应灵活并无卡涩现象。

（5）滑销在气缸、支座或轴承座上应固定牢固，固定滑销的螺钉不得影响滑销与销槽的配合间隙。

（6）用着色法检查猫爪横销的承力面和滑动面应接触良好，试装时用 0.05mm 塞尺沿四周检查不得塞入。猫爪横销的定位螺钉应光滑无毛刺，用着色法检查应受力均匀，销孔应无错口现象。

（7）各部滑销配合间隙应符合制造厂技术文件的规定，否则用研刮的方法进行调整。对过大的间隙允许在滑销整个接触面上进行补焊或离子喷镀，但其硬度不应低于滑销本身的硬度，不允许用敛挤的方法缩小滑销间隙。

（8）滑销与滑销槽回装时，应将其清理干净，涂上黑铅粉或二硫化钼粉，按标志安装，切不可装反。

（9）检查前猫爪球面座垫圈与猫爪螺钉之间的间隙，应符合制造厂技术文件的规定，如图 2-18 所示。如无规定时，一般 a 为 $0.10 \sim 0.20$mm，b 最小为 1.0mm，c 最小为 15mm。

（10）排汽缸联系螺栓紧固后与螺孔的相对位置，应符合制造厂技术文件的规定，如图 2-19 所示。如无规定时，一般 a 为 0.10mm，$b \geqslant 2$mm，$c \geqslant 1$mm。

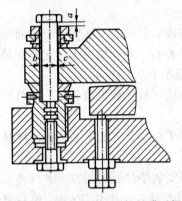

图 2-18　前猫爪与前支座间的猫爪螺栓

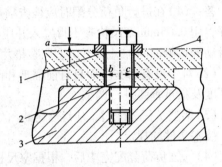

图 2-19　低压段排汽缸支座与底座间的联系螺栓
1—垫圈；2—联系螺栓；3—底座；4—低压段支座

（11）检查前气缸立销与销槽的配合间隙应符合制造厂技术文件规定。如无规定时，$a = 3$mm，$b_1 + b_2 = 0.04 \sim 0.08$mm，$c = 0 \sim 0.02$mm（过盈），如图 2-20 所示。

（12）检查后气缸立销与销槽的配合间隙应符合制造厂技术文件规定。如无规定时，$a \geqslant 3$mm，$a_1 + a_2 \geqslant 3$mm，$b_1 + b_2 = 0.12 \sim 0.16$mm，$b_3 + b_4 = 0.04 \sim 0.08$mm，$c = 0 \sim 0.02$mm（过盈），如图 2-21 所示。

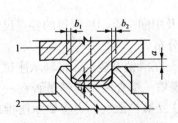

图 2-20　前气缸立销示意图
1—前气缸；2—前轴承座

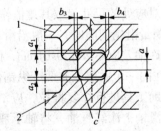

图 2-21　排汽缸（后气缸）立销示意图
1—排汽缸；2—后支座

39. 气缸的滑销系统间隙由哪些因素所决定？

答：气缸的滑销系统是在气缸热胀或冷缩过程中保持中心位置的系统，起定位和导向作用，因此对各种滑销的间隙均有一定的要求。该间隙既要允许气缸膨胀时不受卡涩，又要使气缸与轴承座和底座之间的配合不产生过大的误差，并要避免汽轮机运行时动静部分的摩擦。因此，滑销间隙由滑销的材料、尺寸、运行时的温度以及汽轮机动静部分的装配精度等因素所决定。

40. 滑销间隙过小或过大对机组运行有什么影响？

答：滑销间隙过小会使气缸膨胀受阻，甚至卡死；滑销间隙过大会使气缸膨胀失去控制，以致中心位置变动，使已调整好的气缸内部动静部分间隙发生变化，严重时引起碰磨。所以，滑销间隙应严格按制造厂技术文件规定进行。

41. 气缸最终定位后，应检查哪些间隙？

答：(1)复查前气缸与前轴承座拉杆螺栓轴向间隙 t，如图 2-22 所示。用塞尺检查下气缸与座架之间的距离 L、M，如图 2-12 所示。其间隙 t、L、M 均应符合制造厂技术文件的规定。

(2)汽轮机启动前，应在室温下用塞尺检查气缸热膨胀指示标尺安装间隙并记录，如图 2-23所示。

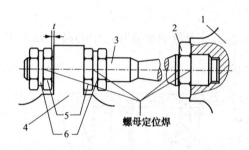

图 2-22 前轴承座与前气缸拉杆螺栓轴向间隙

1—前气缸；2、5—螺母；3—拉杆螺栓；4—前轴承座；
6—防松螺母

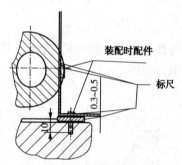

图 2-23 气缸热膨胀指示器标尺
安装间隙示意图

42. 轴承座出现裂纹或渗漏时应如何处理？

答：轴承座出现裂纹或渗漏时，应进行修补并重新试验，其处理措施是：

(1)当轴承座出现裂纹时，处理时应在裂纹的两端，分别用 $\phi 3 \sim 5$ 钻头钻出两个制止裂纹的小孔，以防止裂纹继续延伸。再将配制好材料为紫铜板或低碳钢板的补板盖在裂缝上，将补板加热用锤轻轻敲击，使补板与裂纹处相互贴合，并将补板固定。补板的尺寸应大于裂纹外缘 20~30mm。然后在补板沿边缘距离 10~15mm 处，用 $\phi 6 \sim 8$ 钻头钻孔，并在轴承座上钻孔、攻丝，用埋头螺钉将补板紧固，进行焊接。补焊后应进行渗漏检查，直至无渗漏为止。

(2)若渗漏处为气孔或砂眼时，应根据砂眼的大小进行钻孔、攻丝，再在螺栓抹上密封胶紧固，在接缝处涂以混合耐油涂料。耐油涂料涂抹前，应先用电动磨光机将轴承砂眼处打出金属光泽，用清水将其表面清洗干净，再用白布蘸丙酮擦拭后再抹涂料。涂料自然干透需要 1~2h，也可在低温下烘干。

43. 如何检查轴承座水平中分面与几何水平中分面的偏差？

答：制造厂在进行轴承座水平中心线加工时，由于机床和刀具的误差，所以会产生加工偏差，安装时，应计算出这个偏差，然后用调整垫片来加以修正。检查轴承座水平中分面与几何水平中分面的检查方法为：

用大平尺置于轴承座前、后轴承座孔水平中分面上，然后用内径千分尺测量轴承座孔底部到平尺下表面的尺寸 A[图 2-24(a)]和轴承盖轴承座孔的尺寸 B[图 2-24(b)]。若前、后轴承座孔水平中分面的测量值 $A=B$，则表明轴承座的水平中分面与几何水平中分面重合；若前后轴承座孔处的 A 与 B 的差值相等，则表明轴承座的水平中分面与几何水平中分面平行；若前、后轴承座孔 A 与 B 的差值不相等，则表明轴承座的水平中分面与几何水平中分面交叉。前两种情况，对轴承座找水平时没有影响，但后一种情况则应考虑轴承座水平中分面与几何水平中分面相差的数值。

根据测量出的轴承座水平中分面与几何水平中分面相差的数值 A、B，便可计算出轴承座水平中分面对几何水平中分面的偏差。

轴承座孔水平中分面相对于几何水平中分面的偏差：

$$\delta_1 = \frac{D_1}{2} - A$$

轴承盖水平中分面相对于几何水平中分面的偏差：

$$\delta_2 = \frac{D_2}{2} - B$$

当计算出偏差 $\delta > 0$ 时，为正偏差，用"+"号表示，表明轴承盖几何中心高于轴承座水平中分面，如图 2-24(b)所示。

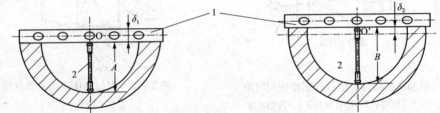

(a)检查轴承座水平中分面与几何水平中分面的偏差　　(b)检查轴承盖水平中分面与几何水平中分面的偏差

图 2-24　测量轴承座水平中分面与几何水平中分面的偏差

1—平尺；2—内径千分尺

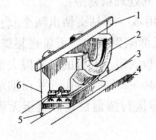

图 2-25　轴承座轴向位置的找正

1—大平尺；2—轴承座；

3—基础中心线；4—基础；

5—线锤；6—粉线

44. 如何进行落地式轴承座轴向位置的找正？

答：落地式轴承座的轴向位置的找正是将轴承座的横向中心线与基础上的横向中心线重合，找正的方法如图 2-25 所示。将一平尺置于轴承座水平中分面上，平尺的一底边与轴承座水平中分面上的横向中心线标记重合，然后在平尺两端处各挂一线锤，横向移动调整轴承座的位置，使线锤的尖端指在基础的横向中心线上即可。

45. 如何进行落地式轴承座的找平？

答：轴承座的找平包括横向和纵向找平。轴承座的横向找平，可将精密水平仪放在轴承座孔两侧水平中分面上进行测量，如图 2-26 所示。为了消除轴承座水平中分面加工精度和轴承座变形的影响，使测量结果更准确。可采用在轴承座孔上放置一平尺，将精密水平仪放在平尺上进行测量，如图 2-27 所示。测量轴承座水平度时，应在放置水平仪部位划上标记。测量时，应将平尺和精密水平仪在原地旋转180°进行测量，求其平均数值，以消除水平仪本身及平尺两平面的不平行度所造成的测量误差。轴承座横向水平允许偏差为 0.04mm/m。

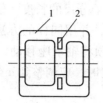

图 2-26 利用精密水平仪测量
轴承座横向水平度
1—轴承座水平结合面；
2—精密水平安放位置

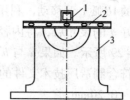

图 2-27 利用平尺和精密水平仪
测量轴承座横向水平度
1—精密水平仪；2—平尺；
3—轴承座

轴承座纵向水平应根据转子扬度（水平度）来进行调整，即轴承座扬度应与轴颈扬度一致。轴承座纵向水平的测量位置，可在轴承座孔处用精密水平仪进行测量，也可将平尺放置在轴承座孔上，将精密水平仪放置平尺上进行测量。轴承座孔中心的标高及轴承座纵向扬度应符合制造厂技术文件的规定。

46. 落地式轴承座同轴度找正有哪几种方法？

答：落地式轴承座同轴度找正通常采用拉钢丝法、激光准直仪法较多。

47. 落地式轴承座如何采用拉钢丝法进行同轴度找正？

答：为确定轴承座的横向位置，采用拉钢丝法找同轴度前，应首先通过轴承座的中心架设一根钢丝线，钢丝线跨挂在两个左右上下均可调整的线架上，如图 2-28 所示，线架类似车床小刀架的装置，用以调节钢丝左右位置的偏差；在找正线架上装有可上下移动的丝杆，用来调节钢丝高低位置的偏差。钢线架两端系以相应质量的重锤，将钢丝拉紧，钢丝线应无曲折和打结现象。固定钢丝的支架、导轮均应绝缘。

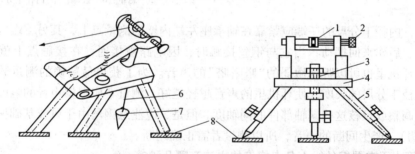

图 2-28 轴承座同轴度找正钢丝线架
1—带有滚动轴承的绝缘轮；2—水平方向调整细螺纹螺丝；3—垂直方向细螺纹调整螺丝；
4—底座板；5—活动调节高度支架；6—钢丝线；7—铅锤；8—预埋件

将两找正支架按汽轮机基础纵、横中心线定位后，应用电焊将其牢固地焊接在基础的预埋件上，应使线架稳固、可靠。然后以钢丝线作为轴承座的找正中心线，将各轴承座的同轴度找正。其找正步骤如下：

（1）初步找正轴承座

用钢卷尺置于轴承座孔，测量钢丝距轴承座孔中心两侧的距离，调整轴承座的横向位置，使两侧距离基本相等，偏差应不大于 0.50mm。

（2）粗找正轴承座

将内径千分尺一端放置在轴承座油封室洼窝或轴承座孔接近水平结合面 1 点上，另一端沿钢丝附近的$\overset{\frown}{AB}$弧上下移动，利用内径千分尺可调螺杆增减千分尺的长度，使其与钢丝稍微接触。定好 a 的尺寸后，将内径千分尺移向另一侧 2 点处，并用同样的方法测量 b 的尺寸，如图 2 – 29 所示。如果 a 与 b 的尺寸相差较大可用千斤顶将轴承座移动，直至将 a、b 数值调整到符合制造厂技术文件的规定的数值为止，如无规定时，应调整到 a 与 b 的差值应不大于 0.10～0.20mm。

（3）精找正轴承座

为使测量更为精确，可采用图 2 – 30 所示的找正工具。它是由钢丝、铅锤（悬重）及钢丝组成的拉线系统，与由普通耳机、4～6V 电池组和导线组成的供电收讯系统，及起导电作用的内径千分尺等三部分组成。其找正原理是：同轴度找正测量时，耳机与钢丝的连接。将耳机两个听筒并联后，电池的一个极与钢丝连接，另一个极与轴承座连接，测量时调节内径千分尺的长度，当内径千分尺刚刚碰到钢丝时便形成通路。

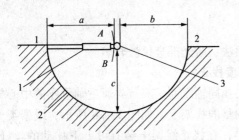

图 2 – 29　拉钢丝找同轴度的测量方法（一）
1—内径千分尺；2—轴承座孔；3—钢丝

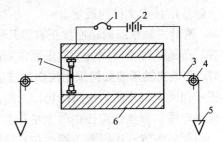

图 2 – 30　拉钢丝找同轴度测量方法（二）
1—耳机；2—电池；3—钢丝；4—导轮；
5—悬重；6—缸体；7—内径千分尺

测量时，内径千分尺的一端应紧靠在轴承座左端内壁的测量点上，其另一端应经常地向左、右、前、后作来回摆动，当它与钢丝接触时，因电路被接通，在接触点上就会发生火花，同时在耳机里也可以听到微弱的"嗒嗒嗒"的声音。为了获得最精确的测量数据，应不断地调整内径千分尺的长度，使耳机里的声音越轻越好。测量者应根据声音的响度来确定测量数据，来调整或校核这些同轴部件的同轴度。但是，应注意钢丝由于风或基础振动而引起的振动（动荡），产生间断的声音，所以测量者需正确判断。

48. 计算水平布置钢丝线上各点挠度的方法有哪几种？

答：由于钢丝本身的自重使其产生挠度，因此，以水平布置钢丝为基准测量同轴度时，应考虑钢丝静挠度的影响。水平布置钢丝线上各点的挠度可以用近似计算法或查表法来确定。

49. 如何对钢丝挠度值 f_x 进行计算和修正？

答：用拉钢丝法找正，应对钢丝的自重产生的挠度加以修正。水平布置时，钢丝线两端线架的导向轮处于同一标高，如图 2 – 31 所示，钢丝悬重后的自重挠度 f_x 可按式（2 – 1）近似计算：

$$f_x = 0.038.3(L-x)x \qquad (2-1)$$

式中　f_x——计算点的钢丝挠度，mm；

　　　L——两个线架上导向轮中心线之间的距离，m；

　　　x——从测量点至最近一端固定点的距离，m，当 $x = 1/2L$ 时，$f_x = f_{max}$。

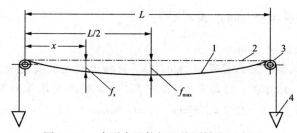

图2-31　水平布置拉钢丝找同轴度示意图

1—钢丝(实际中心线)；2—钢丝的理想中心线；3—导向轮；4—悬重

例：两线架导向轮中心线之间的距离为6m，测点到最近固定端的距离为1.5m，此点的挠度值为多少？

已知：$L=6m$；$x=1.5m$

解：$f_x = 38.3(L-x)x$

$\qquad = 38.3(6-1.5) \times 1.5$

$\qquad = 38.3 \times 6.75 \approx 0.259(mm)$

50. 如何用查表法查出水平布置钢丝线上各点挠度？

答：当两个线架上的导向轮处于同一标高和中心距一定时，用查表法精确度高，测量中所架设的钢丝的跨度与表中所列的跨度相同，才能使用挠度表查挠度。由于钢丝线的挠度曲线左右是对称的，其中间点的挠度最大，所以挠度表中只列出半边挠度曲线的挠度值。

查表法是根据两线架导向轮中心线之间的距离L和测点到支架间的最近距离x从钢丝挠度表中查得钢丝的静挠度f_x。

当实际的x与挠度表中的x相同时，f_x可直接由钢丝挠度表查得。

例：$L=8m$，$x=2m$　　由挠度表查得$f_{2m}=0.46mm$；

$L=12m$，$x=3.5m$　　由挠度表查得$f_{3.5m}=1.139mm$。

当实际的x与挠度表中的x值不同时，应对f_x进行修正。

例：$L=6m$，$x=1.15m$时，而表中只能查得1.1m和1.2m的x值，对应的$f_{1.1m}=0.206mm$，$f_{1.2m}=0.221mm$。则$x=1.15m$的挠度值可用下述方法进行计算。

$$f_{1.15m} = 0.206 + \frac{0.221-0.206}{1.2-1.1} \times (1.15-1.1) = 0.2135(mm)$$

当从挠度表查出各点的挠度后，用内径千分尺测量钢丝至轴承座孔中，a、b、c三个位置的尺寸，若找正各轴承座孔的同轴度，如图2-32所示，由于钢丝至轴承座孔左右两侧的测量点之间的水平距离a和b应相等(应无挠度的影响)，而钢丝至上下两测量点之间的垂直距离不相等(因为钢丝在该点有静挠度的影响)，则应符合以下条件：

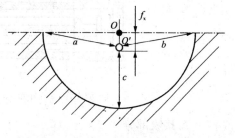

图2-32　查出钢丝静挠度后轴承座孔同轴度找正示意图

O—钢丝的理想位置；O'—钢丝的实际位置；f_x—挠度

$$a = b = c + f_x$$

或

$$a = b = R - \frac{d}{2}$$

$$c = R - \frac{d}{2} - f_x$$

式中　　R——为轴承座孔半径，mm，$R = \dfrac{a+b}{2}$；

　　　　d——为钢丝的直径，mm。

例：某台汽轮机机轴承座孔直径 D 为 $\phi500$，前轴承座处的挠度值 f_x 为 0.30mm，选用钢丝直径 d 为 $\phi0.40$，此时水平距离 a 和 b、垂直距离 c 的测量值各为多少？

已知：$D = 500\text{mm}$　　$R = D/2 = 250\text{mm}$　$d = 0.40\text{mm}$　　$f_x = 0.30\text{mm}$

解：

①水平距离（左右尺寸）

$$a = b = R - d/2 = 250 - 0.40/2$$
$$= 249.80(\text{mm})$$

②垂直距离（下尺寸）

$$c = R - d/2 - f_x$$
$$= 250 - 0.40/2 - 0.30$$
$$= 249.50(\text{mm})$$

51. 简述激光准直仪的工作原理。

答：激光准直仪是根据光在均匀媒介质中沿直线传播的原理，采用方向性好、亮度高、光强分布稳定而且对称的氦氖气体的激光作为光源，在空间形成一条可见的红色光束，再配以相应的光电转换和放大显示器，将偏离这条直线的差值用电量显示出来，因此其读数准确。

52. 简述激光准直仪的结构。

答：激光准直仪的结构主要由发射和接收两部分组成：

（1）发射部分

激光发射部分由激光发射器和基座两部分组成。其中激光发射器的激光管由激光电源点燃，激光电源是由低压整流、控制、变换和高压整流四部分线路组成，触发氦氖气体激光管发出激光束。激光束经过目镜 4、小孔 5 和物镜 6 等望远镜系统，使光束直径被放大十倍而发射角缩小为 1/10 的平行光束射出。小孔直径约为 0.1mm，因此平行光束的直径约为 1～2mm 左右。调整螺钉 3 可用来调整光束发射的方向，如图 2-33 所示。

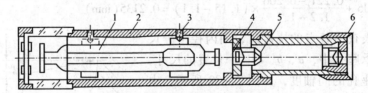

图 2-33　激光发射器结构图

1—激光管；2—外壳；3—调节螺钉；4—目镜；5—中心孔；6—物镜

（2）接收部分

接收部分由接受靶和显示器组成。其作用是将激光信号通过光电转换为电信号输出，由显示器将输出的电信号放大并用电表模拟显示。激光束经接收靶中的四棱锥面（或圆锥面）反射到装在四周成直角配置的四块硒光电池上，当有偏差时，光电池电流强度产生差值，通过放大器放大后在显示器上显示出被校正零件中心线与基准光轴的偏差值。采用光电检测后，分辨灵敏度提高到 0.01mm。

由发射器来的激光束经过接受靶前的滤光片 3 射至发射锥体 5 上，反射锥体将激光束分成四股，射向上下合左右四块硒光电池 4 上，将光信号转换为电信号，硒光电池上下两个象限为一组，用来检测 Y 方向对光轴的偏离。左右两个象限为另一组，用来检测 X 方向对光轴的偏离。当光束与光电池中心重合时，在每一个象限上光照面积相等，各象限产生的光电流也相等。当光电池中心偏离光束中心时，各象限上光照面积不等，所产生的光电流也不同。每组光电池产生的电流差被送到显示器内相应的一组放大器中进行放大，并有显示器电表显示出来。如果显示器表计上读数为零，则说明激光束打在发射锥体的中心点上，四块光电池上受到的光强相等，每组中两块光电池送出的电流值大小相等、方向相反。若光束中心有所偏离，则四块光电池收到的光强不等，每组光电池产生强弱不等的电信号，由于信号的强弱与中心偏离值成比例，故两块显示器电表均分别指示某一读数值，其读数就表示了上下和左右偏离中心的数值，即知道了靶中心与光束中心的偏离值，如图 2－34 所示。

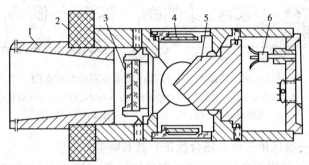

图 2－34　光电接受靶简图

1—遮光罩；2—挡圈；3—滤光片；4—硒光电池；5—发射锥体；6—电位器

53. 激光准直仪系统有哪些部件组成？

答：激光准直仪系统主要由激光电源、激光发射装置、定心器(也称对中仪)及接受靶和显示器组成，如图 2－35 所示。其主要是用来测量转子与轴承座同轴度、转子与气缸同轴度、隔板或导叶持环与转子的同轴度、隔板与气缸的同轴度。

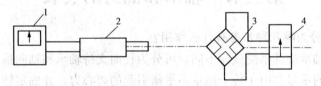

图 2－35　激光准直仪系统示意图

1—激光电源；2—激光发射器；3—对中仪及接收靶；4—显示器

54. 简述利用激光准直仪找正轴承座的方法步骤。

答：(1)将激光发射器固定在汽轮机基础的一端，并应靠近基础的纵向中心线。在相对应的另一端放置一平板和三棱镜，如图 2－36 所示，放置三棱镜的平板必须调整水平。

(2)接上激光电源，使激光管点亮，射出一条可见的激光束。在找正轴承座之前，应将激光束调整到汽轮机基准轴承座孔中心的安装标高。

(3)在基础纵向中心线上选择远近两点，悬吊两个线锤，使下部的线锤尖端指准基础中心线。

(4)然后调整激光发射器上、下、左、右的位置及转角，使激光束对准两垂线上，光点被垂线一分为二，并且由三棱镜反射回来的光束正好与入射光束重合。然后测量并调整光点的高度，使其等于汽轮机规定轴承的安装标高，则此激光束代表了通过汽轮机规定轴承轴承孔中心并与基础纵向中心线一致。

（5）在远离发射器的对面另一端安装一个固定的光电接收靶，先使光束打在光电接受靶的滤光片上，通过调整支撑滤光片的三只螺钉，使由滤光片反射回来的光束与入射光束重合。然后再调整接受靶的上、下和左、右位置，使显示器的数值为零。

（6）激光束的方位确定后，可将装有激光接受靶的对中仪置于轴承座孔中。根据显示器电表偏移的数值，改变轴承座的位置。

若表示上下和左右的两个显示器的读数均为零，则说明轴承座孔中心与基准激光束重合。此时，该轴承座的标高即为规定轴承的安装标高。

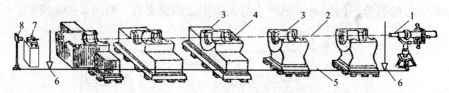

图 2-36　用激光准直仪找正轴承座同轴度示意图

1—激光发射器；2—激光束；3—轴承座孔；4—定心器及光电接收靶；
5—基础纵向中心线；6—线锥；7—三棱镜；8—显示器

55. 激光准直仪一般适用于什么场合找正？其有哪些优点？

答：激光准直仪不仅用于多轴承座找正和确定标高，亦可用于气缸汽封洼窝、导叶持环及隔板找同轴度。这种方法比使用假轴法或拉钢丝法等找中心方法，可以提高安装精度、保证安装质量、缩短施工周期，减轻劳动强度，具有明显的经济效益。采用激光准直仪找正时，应避免环境温度的变化、强光照射、基础振动等影响，否则将使激光束变形、漂移及不稳定，降低测量精度。

第三节　轴承和油封的安装

1. 汽轮机轴承分为哪几种？各有什么作用？

答：汽轮机的轴承按其承受载荷不同，可分为径向支持轴承和轴向推力轴承。支持轴承的作用是承受转子的重量和由于转子质量不平衡引起的离心力，并确定转子在气缸中的正确径向位置，还应保持转子中心与气缸的中心一致，同时还要保持转子与气缸、导叶持环、汽封之间的间隙应在规定范围内，并在一定的转速范围内正常运行。推力轴承的作用是承受蒸汽作用在转子上的轴向推力，并确定转子在气缸中的轴向相对位置，限制转子的轴向窜动，保证通流部分动静间的轴向间隙在规定范围内。

2. 简述支持轴承的工作原理。

答：以圆柱形轴承为例，简述圆柱形轴承与轴颈之间建立完全液体摩擦（油膜）形成过程的三个阶段，如图 2-37 所示。

（1）静止阶段

当轴颈静止时，轴颈落在轴瓦底部，轴颈与轴瓦在母线 A 处接触，如图 2-37（a）所示。此时轴颈中心 O_1 在轴承内孔中心 O 的下方，轴颈与轴承最大间隙位于轴承上部，在轴颈与轴承之间形成上部大、下部小的楔形油楔。此时，由于轴颈尚未旋转，所以不发生摩擦。

（2）启动阶段

当轴颈旋转时，润滑油从右面的间隙进入，因为润滑油在楔形间隙中的流动阻力是随着间隙的减少而不断增大的，所以轴颈右面 B 处间隙中产生油压，将轴颈向旋转方向（向左）推移，以便形成能承受压力的油楔，当油楔中的总压力大于负荷 R 并保持稳定时，就能将轴颈抬或浮起来，如图 2－37（b）所示。此时，B 处不断地发生界限摩擦（半干和半液体摩擦），所以启动阶段也称为润滑不稳定阶段。

（3）稳定阶段

随着轴颈转速的不断升高，粘附在轴颈表面上的润滑油被旋转的轴颈不断地带入楔形间隙中去，润滑油从间隙大处进入，从间隙小处排出。因为润滑油在楔形间隙中流动阻力是随着间隙的减少而不断增大的，所以它产生一定的压力，将轴颈向旋转方向（向左）推移，以便形成能承受压力的油楔，当油楔中总的压力大于负荷 R 时，就能将轴颈抬（或浮）起来，所以这里的摩擦变成了完全的液体摩擦，此时间隙最小处的压力最大，油膜厚度最小为 h_{min}，如图 2－37（c）所示。当油压作用在轴颈上的力与转子的重量相等时，轴颈便稳定在一定的位置上旋转，轴颈的中心也由 O_1 移至 O_2。

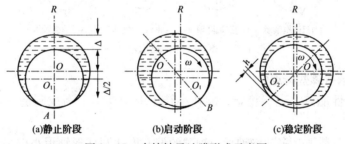

图 2－37　支持轴承油膜形成示意图

3. 在轴颈和轴承巴氏合金表面之间建立液体摩擦的必要条件有哪些？

答：（1）润滑油的供应充足，泄漏应最小；

（2）进油孔和油槽应开设在轴承的承载区以外；

（3）润滑油的黏度、油温和性能应符合设计文件的规定；

（4）轴颈应有足够高转速；

（5）轴颈和轴承巴氏合金表面加工粗糙度应符合设计文件的规定；

（6）轴颈与轴承之间应有最佳的配合间隙。

4. 支持轴承如何分类？

答：支持轴承按支承方式可分为固定式和自位式轴承两种；按轴瓦内孔形式可分为圆柱形轴承、椭圆形轴承、多油楔轴承和可倾瓦轴承等形式。

5. 圆柱形轴承结构有什么特点？

答：圆柱形轴承内孔的巴氏合金表面为圆柱形，其顶部间隙 Δ 为轴颈直径 D 的 2/1000，两侧间隙为顶间隙的 1/2。轴颈与轴承的接触角宜为 60°～90°。

为了使润滑油的分布合理和有足够的油量冷却轴颈和轴承，在轴瓦上设有一定长度的油槽，并在水平中分面附近向两端扩展出去，以便加大进油量和降低轴承温度。为了防止润滑油顺着轴颈甩出轴承，在轴瓦两端装有油封。圆柱形轴承结构简单，油量的消耗和摩擦损失都较小。它只是在下部形成一个楔形油膜，在高速轻载的条件下，油膜刚性差，容易引起振动，因此多用于中、小型汽轮机或减速齿轮箱，转速一般在 4000r/min 以下。

6. 椭圆形轴承与圆柱形轴承相比有哪些特点？

答：椭圆形轴承与圆柱形轴承相比的优点是运行稳定，当运行中若转子向上晃动，轴承上部的径向间隙减小，油膜压力增大，而轴承下部的径向间隙增大，油膜压力减小，上、下合力将转子退回到原来的位置。由于椭圆轴承的侧间隙比圆柱轴承侧间隙大，轴向油的流量大，可带走轴颈上的热量。因而其轴承散热性好、温度低。由于在相同尺寸的条件下椭圆轴承比圆柱轴承顶间隙小，所以椭圆轴承在垂直方向上的抗振性能好。但由于椭圆轴承产生两个油膜，故消耗功率比圆柱轴承稍大一些。椭圆形轴承比压一般可达 $1.2 \sim 2.0$ MPa，甚至可达 2.5 MPa，由于其高速运行稳定性较好，在中、大型汽轮机组得到广泛应用。

7. 什么是多油楔轴承？

答：改变轴承内孔的形状，加大轴承各段圆弧相对轴的偏心率，同时将油膜分隔成不连续的多段形成多个油楔，称为多油楔轴承。多油楔轴承包括三油楔轴承、四油楔轴承，三油叶轴承、四油叶轴承，如图 2-38 所示。

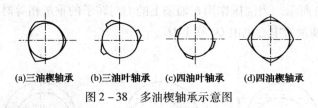

(a)三油楔轴承　　(b)三油叶轴承　　(c)四油叶轴承　　(d)四油楔轴承

图 2-38　多油楔轴承示意图

8. 多油楔轴承有哪些特点？

答：(1)抗振性能好，运行稳定，能减小转子由于动不平衡或制造、安装原因造成的振动；

(2)在不同的负荷下，多油楔轴承中轴颈的偏心度比圆柱形轴承小得多，保证了转子的对中性；

(3)当负荷与转速发生变化时，瓦块能自由摆动调节位置，可以防止油膜振荡，确保转子在高速轻载时可靠运行。

9. 三油楔轴承结构有什么特点？

答：图 2-39 所示为三油楔轴承结构。三油楔轴承分隔成三个不连续的固定油楔，不对称三油楔轴承油楔角度为 60°。三油楔轴承的上下瓦的水平中分面 $M-M$ 与水平面反转倾斜 35°，轴承上半有两段固定油楔，轴承下半有一段固定油楔。转子在轴承里旋转时带动油在三个油楔里都建立油膜，油膜的压力作用在轴颈的三个方向上，如图中 F_1、F_2、F_3 所示。三个油楔所产生的压力分布如图 2-40 所示。下部大油楔产生的压力其承受载荷作用，上部两个小油楔产生的压力促使转子运转平稳作用。由于上部两个小油楔的作用，使三油楔轴承不但在垂直方向上，而且在水平方向上都有较好的抗振性能。

轴承的进油口与水平结合面呈 20°角，润滑油从进油口进入环形槽内，然后分别经过三个油楔的进油口进入固定油楔。在轴承下部工作面上开有高压油顶轴油袋即进油孔 7。汽轮机启动时，从顶轴油泵输送来的高压油经进油口 7 进入油袋，瞬时油间油压为 $25 \sim 30$ MPa，将转子顶起。

近年来随着加工制造和安装工艺的不断提高，轴承水平中分面已很光滑、平整，不会影响油楔中油膜的建立及其压力的分布，因此有些三油楔轴承已改成水平中分面，而再不必反转 35°了。三油楔轴承由于高速稳定性较好，承载能力大，其比压可达 2~3MPa。根据试验测定，在运行中三油楔轴承的轴心轨迹为圆形，水平方向的振幅要比椭圆形轴承小 3~4 倍，垂直方向的振幅也较小，因此多用于中、大型汽轮发电机组。

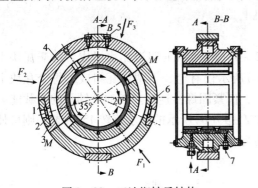

图 2-39　三油楔轴承结构

1—调整垫片；2—节流孔板；3—枕块；4—轴承体；
5—内六角螺钉；6—防转销；7—顶轴油进油口

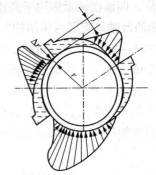

图 2-40　三油楔轴承压力分布图

10. 四油楔轴承有哪两种结构？

答：四油楔轴承有单向回转和双向回转两种结构，如图 2-41 所示。单向回转结构通常称为四油楔轴承，双向回转结构称为四油叶轴承，单向回转四油楔轴承的承载能力比双向回装四油楔轴承高，摩擦力距较小。但是，由于工业汽轮机驱动的离心式压缩机在停机时可能会出现反转，所以这样的机组使用四油叶轴承较多。

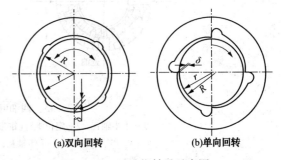

(a)双向回转　　　　(b)单向回转

图 2-41　四油楔轴承示意图

11. 四油楔轴承结构有什么特点？

答：四油楔轴承将油楔分隔成四个，其油楔角度为 45°，如图 2-42 所示。转子旋转时四个油楔都建立油膜，油膜的压力作用在轴颈的四个方向上。当外负荷变化时，轴颈上、下压差变化相对较小，因而就不易发生油膜振荡。四油楔轴承有上下两半轴瓦组成，上下两半轴瓦由锥形销钉 3 进行固定，并通过螺栓 6 将其连接。轴承的承载面上浇注有巴氏合金。下半轴瓦与下半轴承箱中分面用圆柱销钉定位，以阻止轴瓦径向转动或轴向移动。

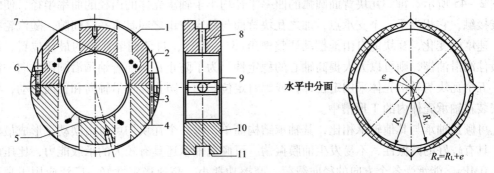

图 2-42　四油楔径向轴承

1—上半轴瓦；2、5、7—轴承油槽；3—锥形销钉；4—下半轴瓦；
6—结合面连接螺栓；8、9—轴承进油孔；10—测温元件孔；11—轴承环形油道

12. 四油楔轴承有哪些优缺点？

答：四油楔轴承的优点是结构简单、轴承温升低、运行稳定、抗振性能好、运行稳定、安全可靠、使用寿命长、不易发生油膜振荡，动压可达 30MPa 以上。缺点是油楔固定，不能自动调位。四油楔轴承多用于高速工业汽轮机上。

13. 四油叶轴承有哪两种结构？

答：图 2-43 所示为四油叶轴承结构。图 2-43(a) 所示由四瓣瓦块组成，每瓣瓦块上的巴氏合金弧面即为一段油叶圆弧；图 2-43(b) 所示仅有上、下两半瓦组成，每个瓦块上的巴氏合金层加工出两段油叶圆弧，由销钉定位，借紧固螺栓连接。四油叶轴承的承载能力与油叶的布置方式有关，在安装过程中，若将图 2-43(b) 所示的轴承旋转 45°放置，则可使载荷正好对准油楔中心，从而提高轴承的承载能力。

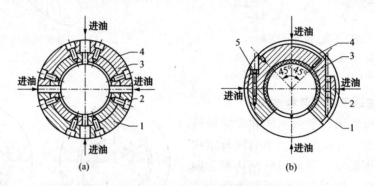

图 2-43　四油叶轴承结构示意图
1—下半轴瓦；2—定位螺钉(锥形销钉)；3—瓦块(巴氏合金层)；
4—上半轴瓦；5—紧固螺栓

14. 可倾瓦径向轴承结构有什么特点？

答：可倾瓦轴承结构的主要特点是每个瓦块均有其各自的压力油膜，从而形成了油膜区，使所受的载荷均匀，而且每一个瓦块在汽轮机运行中可以自行摆动调整，可以防止油膜振荡，确保转子在高速轻载时可靠运行。可倾瓦轴承主要由轴承体、油封和自由摆动的多个瓦块组成，汽轮机一般使用的是五个瓦块组成的轴瓦，如图 2-44、图 2-45 所示。五个瓦块是沿轴颈圆周等距地安装在上、下两半轴承内，其中一块瓦块在底部，位于轴颈的水平静止点，以便停机时支承轴颈及冷态时用于轴对中找正。但亦有轴颈正下方不放瓦块的型式，如图 2-45 所示。每一瓦块背面圆弧的曲率半径均小于轴承壳体的内径的曲率半径，使之成为线接触，它相当于一个支承点，加之瓦块背面与其定位销之间具有一定间隙，随汽轮机载荷、速度的变化，瓦块能自由地摆动调整楔角(5°~10°)，自动调节瓦块的最佳位置，以形成最佳润滑油楔，则可以大大提高轴心的稳定性。为了防止瓦块随着轴颈沿圆周方向一起转动，五个瓦块与轴承壳体采用定位螺钉或螺钉定位。为了防止瓦块沿轴向和径向窜动，将瓦块安装在轴承壳体内的 T 形槽中。

可倾瓦轴承与其他轴承相比，其轴承结构简单，每一个瓦块均可自由摆动，形成最佳油膜，具有较好的减振性，不易发生油膜振荡。可倾瓦轴承还具有较大的承载能力，比压可达到 4.0MPa，能承受各个方向的径向载荷，摩擦功耗小，高速稳定性好，广泛应用于高速轻载工业汽轮机组。

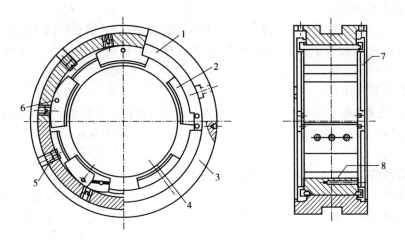

图2－44 可倾瓦径向轴承(一)

1—上半轴承；2—可倾瓦块；3—下半轴承；4—转子；
5—瓦块定位螺钉；6—喷油孔；7—油封；8—热元件测温孔

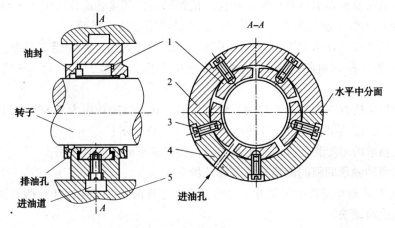

图2－45 可倾瓦径向轴承(二)

1—可倾瓦块；2—上半轴承；3—定位螺钉；4—下半轴承；5—轴承座

15. 自位式轴承(球形轴承)结构有什么特点？

答： 自位式轴承的衬背是一球面，可直接或通过轴承枕块与轴承座孔球面接触，当轴颈倾斜时，轴承体也随之转动，从而使轴颈与轴瓦两侧间隙在整个长度内保持不变。自位式轴承自调性能较好，但球形表面加工较复杂，加工精度要求高。

16. 径向轴承安装前应进行哪些检查工作？

答： (1)轴承各部件应有指示安装位置和方向的钢印标记。

(2)先将轴承用煤油清洗干净，检查巴氏合金应清洁、光滑，无夹渣、气孔、凹坑、裂纹、剥落等缺陷，用浸油法或着色法检查轴承衬与轴承衬背贴合情况，应无脱胎现象。

(3)用着色法检查轴承水平中分面接触应良好，在自由状态下，用0.05mm塞尺检查应塞不进。上下两半支持轴承组装时，其水平中分面应无错口现象。

(4)轴瓦的进油孔应清洁、畅通，并应与轴承座上的供油孔对正。枕块进油孔四周应与轴承座孔上的供油孔整圈接触严密。进油孔带有节流孔板时，测量节流孔直径及其厚度应符合制造厂技术文件的规定。

(5)用着色法检查轴承衬背与轴承座孔的接触情况，应符合制造厂技术文件的规定。

(6)埋入轴瓦的温度测点位置应符合制造厂技术文件的规定，并应接线牢固，密封严密。

17. 什么是着色法？

答：在机械部件静止接触面或运动接触面上涂有色物料，经滑动或转动后再拆卸，以检查(观察)两接触面的接触部位、接触面积等接触状态，并以此确定有关部件的制造、装配、安装质量的方法。

18. 安装可倾瓦径向轴承时应符合哪些要求？

答：(1)用浸油法或着色法检查轴承衬与轴承衬背贴合情况，应无脱胎现象；

(2)轴承衬表面应清洁、光滑，无夹渣、气孔、凹坑、裂纹、剥落等缺陷；

(3)用百分表检查同一组瓦块厚度应均匀，其偏差应不大于 0.01mm；

(4)可倾瓦与轴承壳体接触面应光滑无损伤；防转销与销孔应无变形、松旷现象；各瓦块定位销定同对应的的瓦块上的销孔应无顶压，凸出高度应适宜；组装后各瓦块均能摆动灵活，应无卡涩现象；

(5)用着色法检查轴承衬背与轴承座孔应接触均匀，其接触面积应大于80%；轴承的进油孔应与轴承座上的供油孔吻合、对正，油孔及油路应清洁、畅通；

(6)用着色法检查轴承水平中分面应平整、光滑、接触均匀并无错口现象；定位销应无变形、松旷现象；在自由状态下检查轴承水平中分面严密性，用 0.05mm 塞尺检查应塞不进；

(7)用着色法检查轴颈与轴承衬的接触应均匀，其接触面积应大于80%以上；可倾瓦径向间隙是由机械加工精度保证的，其接触面一般不允许刮研；

(8)埋入轴承的温度测点位置应正确无误，接线应牢固，密封严密。

19. 径向滑动轴承间隙的测量方法有哪几种？

答：径向滑动轴承间隙的测量方法有抬轴法、塞规测量法、压铅法、假轴法。

20. 什么是抬轴法？

答：抬轴法是测量滑动轴承径向间隙的一种方法。多油楔轴承或可倾瓦轴承大多采用抬轴法测量径向间隙。先将轴承装配好并均匀地紧固连接螺栓，然后用两块百分表进行测量。将其中一块百分表的触头触及轴承盖的最高点，将另一块百分表触头触及距离支持轴承最近轴颈的最高点，将两块百分表上的读数调至"0"，然后用专用工具缓缓地将转子垂直向上抬起，直到轴承盖处的百分表产生 0.005mm 的读数为止，此时轴颈上的百分表读数即为轴承的径向间隙。用抬轴法测量滑动轴承径向间隙时，应连续测量 2~3 次，而且每次将转子放到下瓦块上时，轴颈和轴承盖上的百分表读数均应回到"0"。

21. 什么是压铅法？

答：压铅法是检查齿轮啮合间隙和滑动轴承径向间隙、轴瓦过盈量(轴瓦紧力)的常用的方法。将选用适当直径和长度的软铅丝放入齿轮啮合部位或上、下轴瓦结合处及轴颈顶部，经齿轮滚压或紧固轴承盖螺栓后，松开螺栓并取出轴承盖和上瓦，测量铅丝各部位的厚度，并通过计算公式计算出配合间隙值。

22. 如何用压铅法测量可倾瓦径向轴承间隙？

答：(1)将转子轴颈放置在可倾瓦轴承的下瓦块上，如图 2-46 所示；

（2）用直径为 1.5 倍顶间隙、软铅丝长度应超过一个油楔弧长，将两根软铅丝轴向放在轴颈上，为防止软铅丝滑落，可用润滑脂粘住；

（3）将上瓦和轴承盖装好，均匀地紧固轴承盖螺栓，用 0.02mm 塞尺检查轴承水平中分面应不得塞入；

（4）拆卸轴承盖螺栓，取出轴承盖和上轴瓦；

（5）用外径千分尺测量已被压扁的软铅丝的厚度 $AD + BC/2 = S$，再按式（2-21）换算出顶间隙 Δ。

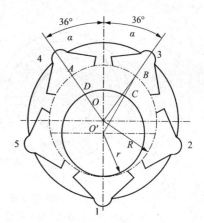

图 2 - 46　可倾瓦轴承压铅法
测量径向间隙

$$\Delta = KS \qquad\qquad (2-2)$$

式中　Δ——轴承间隙，mm；

　　　K——换算系数，它可以从三角形 $\Delta OO'B$ 的关系中求出。

$$O'B^2 = OO'^2 + OB^2 - 2OO' \cdot OB\cos(180° - \alpha)$$
$$O'B^2 = r + S$$
$$OB = R = r + OO' = r + \Delta/2$$
$$OB = \Delta/2$$

忽略 Δ 和 S 的二次方项可得

$$K = \Delta/S = 2/1 + \cos\alpha$$

对于五块瓦均等的可倾瓦轴承，$\alpha = 36°$，$K = 1.1$，故对可倾瓦轴承的换算式为：$\Delta = 1.1S$。

23. 四油楔轴承为什么要求在调整状态时旋转 45°？

答： 四油楔轴承在调整状态时旋转 45°，使其中一块瓦块在底部，位于轴颈的水平静止点，以便停机时支承轴颈及冷态时用于轴对中找正，如图 2 - 47 所示。此为制造厂技术文件规定，四油楔轴承组装需旋转 45°角，而且必须保持其角度，然后用定位销在旋转 45°后固定轴承，以防运行中轴承改变位置。

24. 安装带调整枕块轴承时应符合哪些要求？

答：（1）当两侧枕块的中心线与垂线间的夹角 α 为 90°时，则无需考虑转子是否压在下轴瓦上，用着色法检查三处枕块与轴承座孔接触情况，均应接触均匀，其接触面积应大于 70%以上，并用 0.05mm 塞尺检查不得塞入。

（2）当两侧枕块的中心线与垂线间的夹角 α 小于 90°时，转子压在下轴瓦上，用着色法检查各枕块与轴承座孔接触情况，应接触均匀，其接触面积应大于 70%以上，用 0.05mm 塞尺检查不得塞入。然后将下部枕块的垫片厚度减薄 0.03~0.05mm，使下侧枕块与轴承座孔之间有间隙 c，如图 2 - 48 所示。将转子放入轴瓦内，由于转子本身的重量，使下轴瓦稍有变形，从而使轴瓦下部枕块与轴承座孔接触密实，不致造成轴瓦两侧翘起，这样在各枕块上的负荷分配较为均匀。

（3）轴承枕块下的调整垫片应采用整张的不锈钢垫片，其尺寸应比枕块稍小些。如枕块上有螺栓孔或进油孔时，则垫片上的孔径应比原孔稍大些。调整垫片应平整，无毛刺、卷边现象，调整垫片层数不宜超过三层。枕块内最少应有 0.10mm 厚的垫片，以便于安装和检修时进行调整。

（4）用着色法检查检查下轴承枕块与轴承座孔的接触情况时，应将转子稍压在下轴承上。

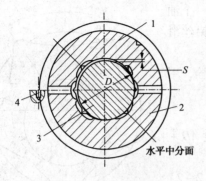

图2-47 四油楔轴承

（运行状态，调整状态轴承旋转45°，

水平中分面呈水平状态）

1—上半轴承；2—下半轴承；

3—转子；4—定位销

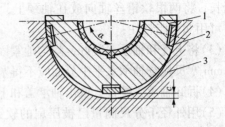

图2-48 下轴承枕块与轴承座孔间隙示意图

1—下半轴承；2—枕块；3—轴承座

25. 轴承座与气缸为一体的结构，当转子找中心偏差时，如何调整轴承枕块下的垫片厚度？

答：轴承座与气缸为一体的结构，当转子找中心偏差不符合要求时，可采用移动轴瓦垂直和水平位置来调整，可通过增减轴承枕块下的调整垫片的厚度进行调整。如需调整轴承枕块下的垫片厚度时，可按图2-49和表2-1进行调整。如轴承枕块与轴承垂线间的夹角 α 不为表中所列的角度时，可按制造厂技术文件给定的角度查三角函数表，即可标出移动值，按计算值加上或减去垫片厚度。若调整垫片值较大时，在加入垫片后，应检查枕块与轴承座孔的接触情况，如接触面较差时，应进行研刮直至合格。枕块下的垫片厚度应不少于0.10mm，以便于安装和检修时进行调整。

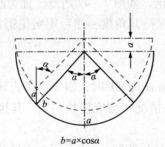

$b=a\times\cos\alpha$

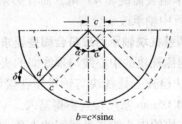

$b=c\times\sin\alpha$

图2-49 调整轴承中心时，各枕块下垫片调整值的关系示意图

表2-1 轴承枕块下调整垫片调整值的关系

两侧枕块与下枕块形成的夹角 α	轴瓦垂直方向的移动 a 值时		轴瓦水平方向的移动 c 值时	
	下部枕块垫片的调整值	两侧枕块下垫片的调整值 b	下部枕块垫片的调整值	两侧枕块下垫片的调整值 b
45°	a	$a\times\cos45°\approx a\times0.70$	0.00	$c\times\sin45°\approx c\times0.70$
60°	a	$a\times\cos60°\approx a\times0.50$	0.00	$c\times\sin60°\approx c\times0.87$
72°	a	$a\times\cos72°\approx a\times0.30$	0.00	$c\times\sin72°\approx c\times0.95$
75°	a	$a\times\cos75°\approx a\times0.26$	0.00	$c\times\sin75°\approx c\times0.97$
90°	a	$a\times\cos90°=0.00$	0.00	$c\times\sin90°=c$

26. 当汽轮机转子找中心时，带调整枕块的轴承需向右移动 **0.18mm**，向下移动 **0.25mm**，下瓦枕块与两侧瓦枕块中心夹角各为 **72°**，求各枕块垫片的调整量？

解： $\cos 72° = 0.31$，$\sin 72° = 0.95$

为使轴瓦向右移动，则

左侧枕块的垫片应加厚：$0.18 \times \sin 72° = 0.18 \times 0.95 = 0.17(\text{mm})$

右侧枕块的垫片则相应减薄：0.17mm

为使轴瓦向下移动，则

正下方枕块的垫片应减薄：0.25mm

左侧枕块的垫片应减薄：$0.25 \times \cos 72° = 0.25 \times 0.31 \approx 0.08(\text{mm})$

右侧枕块的垫片应相减薄：0.08mm

各枕块的垫片实际调整值为

左侧枕块的垫片应加厚：$0.17 - 0.08 = 0.09(\text{mm})$

右侧枕块的垫片应减薄：$0.17 + 0.08 = 0.25(\text{mm})$

正下方枕块的垫片应减薄：0.25mm

27. 什么是推力轴承？它有什么作用？

答： 推力轴承是指承受汽轮机转子轴向载荷的滑动轴承。其作用是用来平衡转子的轴向推力，确立转子的膨胀死点，从而保证动静部分之间的轴向间隙符合制造厂技术文件的规定。

28. 简述米切尔式推力轴承工作原理。

答： 转子的轴向推力是通过推力盘传递到推力轴承上的，在推力轴承上，位于推力盘的工作面和非工作面各有若干块推力瓦块，瓦块的背面有一销钉孔，松套在安装环的销钉上，使瓦块可略微摆动。图 2-50 所示为米切尔推力轴承工作原理。当转子的轴向推力经过油膜传给瓦块时，其油压合力 Q 并不作用在瓦块的支承点 O 上，而是偏在进油口一侧，如图 2-50(a)所示。因此合力 Q 便与瓦块支点的支反力 R 形成一个力偶，在油压的作用下推力瓦块倾斜某一角度，在推力盘与推力瓦块之形成油楔。随着瓦块的偏转，油压合力 Q 逐渐向出油口一侧移动，当 Q 与 R 作用于一条直线上时，油楔中的压力便与轴向推力保持平衡状态，如图 2-50(b)所示。当推力盘旋转时，油被带入楔形间隙中，随着间隙的减小，油被挤压，油压逐渐增加，楔形间隙造成油的出口面积减小，而形成一定的压力油膜，在推力盘与推力瓦块之间建立了液体润滑。

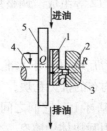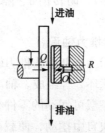

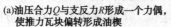

(a)油压合力Q与支反力R形成一个力偶，　　　(b)油压合力Q与支反力R作用于一条直线上，
　使推力瓦块偏转形成油楔　　　　　　　　　油与轴向推力平衡，形成油膜

图 2-50　推力瓦块与推力盘间油楔的形成

1—推力瓦块；2—安装环；3—销钉；4—转子；5—推力盘

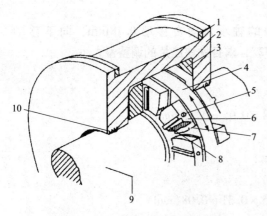

图 2－51　米切尔推力轴承结构图
1—调整垫片；2—轴承体；3—承压圈；4—推力盘；
5—圆柱销；6—推力瓦块；7—巴氏合金；
8—棱边(筋条)；9—转子；10—油封

29. 简述米切尔推力轴承结构。

答：图 2－51 所示为米切尔推力轴承结构，其由推力轴承体及倾斜式推力瓦块组成。推力轴承有正向和反向推力瓦块一般各为 8～10 块，位于推力盘两侧，沿圆周方向均匀分布，如图 2－52 所示，用以承受正反向的推力，并限制转子轴向位移。推力瓦块的背面有一凸起的筋条，筋条位于瓦块一侧，瓦块可以以筋条为支点绕筋条做轻微摆动。由于推力瓦块背面销钉(支点)不在中间，在油压的作用下推力瓦块要发生倾斜，因此推力盘与推力瓦块表面形成理想润滑油楔。推力瓦块通过背面的圆销孔，松套在安装环上。轴承体外部有两凸肩，并配有调整垫片，用以调整推力轴承的轴向间隙。一般巴氏合金层厚度为 1～1.5mm。当汽轮机出发生事故推力瓦块上的巴氏合金溶化时，推力盘尚有钢圈支承着，短时间内不致于引起汽轮机内部动、静部分碰撞、损坏。

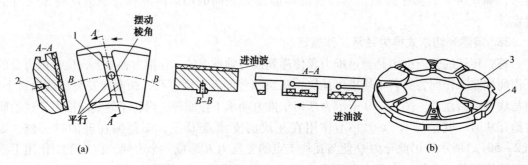

图 2－52　米切尔推力轴承瓦块展开及布置图
1—推力瓦块摆动筋条；2—销孔；3—推力瓦块；4—安装环

30. 简述金斯伯雷推力轴承装配结构。

答：图 2－53 所示为金斯伯雷推力轴承装配结构。它主要由主推力瓦块 4、基环 5、上水准块 6、副推力瓦块 7、防转销 8、隔圈 11、下水准块 12 等组成。调整垫片用以调整推力轴承的轴向间隙。

31. 简述金斯伯雷推力轴承。

答：图 2－54 所示为金斯伯雷推力轴承。它是由推力瓦块 10、下水准块(下摇块)7、上水准块(上摇块)8 和基环 2 等组成。轴承有 8 个沿圆周均布的推力瓦块，下面垫有上水准块和下水准块，相当于三层可摆动的零件叠加起来放置在基环上。它们之间由球面支点接触，保证推力瓦块和水准块自由摆动，使载荷分布均匀。推力瓦块体中镶有一个工具钢制作的支承销 9，上水准块 8 用一个固定螺钉 1 在圆周方向定位，下水准块 7 安装在基环 2 的凹槽中，用它的刃口与基环 2 接触，下水准块 7 用水平垫钉 6 在圆周方向定位。在基环上设有防转键 4，以防止基环转动。

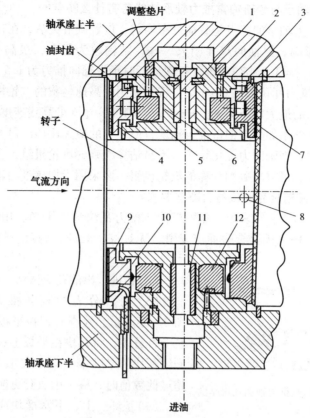

图 2-53 金斯伯雷推力轴承结构示意图

1—插销；2—圆柱销钉；3—瓦块螺钉；4—主推力瓦块；5—基环；6—上水准块；7—副推力瓦块；
8—防转销；9—带测温元件的推力瓦块；10—测温元件；11—隔圈；12—下水准块

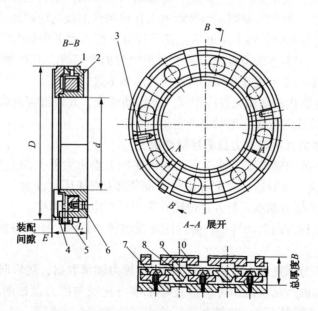

图 2-54 金斯伯雷推力轴承

1—固定螺钉；2—基环；3—半圆头螺钉；4—防转键；5—螺钉；6—水平垫钉；
7—下水准块；8—上水准块；9—支承销；10—推力瓦块

32. 米切尔推力轴承与金斯伯雷推力轴承性能各有什么特点？

答： 金斯伯雷推力轴承的特点是载荷分布均匀、位置调节灵活，在较大范围内能补偿转子的倾斜和不对中影响。但轴向尺寸稍大一些，结构较为复杂，最高线速度一般为 80 ~ 130m/s，最大比压 $p_{max}=3.0\sim5.0MPa$，正常运行时承受轴向推力为 1.5 ~ 2.0t，最大轴向推力可达 4 ~ 9t，一般推力瓦块数为 6 ~ 8 块，特别适用于高速轻载的汽轮机组。

米切尔推力轴承的最大比压为 $p_{max}=2.5\sim5.6MPa$，允许最高线速度为 130m/s。米切尔推力轴承的调节灵活性不如金斯伯雷推力轴承，但承受的最大比压的最大比压比金斯伯雷推力轴承稍高些。因此，当轴向力变化较大，不易估算准确的汽轮机组，多采用金斯伯雷推力轴承；若轴向力稳定，可以准确的计算的汽轮机组，多采用米切尔推力轴承较多。

33. 推力轴承安装前检查时应符合哪些要求？

答： (1) 将推力瓦块逐个编号，并用煤油将推力瓦块清洗干净、用白布擦干。用 3 ~ 5 倍放大镜检查推力瓦块巴氏合金表面应光滑，无裂纹、腐蚀、剥落、气孔、夹渣、脱胎等缺陷。

图 2 - 55　用百分表检查推力轴承瓦块厚度
1—磁力表架；2—小平台；
3—推力瓦块；4—百分表

(2) 各进、出油孔应清洁、畅通。

(3) 用百分表检查各推力瓦块的厚度，如图 2 - 55 所示。检查时，在平板上架设磁力表架并装上百分表，将瓦块在平板上移动，用百分表检查同组瓦块的厚度偏差应不大于 0.01mm 并记录。若超过此数值时，应一组成套更换推力瓦块。

(4) 基环、上、下水准块应光滑，无毛刺、裂纹和损伤等缺陷。

(5) 推力瓦块背部承力面与基环承力面，上下水准块承力面之间，下水准块承力面与基环承力面接触应光滑，无明显凹坑、压痕、等缺陷。支承销与销孔应无磨损和卡涩现象。定位销应无磨损、弯曲或松动等缺陷。组装后推力瓦块和水准块均应摆动灵活。

(6) 试组装推力轴承时，将上半轴承盖安装就位，打入水平中分面定位销，轴承水平中分面应无错口现象。用着色法检查推力轴承水平中分面严密性，其接触面积应在 75% 以上且接触均匀，在自由状态下用 0.05mm 塞尺检查应塞不进。

(7) 埋入推力瓦块内的测温元件应牢固、无松动现象，其位置应符合制造厂技术文件的规定并准确无误，接线应牢固、密封应严密。

34. 如何检查推力瓦块与推力盘的接触情况？

答： (1) 将下半推力轴承装入轴承座孔内，在推力盘承力面上涂上一层薄薄的红丹油，然后将转子吊入就位。按制造厂匹配标记装上安装环(或基环，或上、下基准块)和推力瓦块的组件，装好上半推力轴承，打入定位销并紧固水平中分面螺栓。

(2) 按汽轮机运行方向盘动转子，前后往复盘动转子数圈，使推力盘与主、副推力瓦块均匀接触。

(3) 旋松水平中分面螺栓，将轴承压盖和上半推力轴承取出，然后取出安装环(或基环，或上、下基准块)和推力瓦块的组件，检查每个推力瓦块与推力盘接触面积应大于 75% 以上，且均匀分布。若接触不良，应按制造厂技术文件规定进行研刮。

35. 如何检查推力轴承间隙？

答： 检查推力轴承间隙时，应将上下两半推力轴承组装完毕后进行。在气缸水平剖分面上放置 3 个百分表磁力表架并装上百分表，将百分表 1 触头触在轴端或转子某一光滑端面上与转子平行，将百分表 2、3 触头触在推力轴承座左右两侧端面上，监视轴承座的移动值，按汽轮机旋转方向往复盘动转子，同时用力将汽轮机转子推向前后极限位置，当监视轴承座的百分表开始有指示时，才能证明将转子推到极限位置，经几次往复推动过程中，所得百分表 1 的最大读数值减去百分表 2、3 的最小读数平均值，即为推力轴承间隙。即将转子位移值与推力轴承座位移值之差作为推力轴承间隙值。检查推力轴承间隙时，应配置推动转子能轴向位移的专用工具，其质量一般为转子质量的 20% ~ 30%。

36. 如何进行推力轴承间隙的调整？

答：推力轴承间隙若需调整时，应结合转子轴向通流部分间隙的调整要求，综合考虑。即将转子推至压紧工作推力瓦块，测量通流部分各间隙；根据通流部分间隙的调整值，可改变推力轴承工作侧调整垫片的厚度，使转子的轴向位置符合制造厂技术文件的要求。然后，再将转子推至压向非工作推力瓦块，测量推力间隙。若间隙不符合要求，可改变非工作面调整垫片的厚度，使推力轴承定位点和推力间隙，均处于制造厂技术文件要求的范围内。调整垫片应平整、无毛刺，厚度应均匀，各处厚度差应不大于 0.01mm，调整垫片数不应超过 2 片。

37. 为什么挡油环安装时要求下部间隙稍小？

答：主要是考虑到运行时由于油膜的建立将转子托起，使下部挡油环间隙增大，上部间隙缩小。故在安装挡油环时，要求下部间隙稍小，上部间隙稍大。一般挡油环间隙为：上部为 0.20 ~ 0.25mm，两侧为 0.15 ~ 0.20mm，下部为 0.05 ~ 0.10mm

38. 安装挡油环时应符合哪些要求？

答：(1)挡油环上的密封齿应完整、无损伤，固定牢靠、无松动现象；

(2)用塞尺检查挡油环间隙，应符合制造厂技术文件的要求(如需调整时，应先调整下半挡油环，后调整上半挡油环)；

(3)修刮挡油环间隙时，一般应将挡油环的边缘修薄，其厚度一般为 0.10 ~ 0.20mm，斜面应修在外侧，挡油环的排油孔应排向轴承座内(油室)，但不得装反；

(4)挡油环水平中分面贴合应严密，其间隙不应大于 0.10mm，并不允许有错口现象；

(5)挡油环组装时，应在水平中分面涂密封胶密封。

39. 什么是轴瓦过盈量(轴瓦紧力)？

答：为了防止轴瓦在工作过程中发生径向转动或轴向移动，除了使轴承衬背(瓦背)和轴承壳体的过盈配合以及设置定位销等止动零件外，轴瓦还应用轴承盖借助螺栓力来压紧。测量轴瓦过盈量时，应将软铅丝分别放在轴瓦的瓦背上和轴承盖与轴承座的结合面上，紧固轴承盖螺栓后，松开连接螺栓并取出轴承盖和上轴瓦，用外径千分尺测出软铅丝的厚度，并通过计算公式算出轴瓦的紧力值。

40. 检查轴瓦过盈量的方法有哪几种？

答：测量轴瓦过盈量有以下两种方法：

(1)在轴承盖水平中分面上放置厚度为 0.15mm 的铜垫片，在上轴承衬背上横向放置几条 0.30mm 铅丝并用润滑脂固定，将轴承盖放置在上轴承衬背上，紧固轴承盖中分面连接螺栓。然后，旋松轴承盖中分面螺栓，取出被压扁的软铅丝，用外径千分尺测量被压扁的铅丝厚度，计算出平均值。0.15mm 不锈钢垫片厚度减去软铅丝压扁平均厚度之差，即为轴瓦过盈量。轴瓦过盈量可通过调整轴承盖水平中分面上的垫片厚度来达到要求。

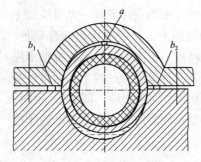

图 2 - 56　用压铅法测量轴瓦过盈量

在轴承盖水平中分面上放置铜垫片，可以限制铅丝的压缩量，且铅丝受力均匀，不致于使铅丝厚薄相差悬殊，避免产生测量误差。

（2）将为轴瓦过盈量1.5倍，长40mm的软铅丝分别放置在轴承衬背上和轴承盖与轴承座的水平中分面之间，如图2-56所示，扣上轴承盖，均匀对称地紧固轴承盖螺栓，然后松开螺栓并吊走轴承盖，将被压扁的铅丝取出后，用外径千分尺测量其厚度后，用式(2-3)计算出轴瓦的过盈量，即：

$$A = \frac{b_1 + b_2}{2} - a \qquad (2-3)$$

式中　A——轴瓦的过盈量，mm；

　b_1、b_2——轴承盖与轴承座之间的软铅丝压扁后的厚度，mm；

　a——上轴承衬背上的软铅丝压扁后的厚度，mm。

当实际测得的过盈量不符合技术文件要求时，可采用在轴承盖与轴承座水平中分面处增减调整垫片厚度的方法进行调整。若差值为负值时，说明上轴瓦与轴承盖之间存在间隙，没有过盈量，应在轴承座水平中分面减去垫片。

41. 轴承盖安装有哪些要求？

答：（1）轴承箱内应清洁无异物，零部件全部组装完毕，螺栓紧固力矩应符合制造厂技术文件的规定并锁牢；

（2）仪表元件已安装、调试完毕；

（3）轴承间隙、挡油环间隙、轴瓦过盈量等均应符合制造厂技术文件的规定并有详细记录；

（4）轴承盖水平中分面、挡油环与轴承箱结合处应涂以密封胶密封，螺栓紧固力矩应符合制造厂技术文件的规定。

第四节　转子的安装

1. 汽轮机转子分为哪几种结构型式？

答：汽轮机转子按其结构型式可分为转轮型转子和转鼓型转子两种。转轮型转子是在主轴上直接锻出或以过盈形式安装有若干级叶轮，动叶片安装在叶轮外缘上，转轮型转子适用于冲动式汽轮机。转鼓型转子主轴中间部位尺寸较大，外形像鼓筒一样，转鼓外缘加工有周向沟槽，转子的各级动叶片就直接安装在周向沟槽中，这种转子通常应用在动叶片前后有一定压差的反动式汽轮机上。转鼓型转子结构简单，弯曲刚度大，但由于反动式汽轮机轴向推力较大，所以转鼓型转子一般装有平衡活塞。转轮型转子按制造工艺可分为套装式转子、整锻式转子、组合式转子和焊接式转子等几种型式。

2. 什么是套装式转子？它有什么优缺点？

答：具有套装叶轮的转子称为套装式转子。套装式转子是将轴与叶轮分别加工，然后将叶轮用热装配的方法过盈装配在轴上，用轴上的键或销钉传递扭矩，如图2-57所示。其结构优点是叶轮可以分散加工、制造工艺简单，加工周期短，锻件质量容易保证，节省原材料，零部件可以部分拆卸。其缺点不宜在高温条件下工作，材质在高温蠕变和过大的温差，导致装配过盈量消失，使叶轮与主轴容易发生松弛现象，从而使叶轮中心偏离轴中心，造成转子质量不平衡，引起剧烈的振动，且快速启动适应性差。因此，套装式转子一般适应用于蒸汽温度较低的汽轮机上。

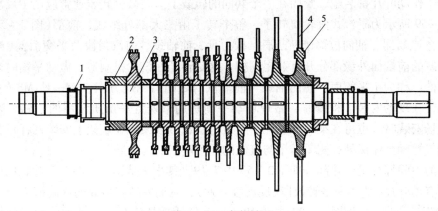

图 2-57　套装转子

1—油封环；2—汽封环；3—轴；4—叶片；5—叶轮

3. 什么是整锻式转子？它有什么优缺点？

答：整锻式转子是由整体锻造，加工而成的，转子上的叶轮、推力盘、联轴器与主轴为一整体。整锻式转子的优点是：叶轮受力情况好，避免了在高温下叶轮与主轴松动的问题，对启动和变工况的适应性较强，适应于高温条件下运行；其强度和刚度均大于同一外形尺寸的套装转子，且结构紧凑，缩短汽轮机轴向尺寸；加工简单，省去了叶轮套装在转子上的工艺过程。其缺点是锻件尺寸大，制造整锻式转子需要大型锻压设备，锻件质量较难保证，对整个转子的制造技术要求高，贵重材料消耗量大。整锻式转子的直径不宜过大，直径过大不易保证锻件的质量，一般整锻式转子的直径不应超过 $1 \sim 1.1\text{m}$。目前，各汽轮机厂大都采用数控机床保证加工精度。因此整锻式转子多用于大型汽轮机的高、中压转子，整锻式转子适应用于冲动式汽轮机。

4. 什么是组合式转子？它有什么优缺点？

答：由于转子各段所处的工作条件不同，故在同一转子上的高温段（高温部分）采用整锻结构，而在低温段（低温部分）采用套装结构，形成组合式转子，以减少锻件尺寸，如图 2-58 所示。这种转子兼有整锻式转子和套装式转子的优点，因此广泛应用于高参数、中等容量的汽轮机上。一些中温、次高压小型汽轮机也采用组合式转子。

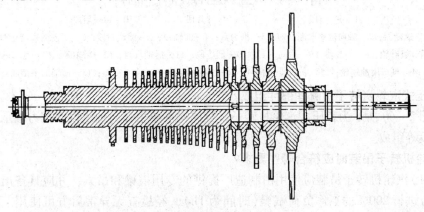

图 2-58　组合式转子

5. 什么是转鼓型转子?

答: 转鼓型转子实际上是一个转轮型结构－转鼓型结构的混合型转子，转子形状呈鼓形，各级工作动叶片都装配、紧固在一个共同的转鼓上。转鼓型转子通常应用于反动式汽轮机，图 2－59 所示为凝汽式汽轮机转子。整个转子由三大部分组成，前部（图 2－59 中 1~6）包括危急遮断器、轴向位移遮断凸肩、推力盘、前轴颈、前汽封段及平衡活塞（汽封段）。在平衡活塞的前端面外缘部分开有燕尾周槽，这是转子在汽轮机制造厂做动平衡时来固定平衡重块用的，称为主平衡面。在前轴颈与前端汽封之间沿圆周方向铰有一些 M8 的螺纹孔，这是汽轮机在现场安装、检修时，做现场动平衡是用来安置平衡质量用的，称为附加平衡面。在现场安装时，也可在某一螺纹孔中架设特制百分表架，在表架上安装杠杆百分表，表打在两端气缸轴封洼窝处，测量转子与气缸的同轴度。

转子的中间部分是叶片部分即图 2－59 中 7~9，其中 7 是调节级叶轮，叶轮的外缘周向槽道中装有动叶片，8 和 9 是转鼓段（反动级叶片），它们安装在转鼓的周向槽道中。

转鼓型转子的后部即图 2－59 中的 10~14，包括后端汽封、后轴颈、盘车棘轮、盘车用油蜗轮、联轴器（轴段）及后平衡面（现场动平衡用的附加平衡面）。转鼓的后端端面是主平衡面，沿圆周开有燕尾形槽，用来放置平衡重块。转鼓型转子结构简单，弯曲刚性大，由于反动式汽轮机的轴向推力较大。所以转鼓型转子一般都带有平衡活塞，用来平衡轴向推力。

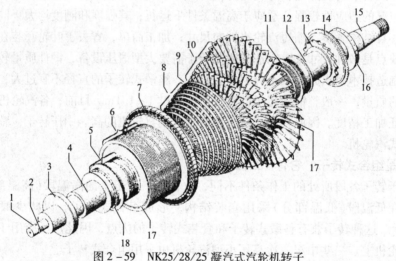

图 2－59　NK25/28/25 凝汽式汽轮机转子

1~6—前段　　　　　7~9—叶片段　　　　　10~14—后段

1—危急遮断器；2—轴向位移遮断凸肩；3—推力盘；4—前轴颈；5—前汽封段；6—平衡活塞（汽封段）；
7—调节级叶轮；8—转鼓段；9—中间汽封；10—低压段；11—后端汽封；12—后轴颈；13—盘车棘轮；
14—盘车用油蜗轮；15—联轴器（轴段）；16—后平衡面；17—主平衡面；18—前辅助平衡面

6. 背压式汽轮机转子由哪些部件组成?

答: 图 2－60 所示为背压式汽轮机转子，其结构主要由径向轴承段、推力轴承段、汽封段、导叶段等组成。

7. 汽轮机转子吊装时应符合哪些要求?

答: (1)汽轮机转子吊装应使用由制造厂提供的专用横梁和吊索，并应具备出厂试验证件，否则应进行 200% 的工作负荷试验（时间为 1h），经检查无异常后方可使用。使用自行

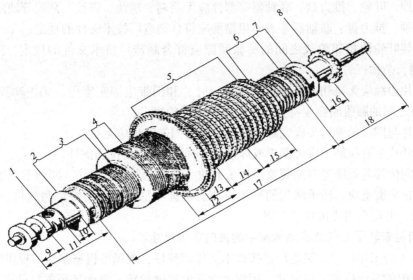

图 2－60　背压式汽轮机转子

1—危机保安器螺孔；2—前甩油盘段；3—前汽封段；4—内汽封段；5—转子叶片段；6—后汽封段；
7—后甩油盘段；8—盘车棘轮；9—推力轴承段；10—前径向轴承段；11—前轴承座段；12—内缸段；
13—导叶段Ⅰ；14—导叶段Ⅱ；15—导叶段Ⅲ；16—后径向轴承段；17—外缸段；18—后轴承座段

设计和制造的横梁和吊索时，应进行 200% 工作负荷的试验，时间为 1h，无异常后方可使用。专用横梁和吊索在不使用期间应妥善保管，防止锈蚀和损伤。

（2）转子起吊时，索具绑扎位置应符合制造厂技术文件的规定，在绑扎部位用软质衬垫或将起吊索具用软质材料包裹，转子起吊索具宜采用尼龙吊装带。

（3）向气缸内安放或从气缸内取出转子进行吊装时，必须在轴颈处用精密水平仪测量水平，并用手拉导链调整转子水平度，其偏差为 0.10mm/m，保持转子水平状态，然后再用桥式吊车缓慢地将转子吊出或吊入下气缸。

（4）在起吊过程中，应有专人指挥，转子两端应有熟练的技工扶稳转子，防止转子左右摆动。

（5）当转子距下轴承约 150mm 时，在下轴承内浇以经过滤的汽轮机油，然后将转子平稳地落入下轴承内，如图 2－61 所示，然后安装推力轴承下半。

（6）松开并取走绳索，盘动转子应转动灵活。

（7）转子吊出气缸时，应将转子处于轴向间隙的中间位置，并将推力轴承下半取出。

（8）转子吊出后，应搁置在专用支架上，支承部位应垫上软质衬垫保护。

（9）转子需作动平衡试验和作其他检查运输时，应用专用的运输支架或用转子包装箱进行运输。

8. 汽轮机转子安装前应进行哪些外观检查？

答：转子安装前应将其表面的防锈油脂、油漆防腐层清理干净后，进行下列外观检查：

图 2－61　转子落入下轴承时的情况

51

（1）轴颈、叶轮、推力盘、联轴器等部件应无毛刺、锈蚀、裂纹、划痕等缺陷；

（2）轴颈、推力盘、联轴器等表面粗糙度应符合制造厂技术文件的规定；

（3）套装叶轮的相邻轮毂之间的膨胀间隙应符合制造厂技术文件的规定，间隙内应清洁，无毛刺、杂物；

（4）叶片边缘应无碰伤或其他机械损伤，叶片和围带应固定牢固，无松动和损伤变形，围带与围带之间的膨胀间隙应符合制造厂技术文件的规定；

（5）叶片与围带的铆钉头应完好，铆钉头处的围带四角应无裂纹；

（6）若叶片上有拉筋，应无漏焊或焊接不良现象（对于松拉筋例外）；

（7）轴向位移及差胀等监测装置在转子上的凸缘应光滑，无损伤、凹凸不平等缺陷；

（8）叶轮平衡重块、转子两端的平衡重块、销键和销紧零件的螺钉和螺母应固定牢固，无松动现象，并应有可靠的锁紧装置。

9. 如何检查转子在气缸及轴承座中的轴向定位尺寸？

答： 转子的工作位置在制造厂已按技术文件调整好，现场可根据制造厂提供的转子在气缸及轴承座中的轴向位置定位尺寸，用深度游标卡尺测量转子甩油环至气缸前端面尺寸 E_1，测量前轴承座前端面至转子推力盘尺寸 E_2，如图 2-62 所示。

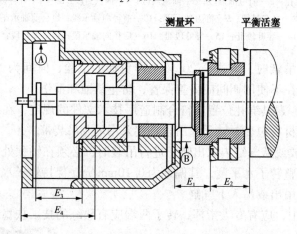

图 2-62 转子在气缸及轴承座轴向定位尺寸示意图

E_1—转子甩油环至气缸前轴封室端面尺寸；E_2—气缸前轴封室端面至平衡活塞前端面尺寸；

E_3—转子转速发送器至推力轴承座定位端面尺寸；E_4—前轴承前端面到推力盘前端面尺寸

A—转子与轴承箱（座）前（外）端（前轴承箱（座）前/后轴承（座）后）；

B—转子与轴承箱（座）后（内）端（前轴承箱（座）后/后轴承（座）前）

10. 轴颈的圆度及圆柱度允许误差是多少？其误差过大有什么危害？

答： 用外径千分尺测量轴颈的圆度及圆柱度时，其允许误差应不大于 0.02mm。若轴颈圆度过大，运转时会造成轴颈在轴承中跳动，从而引起汽轮机额外的振动；若轴颈圆柱度过大，运转时会造成轴颈与轴承巴氏合金表面之间润滑油膜不均匀，将会使轴承巴氏合金局部负载过重而磨损。

11. 转子上测量端面跳动的位置有哪些？端面跳动超过允许值有哪些危害？

答： 汽轮机转子上需要测量端面跳动的位置有：推力盘工作面和非工作面，叶轮的进出汽侧边缘、主油泵轮缘两侧、联轴器端面等处。

转子上的叶轮、推力盘、联轴器等部件，其端面与轴线之间的垂直度应符合制造厂技术文件的规定，否则在运行中将会引起叶轮与隔板及导叶持环相碰，推力轴承不均匀的磨损、轴对中不良和机组振动过大等弊端。

12. 如何测量转子上端面跳动(瓢偏度)?

答: 检查转子上各端面跳动的方法如下:

(1)将转子欲测端面的外缘分成8等份，以危急遮断器飞出的方向的一点为起点，在圆周相距180°的部位各放置一个磁力表架并装上百分表，如图2-63所示。将百分表触头垂直的触及被测端面，而且两侧点的位置应处于同一圆周之上。使用两块百分表测量的原因，是考虑到盘动转子时可能沿轴线方向移动使百分表读数产生误差。

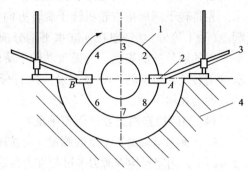

图2-63 转子上各端面跳动的测量
1—推力盘或联轴器及叶轮; 2—百分表;
3—磁力表架; 4—轴承座或气缸

(2)测量时，现将转子至于1、5两个测点，将两块百分表的指针读数均调至50的位置，然后按汽轮机转子转动方向缓慢盘动转子，每旋转一等分记录一次百分表读数，当转子旋转一周后又回到1、5起点位置时，这时两块百分表的读数又回到原始的读数50，则表明转子无轴向窜动; 若两块百分表读数相等，但不是原始值，则表明是转子轴向移动造成的，表针指示值仍可作为计算依据。如果两块百分表读数值不等，则应查明原因，消除后重新测量。

(3)当确认测量结果准确后，就可以根据两块百分表读数进行端面跳动计算。其计算方法是先计算出对称百分表的读数差，再除以2，即为端面的跳动。表2-2所示为某推力盘端面跳动的计算实例。

表2-2 推力盘端面跳动测量记录   1/100mm

百分表位置编号		百分表读数		两表读数差	端面跳动
A	B	A	B	$A-B$	
1	5	50	50	0	
2	6	43	47	-4	
3	7	49	52	-3	
4	8	47	49	-2	端面跳动 = 最大的$(A-B)$ - 最小的$(A-B)/2$
5	1	42	46	-4	= +2 - (-4)/2
6	2	53	55	-2	= 2 + 4/2
7	3	46	44	+2	= 3
8	4	55	58	-3	
9	5	60	60	0	

从表2-2中的测量数据可以看出，测量的最大差值与最小差值，并不在通过轴心的对称点上，这是由于推力盘端面加工和装配质量不平造成的。

转子上各端面跳动应符合如下要求: 推力盘<0.02mm和联轴器<0.03mm，整锻叶轮<0.03mm，套装叶轮<0.10mm。

13. 如何测量转子上的轴颈、推力盘、叶轮外缘、联轴器径向跳动(晃度)?

答:测量转子上的轴颈、推力盘、叶轮外缘、联轴器径向跳动的方法,如图2-64所示。先将转子圆周按汽轮机转子旋转方向分成8等分,并以危急遮断器飞出的方向的一点为起点(为1等分)。一般在气缸水平剖分面、轴承座水平中分面上装设百分表,将百分表触头垂直的触及被测表面,缓慢盘动转子旋转一圈,百分表上的读数应回到原始读数。然后再次盘动转子,每旋转一等分记录一次百分表读数,所测各个径向跳动的最大值与最小值之差,即为径向跳动。

14. 如何检查推力盘端面不平度?

答:推力盘端面不平度的测量,可按图2-65所示的方法进行。即将薄刃平尺紧靠在推力盘端面上,用塞尺检查薄刃平尺与推力盘端面间的间隙,0.02mm的塞尺塞不进,即认为合格。

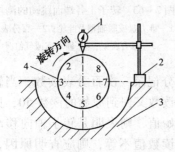

图2-64 转子径向跳动的测量

1—百分表;2—磁力表架;3—轴承座或气缸;
4—轴颈或联轴器、叶轮外缘、轴封套、挡油环

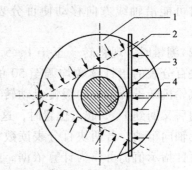

图2-65 检查推力盘的不平度

1—推力盘;2—平尺;3—转子;
4—塞尺塞入方向

15. 什么是转子的扬度?对于单缸机组转子的扬度有哪些要求?

答:通常用转子水平状态下轴颈的扬度绝对值,来表示转子的静弯曲度。由于转子自身质量的作用,而产生静弯曲,因此转子的一端要比另一端高,所高出的值称为转子的扬度。所以,要求冷态轴对中时,汽轮机与被驱动工作机械或发电机转子呈一光滑的弹性曲线。为此,轴承座及气缸的安装水平应适合于转子的扬度

目前一般对于对于单缸机组转子的纵向扬度的要求是以汽轮机转子后轴颈扬度 δ_2 为零,允许偏差为 0.02mm,如图2-66所示,前轴颈 δ_1 自然扬起,轴颈扬起的程度应符合制造厂技术文件的规定。

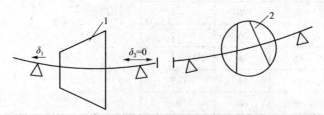

图2-66 单缸汽轮机机组纵向扬度要求示意图

1—汽轮机;2—离心式压缩机

16. 汽轮机在什么情况下气缸轴封室孔按转子找中心?

答:对于采用落地式轴承座的汽轮机,应在轴承座找正、找平及转子扬度符合制造厂技术文件的规定后,方可进行轴封室孔(轴封洼窝)按转子找中心的工作。

17. 汽轮机在什么情况下转子按轴承座油封洼窝和气缸轴封室孔找中心？

答：对于采用轴承座与气缸连为一体的汽轮机，则应在气缸初步找正、找平后，就可以将转子按轴承座油封洼窝（油挡洼窝）和气缸轴封室孔找中心，然后随同气缸一起将转子的扬度调至符合制造厂技术文件的规定。

18. 转子按轴封室孔找中心的测量方法有哪几种？

答：转子按轴封室孔找中心的测量方法较多，在安装现场多采用内径千分尺和用带可调长杆的特制套箍及塞尺测量，或用内径百分表测量直接读出数值的方法，也可在转子两端找平衡用 M8 螺钉上安装特制表架上装设杠杆百分表测量直接读出数值等方法。

19. 如何用内径千分尺或内径百分表法测量转子按轴封室孔找中心？

答：采用内径千分尺或内径百分表法测量转子按轴封室孔找中心时，先用内径千分尺或内径百分表测量转子与轴封室孔下方及两侧的距离，如图 2 – 67 所示。每次测量时，a、b、c 三个测点位置均应相同，并作好标记，以免测得数据不准确。左右两侧的测点 a 和 b，应在轴封室孔水平中分面以下 5 ~ 10mm 处。

20. 如何用杠杆百分表法测量转子按轴封室孔找中心？

答：采用杠杆百分表法测量转子按轴封室孔找中心时，利用转子上的主、附平衡面处铰有的配重 M8 的螺纹孔，在任一螺纹孔中架设特制百分表架并装上杠杆百分表，将杠杆百分表触头触在轴封室孔左、右及下面三点，测量转子与轴封室孔的同轴度。

21. 如何用带调节杆的特制套箍及塞尺法测量转子按轴封室孔找中心？

答：采用带调节杆的特制套箍及塞尺测量法，如图 2 – 68 所示。测量时塞尺不得超过三片，每次测量时塞尺松紧应适当，并应有专人负责测量。

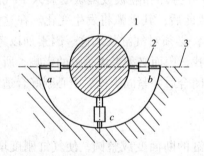

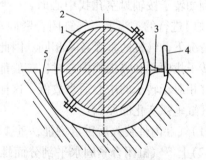

图 2 – 67　用内径千分尺或内径百分表法
测量转子按轴封室孔找中心
1—转子；2—内径千分尺或内径百分表；
3—轴封室孔（轴封洼窝）

图 2 – 68　用带调节杆的特制套箍及
塞尺测量转子按轴封室孔找中心
1—转子；2—套箍；3—可调螺钉；
4—塞尺；5—轴封室孔（轴封洼窝）

22. 轴承座与气缸连为一体的汽轮机，转子按轴封室孔找中心有哪些要求？

答：若轴承座与气缸连为一体，转子按轴封室找中心有如下要求：

（1）无论采用哪种找中心方法，均应以轴承座前后油封室孔（油封洼窝）和轴封室孔（轴封洼窝）找中心，根据测量结果，调整轴承枕块下垫片的厚度，来改变轴承的位置。

（2）测量部位应光滑、无毛刺，每次测点均应在相同位置并做好标记。

（3）轴承各部件应全部安装完毕并检查正确，盘动转子后，中心不会发生径向变化。

（4）盘动转子时，动静部分应无异常声响和卡涩现象。

（5）盘动转子时，应装设临时的止推装置和防止轴瓦转动装置。

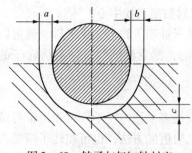

图2-69 转子与气缸轴封室
孔找中心要求

（6）转子与气缸轴封室孔、轴承座油封室孔的中心偏差应不大于0.05mm，偏差的方向应考虑运行状态后中心变化的因素。

（7）转子与气缸轴封室孔和轴承座油封室孔找中心的允许偏差应符合制造厂技术文件的规定，如无规定时，应符合如下要求（图2-69）：

左右偏差：$a - b = 0 \sim 0.10（\text{mm}）$

上下偏差：$c - \dfrac{a + b}{2} = 0.04 \sim 0.08（\text{mm}）$（考虑到运行中，由于油膜的建立使转子抬高，故转子下部距离c应比上部较小些。）

23. 转子按轴封室孔找中心的目的是什么？

答：转子按轴封室孔找中心的目的是使转子中心线与轴封室孔中心线之间保持一个相对位置，从而使运行时转子的轴线与气缸、汽封、隔板、挡油环等部件的中心线一致，使汽封、挡油环四周间隙均匀，以便运行时保持较小的间隙，又不至于造成摩擦，提高汽轮机的效率。

24. 影响转子按轴封室孔找中心的因素有哪些？

答：转子按轴封室孔找中心是在冷态下进行的，汽轮机在运行状态下转子在轴封室内的位置和冷态下是不同的，影响转子按轴封室孔找中心的因素很多。如安装方面的影响、运行状态的影响等都会使转子中心和静子中心发生偏差。

25. 安装方面影响转子按轴封室孔找中心的因素有哪些？

答：安装过程中，中心的变化主要是由于气缸的安装状态不同，使气缸垂弧发生变化所致。例如转子按轴封室孔找中心时，一般都是在将导叶持环和隔板或隔板套装入下气缸内（半实缸）进行的；当上下气缸闭合紧固水平剖分面螺栓后，其垂弧将发生变化。在这些不同的情况下，气缸的垂弧各不相同。因此安装过程中，必须对气缸状态这一因素加以考虑，因为转子找中心和隔板找中心时，一般都以下半缸来找，因而必须考虑垂弧的影响，所以应将气缸相对于转子的中心适当放低，这样才能在气缸闭合后并紧固螺栓后中心刚好合适。

气缸垂弧变化的原因：

（1）气缸内件装入后重量增加，垂弧增加；

（2）上下气缸闭合紧固水平剖分面螺栓后，使气缸的断面变成整圆，使气缸刚度增大，垂弧减小。有些机组的气缸，在上下气缸闭合紧固水平剖分面螺栓后，其垂弧要比半实缸减少$0.10 \sim 0.15$mm左右。

26. 运行方面影响转子按轴封室孔找中心的因素有哪些？

答：（1）猫爪支承形式和尺寸对中心的影响

气缸若采用下猫爪支承形式，即气缸猫爪的支持平面低于气缸的中心线。运行时猫爪温度将高于轴承座温度，使轴封室中心向上移动，造成运行时轴封下部间隙减小，甚至摩擦。

猫爪支承处轴封室中心的上移的数值与猫爪的尺寸、支承形式和猫爪温度有关。

例如：猫爪高度$h = 150$mm，猫爪平均工作温度$t_1 = 200℃$，轴承座工作温度$t_2 = 100℃$，线膨胀系数$\alpha = 1.2 \times 10^{-5}/℃$，则猫爪支承处气缸中心相对于转子中心的上移（抬高）值为：

$$\Delta h = h\alpha(t_1 - t_2) = 150 \times 1.2 \times 10^{-5}(200 - 100) = 0.18（\text{mm}）$$

若忽略纵向位置的影响，则轴封室下部间隙应减少0.18mm，而上部间隙应增加0.18mm，其差值为0.36mm。为了消除这一影响，在转子按轴封室孔找中心时，应将气缸轴封室中心适当降低。

（2）油膜厚度的影响

转子在静止时，其轴颈与轴承巴氏合金表面相接触。在工作转速下，轴颈在轴承中被一层油膜托起，使转子浮在油膜上转动，将引起转子在垂直方向抬高，使转子中心发生变化。高速旋转的转子在油膜的作用下浮起量竟高达轴承径向间隙的40%，由于各个轴承的工作条件不同，转子的浮起量亦就有差别。转子在工作转速下，轴颈因受油膜的影响沿转子旋转方向产生水平方向位移，将使转子的中心发生变化。因此在转子按轴封室找中心时，应适当加大轴封室内沿转子旋转方向的间隙，应使左侧间隙 a 略大于右侧间隙 b，如图 2－69 所示。这样，转子在工作转速下，就能居于轴封室的中心位置。

（3）凝汽器的影响

凝汽式汽轮机的排汽口与凝汽器采用刚性连接时，在运行状态下，凝汽器内的循环水重量作用在排汽口上，使气缸低压部分下沉，造成轴封上部间隙减小，下部间隙增大。

凝汽器灌水或抽真空后，使低压部分中心下降，从而使轴封室中心也发生变化。如某汽轮机进行凝汽器灌水试验或抽真空试验。当凝汽器侧灌水至最上部铜管以下 1m 时，测出低压缸中心下降 0.13mm；当凝汽器抽真空后，测出低压缸中心下降 0.20mm。

（4）气缸与转子热变形的影响

汽轮机运行时，气缸上半部温度比下半部温度高，因此气缸下半部的横向膨胀就比下半部大，其结果将产生气缸向上拱起（弯曲），使轴端汽封下部间隙减小，上部间隙增大。

27. 如何复查转子与气缸、轴承座的同轴度？

答：转子在气缸及轴承座中的径向位置是在制造厂内装配时确定的，在现场应用用内径百分表复查径向尺寸，测量部位如图 2－70 所示。

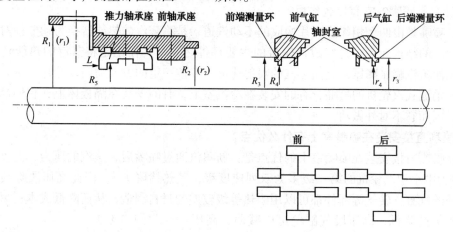

图 2－70 转子与气缸、轴承座同轴度找正测点位置示意图

R_1、r_1—转子与轴承箱油封处之间的同轴度测值（前轴承箱前轴封/后轴承箱后轴封）；R_2、r_2—转子与轴承箱油封处之间同轴度测值（前轴承箱后轴封/后轴承箱前轴封）；R_3—转子与气缸前轴封处测量环同轴度测值（适用于制造厂提供的找同轴度工具加塞尺进行测量）；R_4—转子与气缸前轴封室同轴度测值（适用于用杠杆百分表进行测量）；r_3—转子与气缸后轴封室处测量环同轴度测值（适用于制造厂提供的找同轴度工具加塞尺进行测量）；r_4—转子与气缸后轴封室同轴度测值（适用于用杠杆百分表进行测量）；R_5—推力轴承座与转子同轴度径向测值；L—推力轴承座与转子同轴度轴向测值。

（1）复查转子与轴承座孔同轴度时，应符合下列要求：

①前后轴承座孔应光滑，无毛刺、锈蚀等缺陷；

②用内径百分表复查转子与轴承箱轴封室之间的尺寸 R_1 与 r_1、R_2 与 r_2 应与制造厂产品合格证书相符。

③用内径百分表复查推力轴承座与转子的同轴度尺寸 R_5、L。

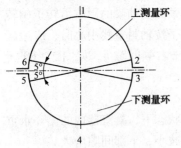

图 2-71　测量环测点位置

（2）在测量环复查转子与气缸同轴度时，应符合下列要求：

①测量环表面应光滑，无毛刺、锈蚀等缺陷；

②测量环测点位置如图 2-71 所示；

③松开调节螺钉，使球面垫圈与上气缸猫爪相接触，使上气缸的重量完全由猫爪下的球面垫圈来支撑。

④复查测量环尺寸 R_3 与 r_3、R_4 与 r_4 均应与制造厂产品合格证书相符。如制造厂无规定时，转子中心的上下偏差应低于气缸中心 $0\sim0.05\text{mm}$，转子的左右偏差应不大于 0.05mm。

第五节　导叶持环或隔板及隔板套的安装

1. 什么是静叶片？

答：静叶片简称静叶是固定在隔板或导叶持环上静止不动的叶片。静叶在汽轮机中不但为汽流导向外，且还使蒸汽加速。在蒸汽室（喷嘴室）中的静叶称之为喷嘴，静叶在速度级作为导向叶片，使汽流改变方向进入下一列动叶。在反动式汽轮机中，静叶起喷嘴作用。

2. 什么是喷嘴？它有什么作用？

答：喷嘴是由两个相邻静叶片构成的不动汽道，是将蒸汽的热能转换为动能并对汽流起导向作用的的结构元件，是组成汽轮机的主要部件之一。其作用是将蒸汽的热能转变成动能，即是使蒸汽膨胀降压，提高蒸汽的喷射速度，并按一定的方向喷向动叶片，进入动叶片中做功。轴流式汽轮机的喷嘴，有的安装在蒸汽室上，有的安装在隔板体上，它们都是固定不动的，因而它不对外做功。

3. 喷嘴直接安装在喷嘴室上有什么优点？

答：喷嘴直接安装在喷嘴室上的优点是：新蒸汽通过喷嘴后，蒸汽的压力、温度均降低很多（因为中小型汽轮机的第一级多为双列速度级，其热焓降大），因此高压段除喷嘴室和喷嘴以外的气缸、转子等部件都可以用耐热等级较差的材料制造，从而降低成本；另外，由于蒸汽压力的降低，高压段气缸壁可以减薄，高压段的汽封可以简化，有利于汽轮机的结构设计和制造。

4. 什么是喷嘴组？

答：喷嘴组又称为调节级喷嘴。它是由多个喷嘴组合在一起，构成一个扇形的喷嘴弧段，直接安装在气缸喷嘴室上的部件，如图 2-72 所示。它由内环、外环、喷嘴组装焊接而成。整个喷嘴组根据汽轮机调节气阀的个数成组分布，并通过导叶持环

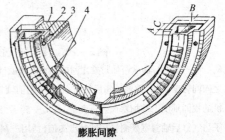

图 2-72　喷嘴组结构

1—喷嘴室；2—密封键；3—销钉；4—喷嘴组

或隔板将其分开，使其互不干扰，每一个调节气阀对应一组喷嘴，按照一定的顺序依次开启调节气阀，增大或减少汽轮机的进汽量。

5. 什么是喷嘴弧段？

答：采用喷嘴调节配汽方式的汽轮机的第一级喷嘴，根据调节气阀的个数沿圆周成组布置的弧段，称为喷嘴弧段。

6. 简述调节级喷嘴的结构。

答：由于从调节气阀出来的蒸汽压力高，比容小，所以采用180°或225°弧段进汽。喷嘴根据需要分成几个弧段。一般是45°为一个弧段。弧段与弧段间用中间块隔开，使每一个喷嘴弧段互不相通，每一个喷嘴弧段由一个调节阀控制进汽量。汽轮机调节级喷嘴的构造，如图2-73所示。整个喷嘴弧是在内环2与外环1之间镶入若干个单独铣制的喷嘴块4所组成的，在喷嘴弧上用隔块把喷嘴弧分成几个喷嘴组，各喷嘴组对应一个喷嘴调节气阀，互不连通。

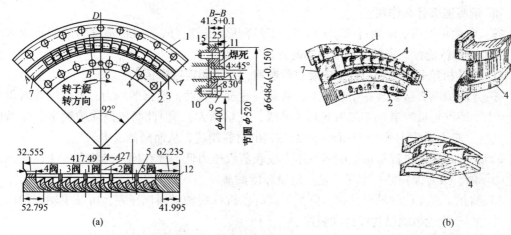

图2-73　调节级喷嘴弧段的立体图

1—外环；2—内环；3—首块；4—喷嘴块；5—分隔板；6—带螺纹的锥销；
7—末块；8—锁紧垫圈；9、11—螺栓、10—石棉巴金垫片；12—附板

整个喷嘴弧组成后，在喷嘴块与内、外环之间用电焊焊牢构成整体。最后将首块、末块与喷嘴室焊牢。然后用带有锁垫的螺栓紧固在喷嘴室上。为了密封严密和拆卸方便，在喷嘴弧段与喷嘴室之间应装有厚度为1mm以下的涂有黑铅粉的石棉纸板垫片。

7. 什么是喷嘴部分进汽度？

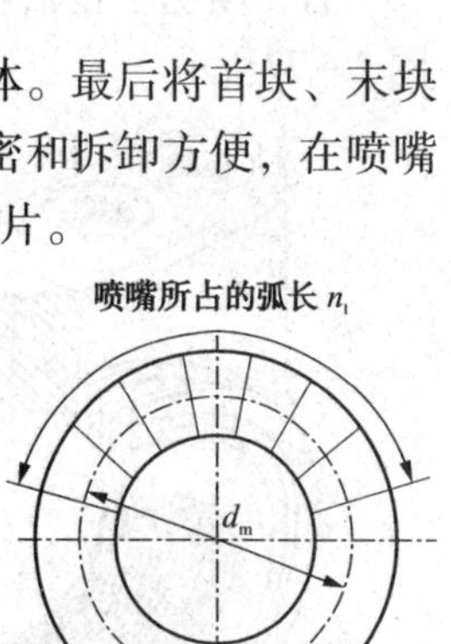

答：汽轮机喷嘴工作弧段与整个圆周周长的比值，称为部分进汽度。由于第一级（调节级喷嘴）喷嘴工作蒸汽的压力高，其容积流量较小，为使第一级喷嘴和叶片具有一定的高度，以减少流动损失，小型汽轮机为了获得所需的蒸汽量，喷嘴组多采用部分进汽（半周或大半周进汽）的结构，如图2-74所示。为了说明部分进汽的大小，常引用部分进汽度这一概念，即

$$\varepsilon = \frac{n_t}{\pi d_m} \qquad (2-4)$$

图2-74　部分进汽度示意图

式中　ε——部分进汽度；

n_t——喷嘴所占的弧长；

πd_m——平均直径出的圆周长，mm。

8. 喷嘴通常采用什么材料制造？

答：喷嘴处于高温条件下工作，因此，其使用的材料主要是不锈钢和耐热合金钢。我国应用的材料为：当温度低于450℃时，使用1Cr13；当温度低于530℃时，使用Cr11MoV。积木块系列汽轮机的喷嘴材料为X22 CrMoV12.1，内、外环的材料为Gs17MoV511。

9. 什么是喷嘴室？其结构有什么特点？

答：喷嘴室又称蒸汽室，它是调节气阀后喷嘴前的腔室（又称轮室）。其上半装有喷嘴，下半正对调节级处装有减少叶片鼓风损失的护罩。喷嘴室前端装有汽封体并在其上镶入汽封片，它与转子上的密封齿形成迷宫密封。在喷嘴室的中间部分沿圆周开有许多孔，用来抽出大部分泄漏蒸汽，以平衡活塞前端面上的蒸汽压力，以改善转子轴向推力的平衡。喷嘴室固定在外缸内的相应支承面上，通过汽封体上的凹槽与喷嘴室内的槽道相配，使喷嘴室既能轴向又能径向地保持其必需位置。

10. 喷嘴室有什么作用？

答：喷嘴室作用是使通过喷嘴的蒸汽汽流降压、升速、转向，将蒸汽的热能转变成动能，并使高速汽流按一定的方向喷向动叶片。

11. 汽轮机第一组喷嘴为什么安装在喷嘴室，而不固定在隔板上？

答：（1）喷嘴直接安装在喷嘴室上，新蒸汽通过喷嘴后，蒸汽的压力、温度均降低很多（因为中小型汽轮机的第一级多为双列速度级，其焓降大），因此高压段除喷嘴室和喷嘴以外的气缸、转子等部件都可以用低一级耐热钢的材料制造，从而降低成本。

（2）由于高压段进汽端承受的蒸汽压力较新蒸汽压力低，故在同一结构尺寸下，使该部分应力下降，或者保持同一水平，使气缸壁厚度减薄。

（3）简化了高压段的轴封结构，降低了高压段进汽端轴封漏汽压差，可减少轴端漏汽损失，并有利于汽轮机的结构设计和制造。

（4）使气缸结构简单、均称，提高气缸对变工况的适应性。

12. 喷嘴室由哪些部件组成？

答：喷嘴室包括喷咀组以及与汽轮机转子平衡活塞相对应的汽封环，如图2-75～图2-77所示。

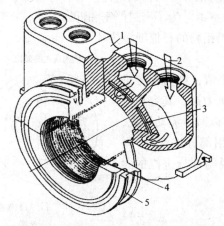 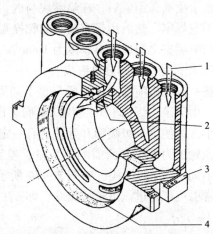

图2-75　带汽封环的喷嘴室（180°进汽）　　　图2-76　蒸汽室剖面图（360°进汽）

1—超负荷汽道；2—汽流方向；3—通向喷嘴组的　　　1—汽流；2—喷嘴组；3—支承面；4—汽封
汽道；4—汽封片；5—汽封环

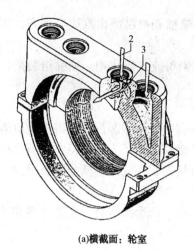

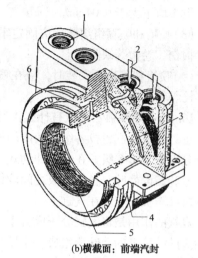

(a)横截面：轮室　　　　　　　　　　　　　　　　　(b)横截面：前端汽封

图2－77　具有中间抽汽汽封的喷嘴室

1—调节气阀阀座孔；2—汽流；3—喷嘴组；4—凹槽；5—汽封；6—抽出中间泄漏的蒸汽

13. 角形密封环有什么作用?

答： 积木块式汽轮机上气缸与喷嘴室之间用角形密封环连接，从调节气阀流出的蒸汽经角形密封环进入相应的喷嘴组汽室。蒸汽通过调节气阀进入喷嘴室通过活动的角形密封环用来隔绝汽流直接进入气缸内部，如图2－78所示。

14. 简述导向叶片的结构。

答： 积木块式汽轮机转鼓级和低压段的静叶片结构相似，只是尺寸大小不同而已。转鼓级和低压段的静叶片由隔叶和导向叶片组成。隔叶的装配内弧相配，依次类推，组成一个静叶栅。内隔叶的叶顶斜面、导叶内、背工作型面及围带三部分组成静叶的通流部分，即蒸汽工作部分，如图2－79所示。

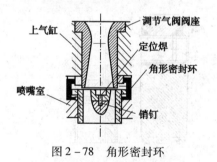

图2－78　角形密封环

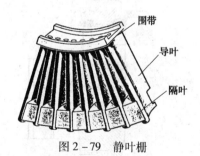

图2－79　静叶栅

导叶的叶根为钩状叶根，即只在出汽边侧开有凹形叶根槽，而进汽边则无叶根槽，嵌入导向叶片支承在相应的槽中，两片静叶根部之间有中间隔块相隔，以保持静叶片之间的节距。叶顶的圆柱形凸台为铆钉头。作为叶片与围带装配的紧固件。隔叶也是钩状叶根，叶顶斜面是静叶的下围带，隔叶厚度控制流道的喉部宽度及装配后辐射角。

15. 喷嘴和喷嘴组检查与安装有什么要求?

答：（1）用着色法检查喷嘴组两侧与喷嘴室环形槽接触情况，其接触面积应达75%以上。

（2）用着色法检查∏形密封键密封面应接触良好，喷嘴组两端面密封键与密封槽的结合面间隙，应不大于0.04mm。

（3）喷嘴和喷嘴组组装后应固定牢固，无松旷现象，喷嘴和喷嘴组出汽边应平齐，无断裂、损伤、卷边等缺陷。

（4）喷组和喷嘴组安装时，应在喷嘴及槽道内涂擦黑铅粉或二硫化钼。喷嘴组装后，连接螺栓与销钉应进行定位焊。

16. 什么是隔板？隔板有什么作用？

答：隔板是汽轮机各级之间的间壁，用以固定静叶片和阻止级间漏汽，并将汽轮机通流部分分隔成若干个级。在多级冲动式汽轮机中，除了调节级喷嘴外，为了保持在调节级后的压力差和装设静叶，各压力级之间均设有隔板。它可以直接安装在气缸内壁的隔板槽中，也可以借助隔板套安装在气缸上。

隔板的作用是将气缸分隔成若干个蒸汽参数不同的汽室，每个汽室有一个静叶栅和转子上相应的叶轮上的动叶栅组成一个压力级。

17. 隔板由哪些部件组成？

答：隔板是由隔板体、静叶、隔板外缘和隔板汽封等主要部件组成。根据蒸汽流量和压力的不同，对隔板材料要求和制造工艺不同，隔板可分为焊接隔板和铸造隔板两种结构。

18. 什么是焊接隔板？

答：采用焊接工艺制造的隔板称为焊接隔板。图2-80所示为焊接隔板，它由隔板体、型线静叶片、内外围带及外缘等焊接而成。它是将预先在围带上冲制成导叶的断面形状，将加工好的静叶片与内外围带组装焊接在一起，形成喷嘴弧，再将喷嘴弧焊接在隔板体上。由于汽轮机高压部分隔板前后压差大，会使隔板弯曲，为了提高隔板的强度，在隔板入口侧设置一些加强筋，如图2-80(b)所示。加强筋的数目可根据强度要求来确定，大致每隔3~5个汽道布置一个加强筋，加强筋与外缘相连，增加了隔板的刚度，但也增加了蒸汽的流动阻力。

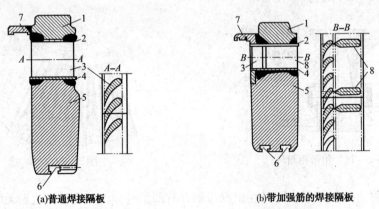

(a)普通焊接隔板　　　　　　　　(b)带加强筋的焊接隔板

图2-80　带加强筋的焊接隔板

1—隔板外缘；2—外围带；3—静叶片；4—内围带；5—隔板体；6—汽封槽；
7—径向汽封；8—加强筋

19. 焊接隔板有什么特点？

答：焊接隔板具有较高的强度和刚度，静叶汽道表面光滑、形状较精确、加工较方便，汽流在喷嘴中的流动损失小，在现代汽轮机中获得了广泛的应用。但是，焊接隔板的焊接工艺要求高，如果焊接工艺不当，隔板体会产生变形。同时，在内外围带上冲制具有静叶形状的孔眼时费时费力，制造成本高，只用于高参数汽轮机的高压部分。

20. 什么是铸造隔板？

答：采用铸造工艺制造的隔板称为铸造隔板。铸造隔板是将冲压成形的静叶片，放入浇注隔板体砂型中经铸造而成，如图 2-81 所示。隔板体多采用球墨铸铁或合金铸铁。为了防止隔板在热状态下蠕变时与隔板槽卡住，隔板外缘轴向和径向均有几个销钉在气缸槽内固定位置，隔板装入时应调整销钉使之留有 0.1~0.2mm 的膨胀间隙。

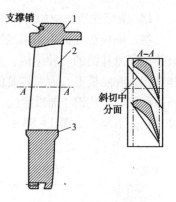

图 2-81　铸造隔板

1—隔板外缘；2—静叶片；3—隔板体

21. 铸造隔板有什么优缺点？

答：铸造隔板的强度较差，喷嘴尺寸不够精确，铸造后表面不够光洁，所以蒸汽流动损失较大，但制造工艺简单、成本低。由于铸造隔板所承受的压力和温度较低，多用于汽轮机低压段各级。

22. 隔板套有什么作用？隔板套有什么特点？

答：隔板套又称静叶持环，其作用是将几级隔板组装在一起，然后外缘装入气缸槽内。隔板套可以减少气缸大件的加工量，又便于安装又可使汽轮机轴向尺寸减小，但隔板套将会使汽轮机径向尺寸增大。

23. 隔板在气缸中定位方式有哪几种？

答：隔板在气缸中定位方式有销钉支撑定位、悬挂销和键支撑定位两种方式。

24. 隔板在气缸中如何采用销钉支撑定位？

答：图 2-82 所示为隔板在气缸中采用销钉支撑定位。在隔板的外缘上，径向装有 6~8 个圆形销钉，使销钉的顶部接触在隔板槽的底部，将隔板径向定位。如需调整隔板径向位置时，可以相应地减少或增加销钉的长度。在隔板进汽侧也装有 6~8 个圆形销钉，其顶部支撑在隔板槽的侧壁上，将隔板进行轴向定位。调整隔板与隔板槽之间的轴向间隙时，可用调整圆形销钉的长度来达到。

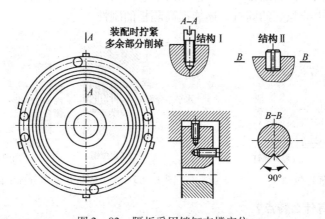

图 2-82　隔板采用销钉支撑定位

销钉直径可根据其受力情况进行选择，一般为 10~20mm。销钉结构一般有两种形式，一种为螺钉销钉（图 2-82 中结构Ⅰ），另一种为圆柱销钉（图 2-82 中结构Ⅱ）。为排出销钉孔内的空气，沿销钉的纵向开有 90°的 V 形槽，如图 2-82 中剖面 B-B 所示。

25. 隔板在气缸中如何采用悬挂销和键支承定位？

答：隔板在气缸中采用悬挂销和键支撑定位方式，如图 2-83 所示。在图 2-83 详图中只绘出了悬挂销的三种结构，其中结构Ⅰ和Ⅱ的悬挂销处于隔板水平中合面偏下的位置，悬挂销固定在隔板上，而结构Ⅲ的悬挂销则固定在气缸上。下隔板水平方向左右两侧的位置用隔板底部的定位键 J 加以定位，该键用螺钉固定在气缸的键槽内，键既可以是 T 形键，也可以是长方形键，如图 2-83 右图所示，可以用来确定隔板的横向位置。

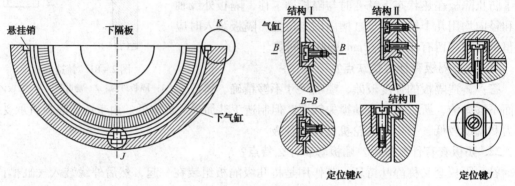

图 2-83　隔板在气缸上采用定悬挂销支撑定位示意图

26. 上下隔板如何定位？

答：上隔板用销钉通过销垫固定在气缸上，如图 2-84 所示。各级隔板都制作成上、下两半，在水平中分面上处连接。上半隔板装在上气缸的凹槽中，为了将上隔板固定在上气缸内，在上隔板左、右两侧水平中分面处，用销垫和埋头螺钉紧固在上气缸上，这个销垫同时还起定位作用并防止隔板转动，如图 2-84 所示。下隔板装入下气缸凹槽内，用左、右两侧的两垫块挂在下气缸内，上隔板组装时，上隔板落在下隔板水平中分面上，其重量由下隔板支承。

为了增加隔板的刚性和水平中分面的严密性及与气缸轴向对准，在上、下两半隔板进汽侧的水平中分面处加装横向定位销或定位键定位，如图 2-85 所示。这样，既可以起到密封的作用，又能够减少缝隙处的漏汽，还能提高隔板的刚性。

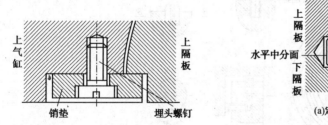

图 2-84　上隔板定位销

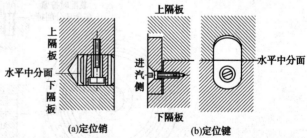

图 2-85　上下隔板水平中分面上的定位销和定位键

27. 导叶持环有什么特点？

答：导叶持环是用来安装各反动级的静叶片。导叶持环为水平剖分结构，上、下两半是靠水平剖分面联接螺栓连接在一起的。导叶持环与外缸的轴向相对位置定位，是用导叶持环外表环行凹槽与外缸凸肩相配，以轴向定位，如图 2-86 所示。使用导叶持环可以在打开气缸时，上气缸无需翻转的情况下调换静叶片，且简化外缸设计、工艺、减少外缸报废的可能性。

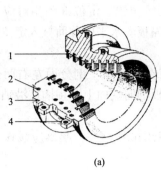

(a)　　　　　　　　　　　　　　　　(b)

图 2 - 86　导叶持环

1—导叶；2—水平剖分面螺栓孔；　　　1—导叶持环；2—导叶片；3—水平中分面；4—螺纹孔；

3—凹槽；4—调整元件支承面　　　　　5—凸耳；6—偏心套筒；7—外缸底部凹槽

28. 导叶持环调整元件是如何进行调整的？

答：导叶持环水平中分面上有两侧伸出的两对凸耳，放置在外缸下部的凹室中并有调整元件，如图 2 - 87 所示，以调整导叶持环垂直方向的位置（上、下位置）。导叶持环水平方向的对中找正，是靠前下部的偏心套筒来调整导叶持环的左右位置的（调整偏心套筒时，销钉在外缸底部纵向凹槽内前、后移动），见图 2 - 86(b)标注件 6、7。

29. 导叶持环或隔板及隔板套检查与安装有哪些要求？

答：（1）导叶持环或隔板及隔板套应无油脂，其水平中分面、导叶持环、隔板、隔板套与气缸的配合面，以及安装汽封块的洼窝等部位，应无损

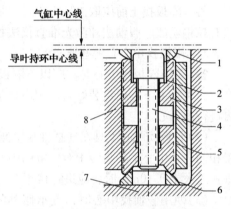

图 2 - 87　导叶持环上下调整元件

1、6—球形垫片；2、5 调整螺母；3—垫片；

4—调整螺钉；7—气缸；8—导叶持环

伤、锈蚀、毛刺并应露出金属光泽，组装时应在配合面上应涂擦高温的分装涂料或防咬合剂。

（2）静叶片外观检查应边缘平整，无铸砂、焊瘤、裂纹、卷边、脱落、开焊、松动等缺陷。

（3）隔板、阻封片应完整、无短缺、卷曲，边缘应尖薄。

（4）导叶持环与气缸，静叶环、隔板与隔板套，汽封与汽封套均应按汽轮机本体部件编号作出钢印标记，标明其安装位置。

（5）用内径千分尺检查导叶持环、隔板内圆直径的圆度并记录。

（6）导叶持环、隔板或隔板套装入气缸时，应以本身重量自由滑入槽中，无卡涩现象。

（7）按照制造厂技术文件检查下导叶持环、下隔板或隔板套及气缸疏水孔的尺寸，下导叶持环、下隔板或隔板套装入气缸后，各疏水孔通流面积不应减小并应畅通。

（8）用着色法检查上、下导叶持环、隔板水平中分面接触情况，其接触面积应达 75% 以上，且接触均匀。在自由状态下，检查导叶持环、隔板水平中分面严密性 0.05mm 塞尺应塞不进。隔板套水平中分面在紧固螺栓后，用 0.05mm 塞尺检查应塞不进。

(9)用着色法检查悬挂销支承面的接触面积应大于70%以上。

(10)固定上、下两半导叶持环、隔板或隔板套的定位销、定位键和相对应的槽孔的配合不应过紧或过松旷现象。上、下导叶持环、隔板或隔板套水平中分面打入定位销后应无错口现象。

(11)检查隔板在隔板槽内的轴向膨胀间隙时，可在气缸水平剖分面左右两侧各放置一个磁力表架并装上百分表，将百分表触头触在被测隔板轴向端面上，用撬杠沿轴向来回撬动隔板，监视隔板的移动数值。

(12)导叶持环或隔板及隔板套吊装时，应使用专用吊耳吊装，起落应缓慢，且不应碰撞气缸。

30. 导叶持环或隔板找中心的目的是什么？

答：导叶持环或隔板找中心目的是为了使所有导叶持环或隔板的中心与转子的中心相重合，并使导叶持环或隔板与转子之间获得均匀的轴向间隙和径向间隙。

31. 隔板找中心方法有哪几种？

答：隔板找正前应取出隔板汽封，找正时以气缸轴封室孔中心为基准，隔板找中心的方法有拉钢丝法、假轴法和激光准直仪法找中心三种。

32. 隔板找中心有哪些要求？

答：(1)隔板找中心时，应以下隔板的汽封洼窝为基准，若隔板汽封洼窝有较大的椭圆度时，可将上下隔板组装好后，用内径千分尺或内径百分表检查上下隔板内圆直径并记录，再进行找中心。

(2)隔板找中心工具在气缸轴封室测点位置，应与转子在气缸轴封室找中心时的测点位置相同。找中心工具与转子对气缸的中心位置偏差应相符，其偏差应不大于0.05mm，当其垂弧差大于0.10mm时，应进行修正。

(3)使用假轴找中心时，支承假轴的轴承或支承座应与轴承座孔接触应良好并放置牢固、可靠；测量时，假轴应无轴向移动。

(4)对于悬挂结构的隔板，其水平方向偏差不大于0.30mm时，隔板高低位置的调整，可修补下挂耳承力面来达到。当下挂耳与承力块间有调整垫片时，则可用加减垫片厚度进行调整。调整后，用着色法检查下挂耳承力面的接触面积应大于60%。

(5)隔板找中心的允许偏差为：水平方向偏差为0.05~0.08mm，隔板中心的垂直方向偏差，应使下部中心数值小于上部中心数值0.05mm。

33. 简述用激光准直仪找隔板中心步骤。

答：(1)粗略调整激光束

先将激光发射器放置在前轴承座孔或后轴承座孔上，将带有光电接收靶的定心器放置到最远的轴承座孔内，调整激光发射器上的G和H旋钮，使激光束穿过自定心标靶的靶心。将自定心标靶放置在离激光发射器最近的轴封室孔上，调整激光发射器上的E和F旋钮，使激光束穿过自定心标靶的靶心，如图2-88所示。

(2)调整探测器

根据测量孔直径选择合适的测量探杆长度。将探测器装于可调节的支架(水平臂)上，在测量c点(180°)位置时，利用滑动杆调整探测器的垂直位置，使激光束与关闭的目标靶的靶心高度一致，其高度是轴承座孔设计中心线的标高。调整探测器的水平臂，水平方向移动水平臂，使激光束打到关闭的目标靶心上。

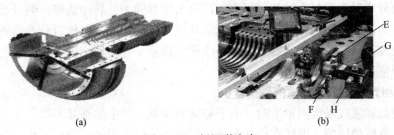

图2-88　粗调激光束

（3）测量过程

启动同轴度测量程序，输入测量点的个数，并输入测量点之间的距离。根据显示单元提示放置探测器在相应的测点上，测出每一孔中心相对激光束的位移量和偏差方向，并记录三个方向（90°、180°、270°）点的测量值，如图2-89所示。在测量时，电子倾角仪会给出探测器的准确倾角，可实时进行调整。

(a)270°测量位置　　　(b)180°测量位置　　　(c)90°测量位置

图2-89　隔板同轴度测量位置

（4）测量结果

测量结束后，显示单元可以以表格和图形方式显示，图形中显示水平和垂直方向测量结果。

（5）调整

在显示单元上的显示值即为该隔板的调整值，根据这些数值对隔板进行调整，调整后应重复上述方法进行复查，其不同轴度应符合制造厂技术文件的规定。

34. 如何用假轴法找隔板中心（同轴度）？

答：假轴通常采用厚壁无缝钢管制成，然后进行假轴消除应力做回火处理。处理后进行机械加工，轴承部位尺寸应与轴颈尺寸相同，其两端轴颈与汽轮机轴颈直径及加工精度相符，其加工精度误差为0.02～0.03mm。并应使假轴的静挠度仅可能与转子静挠度相近似，如图2-90所示。

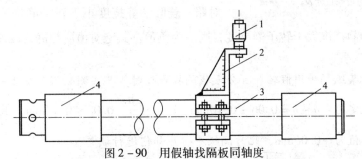

图2-90　用假轴找隔板同轴度

1—百分表或内径千分尺；2—找正支架；3—假轴；4—轴颈

利用假轴找隔板中心时，若直接在汽轮机轴承上进行，则应现将汽轮机转子吊出。为避免吊出转子时轴瓦位置移动，应事先用压板及螺栓将下瓦压紧在轴承座上，并在下瓦水平结合面上装设百分表进行监视。在转子吊出，假轴吊入后，转子中心应无变化。假轴吊入前，应将所有隔板（不带汽封）装入气缸内，然后将假轴吊入下轴承内，并将卡具和百分表固定在假轴上。百分表触头应触在被测隔板汽封洼窝水平方向上，转动假轴，测量百分表在和隔板洼窝水平方向左右两侧和下部的百分表读数并记录。根据所测得的百分表读数，判断隔板在气缸内的位置，以及隔板与气缸几何中心线的偏移量。并对照挠度偏差曲线进行修正后与制造厂产品合格证书相比较。

35. 如何用计算法求出假轴的静挠度值？

答：利用假轴法找隔板同轴度时，由于假轴的垂弧与转子的垂弧不等，亦应考虑假轴颈挠度值对测量数值的影响，因此在设计假轴时应时先计算出假轴的静挠度值。钢管制成的假轴的两端支承在轴承上时，可以看作为一根受均布载荷的梁，由材料力学可知，此种梁的静挠度计算也适用于假轴，计算公式为：

$$f = \frac{5PL^3}{384EI} \qquad (2-5)$$

式中　f——假轴的静挠度，cm；

　　　E——弹性模量（数），钢 $E = 2 \times 10^6 \, \text{N/cm}^2$；

　　　P——假轴重量，N；

　　　I——惯性矩 $= \dfrac{\pi(D^4 - d^4)}{64}$，$\text{cm}^4$；

　　　D——假轴外径，cm；

　　　d——假轴内径，cm；

　　　L——假轴两轴颈间的距离，cm。

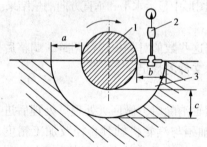

图 2-91　用内径百分表测量隔板洼窝中心
1—转子；2—内径百分表；3—隔板

36. 隔板找中心时应符合哪些要求？

答：隔板找中心时，一般以下半隔板汽封洼窝为基准，如图 2-91 所示。可采用内径百分表或内径千分尺及塞尺进行测量，其左右两侧的 a、b 差值应小于 ± 0.05mm（按照图 2-91 所示转子的旋转方向，$a > b$）；其下边的 c 值应为 $c - \dfrac{a+b}{2} = 0.08 \sim 0.12$mm；其上下差值 $\left(c - \dfrac{a+b}{2}\right)$ 应与挠度偏差曲线对照。若假轴静挠度小于转子静挠度，则该差值应为正值，若假轴静挠度大于转子静挠度，则应为负值。其绝对值应与静挠度差相等，误差应小于 0.06mm。

例：汽轮机某级隔板用假轴和百分表找隔板中心时，其实测数值如图 2-92 所示，制造厂技术文件的规定为：$a - b = 0.06 \sim 0.10$mm，$c - \dfrac{a+b}{2} = 0.05 \sim 0.15$mm，假轴在该处相对于转子中心挠度值为 +0.06mm，此时隔板中心应如何进行调整？

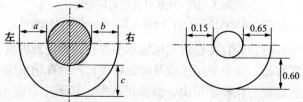

图 2-92　汽轮机某级隔板找中心时实测数值

解：

(1)根据制造厂技术文件规定的数值，取其平均值作为本级隔板找中心的要求值，即

隔板水平方向找中心要求值：$\dfrac{a-b}{2}=\dfrac{\dfrac{0.06+0.10}{2}}{2}=0.04(\text{mm})$

隔板垂直方向找中心要求值：$c-\dfrac{a+b}{2}=\dfrac{0.05+0.15}{2}=0.10(\text{mm})$

(2)隔板找中心时实测数值偏差：

隔板水平方向找中心实际偏差：$\dfrac{a-b}{2}=\dfrac{0.65-0.15}{2}=0.25(\text{mm})$，其值大于要求值，说明隔板的中心位置偏向右侧。

隔板垂直方向找中心实际偏差：$c-\dfrac{a+b}{2}=0.60-\dfrac{0.15+0.65}{2}=0.20(\text{mm})$，其值大于要求值，说明隔板中心位置偏低。

(3)计算隔板调整数值，并确定其调整方向：

隔板水平方向找中心调整数值：$0.25+0.04=0.29(\text{mm})$，隔板应向水平方向应向左侧移动调整值为 0.29mm。此时左侧表值为 $0.15+0.29=0.44(\text{mm})$，右侧表值为 $0.65-0.29=0.36(\text{mm})$，$a-b=0.44-0.36=0.08(\text{mm})$，符合制造厂要求值 $a-b=0.06\sim0.10(\text{mm})$。

隔板垂直方向找中心调整数值：$0.20-0.10=0.10(\text{mm})$，假轴相对于转子中心低 0.06(mm)，此时隔板垂直方向应向上移动调整值为 $0.10+0.06=0.16(\text{mm})$，调整后 $c=0.60-0.16=0.44(\text{mm})$，假设隔板是一个整圆，隔板上面数值 $d=(a+b)-c=(0.15+0.65)-0.60=0.20(\text{mm})$，调整后 $d=0.20+0.16=0.36(\text{mm})$。此时上下数值差为 $c-d=0.44-0.36=0.08(\text{mm})$。符合制造厂的要求 $c-\dfrac{a-b}{2}=0.05\sim0.15(\text{mm})$。

若用塞尺检查其调整方向相反。

37. 如何用钢丝法找隔板中心？

答：拉钢丝找隔板中心通常是以气缸轴封洼窝的中心为基准，首先应通过轴承和气缸轴封洼窝的中心，架设一根钢丝线，钢丝线跨度在两个可上下左右调整的线架上，线架应稳固、可靠，并在钢丝两端系以相应重量的铅制重锤。由于钢丝本身的自重使其产生挠度，因此，以水平布置钢丝为基准测量中心时，应考虑钢丝静挠度的影响。

测量时，应调整钢丝线与轴封洼窝前后两端的中心线重合，这样钢丝线可视为隔板的中心线。然后在每一隔板位置上用内径千分尺测量钢丝与隔板汽封洼窝的距离。根据所测得的两侧间隙 a、b 和下部间隙 c，将两侧间隙 a、b 进行比较，即可判断隔板的水平方向中心位置；将测得的 c 值与考虑钢丝挠度影响后，隔板下部间隙：$c=\dfrac{a+b}{2}-f_x$，进行比较，即可判断隔板垂直方向的中心位置，然后对隔板进行必要的调整。

38. 隔板中心位置的调整目的是什么？

答：隔板中心位置的调整，是根据所测得找中心数据，并结合隔板水平中分面与气缸水平剖分面的的高度差综合进行的。其目的是使隔板中心与转子中心相一致，同时使隔板水平中分面与气缸水平剖分面平行。

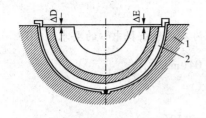

图 2-93　检查隔板水平中分面与气缸
水平剖分面的平行情况

1—气缸(或隔板套)；2—隔板

39. 如何检查隔板水平中分面放置在气缸内的水平情况？

答：检查隔板水平中分面放置在气缸内的水平情况，可利用深度游标卡尺或百分表测量隔板水平中分面面与气缸水平剖分面左右两侧的高度差，如果测得左右数值 $\Delta D = \Delta E$，则表明隔板水平中分面与气缸水平剖分面平行，如图 2-93 所示。

40. 如何调整隔板中心？

答：对于下隔板在水平中分面处利用挂耳支吊，下部以纵销定位的隔板，如图 2-94 所示的支吊形式，调整隔板横向位置时，可采取修补下部纵销的两侧面来达到要求。即将纵销一侧补焊，另一侧锉削的办法来达到要求。纵销修整后，仍应达到原来的要求值(纵销与销槽两侧 $a+b$ 间隙值为 $0.03\sim0.06\text{mm}$，顶部间隙 $c\geqslant 1\text{mm}$)，如图 2-95 所示。

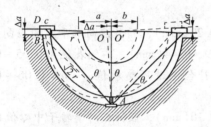

图 2-94　悬挂结构隔板左右两侧挂耳高度的调整

O—调整前的隔板中心；O'—调整后的隔板中心

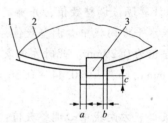

图 2-95　隔板纵销

1—气缸；2—隔板；3—纵销

调整隔板高低位置时，当下挂耳与承力面之间有调整垫片时，则可用加减垫片的厚度来加以调整，垫片应采用不锈钢垫片，且不超过三层。当挂耳与承力面无垫片时，可用锉削或补焊下挂耳承力面，调整后用着色法检查下挂耳承力面的接触面积应大于 60%，且接触均匀。隔板中心调整后，应能自由膨胀。

41. 如何计算隔板高低位置的调整？

答：隔板高低位置的调整，对于下挂耳与承力块之间有调整垫片的隔板，则可用改变垫片厚度的方法进行调整。

隔板两侧挂耳高、低位置的调整数值 Δ 由式(2-6)算出：

$$\Delta = c - \frac{a+b}{2} \pm \frac{D-E}{2} \pm \Delta f - A \qquad (2-6)$$

式中　c——隔板轴封洼窝下部的测量值；

　　a、b——隔板轴封洼窝左右两侧的测量值；

　　$\dfrac{D-E}{2}$——隔板水平中分面与气缸水平剖分面平行时，两个挂耳应调整的数值(隔板水平中

　　　　分面高于气缸水平剖分面时取负值；反之，取正值)；

　　Δf——假轴与转子的静挠度差(当假轴静挠度值大于转子挠度值时取正值；反之，取负值)；

　　A——考虑下气缸在汽轮机运行时，因上、下气缸的温度差，使下气缸向上弯曲以及转子静挠度增加的影响，一般 A 取 $0.05\sim0.10\text{mm}$。

调整后，用着色法检查下挂耳承力面的接触面积应大于60%，且接触均匀。

42. 如何安装蒸汽室角形密封环？

答：将角形密封环和螺纹衬套装入蒸汽室，然后用塞尺检查蒸汽室角形密封环各部间隙，其值符合要求后，将螺纹衬套用销钉防松并将端部用电焊点焊定位，以防松动，如图2-96所示。

43. 如何检查蒸汽室与上气缸的间隙？

答：在蒸汽室上平面左右两侧各放置一条长80~100mm、厚度为4mm的铅丝，然后将上气缸吊在下气缸水平剖分面上，按制造厂技术文件规定顺序和紧固力矩，紧固气缸水平剖分面螺栓1/3以上，并用塞尺检查气缸水平剖分面严密性，0.05mm塞尺应塞不进。然后，松开气缸水平剖分面螺栓并将上气缸吊离，用外径千分尺测量压扁铅丝的厚度，所测得的铅丝厚度应均匀，且必须符合制造厂技术文件的规定。

44. 如何进行蒸汽室与外缸的对中找正？

答：（1）在蒸汽室上平面放置平尺，用深度游标卡尺测量蒸汽室左右两侧相对于下气缸水平剖分面的高度差，如图2-97所示，并记录。

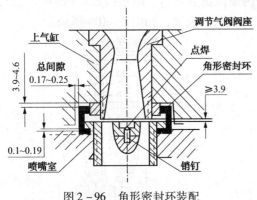

图2-96 角形密封环装配

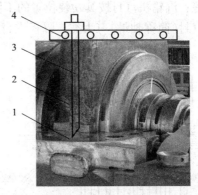

图2-97 用深度游标卡尺测量蒸汽室左右两侧相对于下气缸水平剖分面的高度差示意图
1—气缸水平剖分面；2—蒸汽室；
3—深度游标卡尺；4—平尺

（2）在位于蒸汽室前、后两侧的转子上架设百分表支架并装上百分表，将百分表触头分别触在蒸汽室前、后内孔上，并将两块百分表指针调至为零。

（3）缓慢盘动转子，记录百分表在上、下、左、右四个位置的读数。通过移动蒸汽室，使前后百分表在蒸汽室左右处的读数值应一致。

（4）然后再次盘动转子，使前后百分表同时触及到喷嘴室内孔的最高点，记录前后百分表读数的差值并记录。

（5）根据蒸汽室左右位置距下气缸水平剖分面的高度差和蒸汽室内孔最高点处百分表的读数差值及垂直方向的中心偏差量，即可计算出蒸汽室左右调整垫片的调整值，如图2-98所示。按图2-98

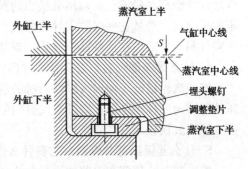

图2-98 蒸汽室与外缸中心的偏移
1—蒸汽室上半；2—埋头螺钉；3—蒸汽室下半；
4—调整垫片；5—外缸下半；6—外缸上半

所示的要求修整调整垫片厚度。

(6)拆下调整垫片并打上钢印标记,按计算的调整值修磨调整垫片。

(7)按钢印标记将修磨好的调整垫片回装喷嘴室上,然后与下气缸装配,再按(3)~(5)程序检查蒸汽室与外缸的同轴度,蒸汽室中心应比外缸中心低一个 s 值。

(8)用塞尺检查叶片与蒸汽室汽封片叶顶径向间隙,其值应符合通流部分间隙要求。

第六节 汽封的安装

1. 汽轮机中存在蒸汽泄漏的部位有哪些?

答:汽轮机中存在着许多可能产生蒸汽泄漏的部位,如图2-99所示。如:动叶片和静叶顶部的漏汽;隔板与转子之间的径向间隙的漏汽以及汽轮机轴穿过气缸两端处径向间隙的漏汽等。这些漏汽的存在,使作功的蒸汽量减少,降低了运行的经济性,有时还会影响汽轮机的安全运行。

2. 汽轮机汽封按其安装位置分为哪几种类?

答:汽轮机汽封按其安装位置的不同,可分为通流部分汽封、隔板(或导叶持环)汽封、轴端汽封(简称轴封)三大类。隔板汽封和通流部分汽封的位置,如图2-100所示。

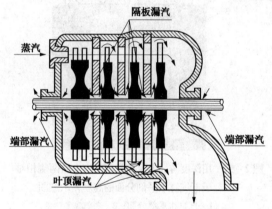

图2-99 汽轮机各部位漏汽示意图

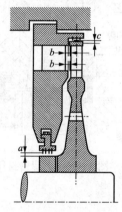

图2-100 隔板汽封通流部分汽封的位置

3. 汽轮机为什么要设置汽封装置?

答:在汽轮机转子伸出气缸的两端和转子穿过隔板中心孔的地方,为了避免转动、静部件之间的摩擦和碰撞,必须留有适当的轴向和径向间隙。但是,由于动静间隙的前后都有一定的压力差,会从这些间隙中导致漏汽,造成能量的损失。因此,为了减少蒸汽的泄漏和防止空气漏入,必须在这些部位设置汽封装置。

4. 什么是端部汽封?它有什么作用?

答:汽轮机转子伸出气缸的两端处所设置的汽封称为端部汽封。对于凝汽式汽轮机,高压端部轴封的作用是防止或减少气缸内的蒸汽向外泄漏,低压段端部轴封的作用是阻止空气进入低压缸而破坏凝汽器真空。

5. 什么是通流部分汽封?它有什么作用?

答:在动叶顶部和根部的汽封称为通流部分汽封。其作用是阻止蒸汽从动叶叶顶及叶根处漏汽。通常的结构形式为动叶顶端围带及动叶根部有个凸出部分以减少轴向间隙,围带与装在气缸或隔板套上的阻汽片组成汽封以减少径向间隙,使漏汽损失减少。

6. 什么是隔板汽封？它有什么作用？

答：隔板内孔与转子之间的设置的汽封称为隔板汽封。隔板汽封的作用是保持隔板前后的压力差，减少隔板漏汽。

7. 汽封装置损坏漏汽过多有什么危害？

答：若端部汽封损坏漏汽过多，除了严重地影响汽轮机的经济性外，还将会威胁汽轮机的安全、平稳运行。例如高压端漏汽过多，漏汽将会顺着轴流入轴承中，直接加热轴承使轴承温度升高并使润滑油中的水分增加，破坏轴承润滑，引起轴承巴氏合金熔化，影响轴承工作的安全可靠性，使汽轮机不能安全、平稳地运行。低压端部轴封漏汽过多，将会使低压缸内真空下降，以致真空完全破坏，使排汽温度过高，汽轮机振动加剧，轴向推力增加等。若隔板汽封损坏漏汽增大时，将会增大叶轮前后的压力差，使转子上的轴向推力增加。

8. 汽轮机汽封有哪几种结构型式？

答：汽轮机汽封的结构形式主要有迷宫式、炭精式及水封式三种。早期汽轮机的汽封结构是炭精式和水环式，这两种汽封在现代汽轮机中已被淘汰。现代汽轮机均采用迷宫式密封。迷宫式汽封分为梳齿形汽封、薄片式汽封和枞树形汽封三种。

9. 反动式汽轮机为什么要设置平衡活塞汽封？

答：反动式汽轮机为了减少汽轮机的轴向推力，为了在平衡活塞两侧形成压差并减少蒸汽的泄漏，在平衡活塞处均装有汽封，平衡活塞汽封采用高低齿汽封。

10. 简述迷宫式密封的工作原理。

答：图 2-101 所示为迷宫式汽封的工作原理。气缸上的汽封片与转子上的凸肩及汽封片之间留有一定的间隙 δ。当蒸汽流过第一个间隙 δ 时，因节流作用使压力下降，而比容增大，流速增加，然后进入空间 A，如图 2-101（a）所示。当汽流突然进入较小的空间 A 时，产生紊乱的分子运动，速度随之降低。此外，汽流与汽封片及凸肩的碰撞、涡流而消耗了热量，汽流的动能转变为热能，此时的压力为 p'，且 $p' < p_1$。这样，连续经过几个汽封间隙到达最末一个汽封片前的空间，这里的蒸汽压力已很接近低压侧的压力 p_2。设总压差为 $p_1 - p_2$，汽封片数为 z，则各个汽封间隙两侧的压力差为 $\Delta p = \dfrac{p_1 - p_2}{z}$。汽封片数越多，压力差 Δp 就越小，因而漏汽量也越小。经过最后一级汽封片时的压力和流速都很低，从而使轴封漏汽量显著减少。

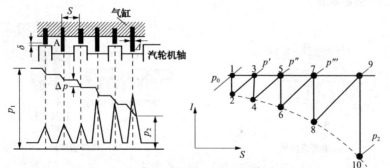

(a)迷宫密封中的蒸汽压力、速度变化情况　　(b)迷宫密封蒸汽膨胀过程在 I-S 图上的表示

图 2-101　迷宫密封的工作原理示意图

蒸汽在迷宫式汽封内的膨胀过程，在 I—S 图上可将其节流降压的本质反映出来，如图 2-101（b）所示，图中 1—2、3—4、5—6 等线表示蒸汽通过间隙 δ 时压力下降，速度增

加的过程；图中 2—3、4—5、6—7 等线表示蒸汽在 A 室内动能变为热能，使蒸汽的焓又增加到原来数值的过程。所以蒸汽经过汽封片的过程，是压力不断降低而速度是多次增加与减少的过程。

由上述可知，漏汽量的多少，决定于压力差、汽封片的数量以及间隙 δ 的大小。在压力差大的地方，汽封片的数量应多一些。汽封片越多，蒸汽压力降得愈低，比容变得愈大，通过最后一个汽封片的速度愈小，漏汽量也愈少。因此，蒸汽压力愈高的汽轮机，高压端部轴封及高压段隔板汽封的汽封片的道数应就愈多。

11. 枞树式汽封有哪些特点?

答：图 2 - 102 所示为枞树式汽封又称针叶型汽封。这种汽封既有径向间隙又有轴向间隙，而且轴向间隙可使漏汽节流，汽流通道曲折，阻汽效果好。但其结构复杂，加工精度要求高，造价高，因此实际应用受到限制。

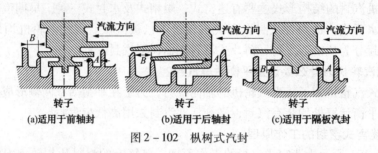

图 2 - 102　枞树式汽封

12. 梳齿式汽封有哪几种结构形式?

答：图 2 - 103 所示为梳齿式汽封，它分为高低齿汽封和平齿汽封两种。图 2 - 103(a) 所示为高低齿汽封，汽封片直接加工在汽封环上，或将制作好的汽封片镶嵌在汽封环的槽道中。高低齿汽封与转子上加工的方形汽封槽相配，汽封片与汽封槽之间都留有一定的径向间隙，构成漏汽通路。使漏汽通过齿顶间隙曲折流动，对漏汽形成很大的阻力，阻流效果比平齿好。高低齿汽封多用在高压、高温部位，例如汽轮机的高压轴封和高压隔板汽封，材料采用 1Cr13 不锈钢和 Cr11MoV 耐热钢。图 2 - 103(b) 所示为平齿汽封，一般用于低压、低温部位或转子与气缸相对膨胀较大的部位，例如汽轮机的低压轴封和低压隔板汽封。汽封齿的材料取决于工作温度，在低温区域采用锡青铜；480℃ 以下的区域采用 1Cr13 不锈钢；500℃ 以下采用 Cr11MoV(铬钼钒钢)。

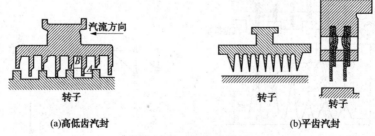

图 2 - 103　梳齿式汽封

13. 简述薄片式汽封结构及其特点。

答：图 2 - 104 所示为薄片式汽封，又称 J 形汽封。在汽轮机转子轴套上和汽封环上都加工有数道 U 形凹槽，将预制成 J 形的镍铬合金钢薄片(一般厚度约为 0.2～0.3mm)，用镍铬钢丝将其嵌紧在汽封环和转子的 U 形凹槽内，并在汽封环和汽封套之间留有一定的间隙，由此构成曲折的漏汽通道，从而减少了漏汽。其特点是：结构简单，效率高，汽封片薄又软，易变形，即使薄的汽封片与转子发生摩擦时，汽封片由于质软只能被压弯，而不易严重磨损，即使发生碰撞时，也不会使转子产生局部过热或导致变形。但这种汽封片由于软而薄不能承受较大的的压差，所以当气缸内外压力差大时，密封片数目就需用很多，而且汽封片容易损坏，且拆装不便。

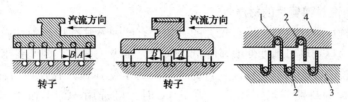

图 2 – 104　薄片式汽封

1—镍铬钢丝；2—镍铬钢汽封片；3—转子上的汽封套；4—汽封环

14. 汽封块(环)有哪几种形式?

答：汽封块安置在静体上有固定式和弹簧式两种。弹簧式汽封块沿转子圆周分为 6 段弧形块，汽封块借助本身的凸肩安装在汽封套的 T 形槽道内，汽封块与汽封套之间装有弹簧片，当汽封与转子发生摩擦时，使汽封块能向后退让，减少摩擦，避免转子受损。固定式汽封块，其背弧上带有两片承力块，承力块用埋头螺钉紧固在汽封块的背弧上，如图 2 – 105 所示。承力块与背弧之间有调整垫片。汽

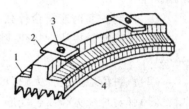

图 2 – 105　汽封块的调整块

1—汽封块；2—调整块；3—固定螺钉；
4—调整垫片

封块是通过承力块嵌装在汽封套或隔板的凹槽内，并受平板弹簧的弹簧力将其压向中心。改变承力块下部调整垫片的厚度，便可以调整汽封径向间隙。

15. 汽封弹簧片与汽封块有哪几种连接方式? 各有什么特点?

答：汽封弹簧片与汽封块的连接方式有如下几种：

(1)销钉与汽封块连接的弹簧片，如图 2 – 106(a)所示，弹簧片钻孔后使强度减弱，有时会从销孔处断裂；

(2)十字形与汽封块连接的弹簧片，如图 2 – 106(b)所示，将弹簧片制作成十字形，使两侧的凸肩镶在汽封块燕尾槽的开口中，实现弹簧片与汽封块的连接，其强度较好，但加工费时；

(3)圆角与汽封块连接的弹簧片，如图 2 – 106(c)所示，将弹簧片弯成一个圆角，镶在汽封块背后相应的圆槽里，实现弹簧片与汽封块的连接，其强度较好，但加工费时。

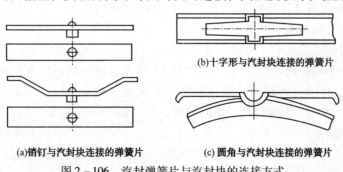

(b)十字形与汽封块连接的弹簧片

(a)销钉与汽封块连接的弹簧片　　(c)圆角与汽封块连接的弹簧片

图 2 – 106　汽封弹簧片与汽封块的连接方式

16. 汽封弹簧片有什么作用?

答:(1)弹簧式汽封在完成阻止漏汽过程中,弹簧片可以使汽封块在活动范围内向轴心靠拢,保证汽封齿有一个理想的最佳间隙;

(2)弹簧片可以使汽封块的燕尾紧贴在燕尾槽的内壁上,增加燕尾槽处的密封性;

(3)一旦汽封与转子相碰,汽封块可以做径向移动,使汽封环能向后退让,减少动静部分的摩擦,避免转子受损。

17. 如何选用汽封弹簧片的材质?

答:汽封弹簧片对汽封漏汽量有较大的影响,有些弹簧片在冷态弹性尚可,但在汽轮机运行时,弹簧片一旦受热,刚度便明显降低,甚至完全失去弹性。因此要求弹簧片应有适度的刚性,刚性太软或过硬都不能保证汽封的功能。为了使弹簧片在使用时保持良好的性能,应适当选用弹簧片的材质。当工作温度为400℃时,可选用3Cr13和4Cr13;当工作温度为℃时,可选用60Cr16M2A。对于不同的材质应采用不同的热处理方法,以改善弹簧片的机械性能。

18. 汽封安装时应符合什么要求?

答:(1)汽封块从汽封套或隔板汽封槽中拆卸时,对每一汽封块的两端均应打钢印标记并记录;

(2)汽封齿应完整,无缺口、扭曲、卷边等缺陷,边缘应圆滑;

(3)弹簧片应无裂纹、变形、锈蚀等缺陷,且弹性良好;

(4)用着色法检查汽封或汽封套的水平中分面接触应均匀分布;在自由状态下,用0.05mm塞尺检查应塞不进;在紧固中分面螺栓情况下,用0.03mm塞尺检查应塞不进;上下汽封或汽封套定位连接后,应无错口现象;

(5)汽封体的水平和垂直结合面的定位销应无松旷现象;

(6)汽封块装入汽封套或隔板汽封槽之前,应用鳞状石墨粉或二硫化钼粉干擦每一汽封块、弹簧片及汽封套或隔板汽封槽;

(7)按钢印标记回装各汽封部件,然后用手摁压每块汽封块,弹性应良好,无卡涩现象;汽封块之间应接触均匀,用0.05mm塞尺检查应塞不进;

(8)各汽封块之间的连接应圆滑、平整、无凸出现象,轴向应无严重错开现象。

19. 汽轮机安装过程中,为什么要对汽封及通流部分间隙进行检查与调整?

答:在汽轮机安装过程中,汽封及通流部分间隙的检查与调整是一项很细致和很重要的工作。若各部间隙调整不当,将对汽轮机运行的经济性和安全性有着很大的影响。为了保证汽轮机在启停和运行过程中动静部分不发生摩擦,减少漏汽损失,因此,要求安装过程中,应将汽封及通流部分各部间隙调整至符合设计文件规定。

20. 汽封径向间隙检查有哪些要求?

答:(1)汽封间隙检查时,应逐个进行测量并记录,不得抽查测量;

(2)检查轴封及隔板汽封间隙时,应先将转子吊入气缸,然后用塞尺在转子左右两侧逐片进行测量;测量时用力应均匀一致,塞尺塞入深度一般为20~30mm,塞尺不得超过三片;检查汽封垂直方向上下两侧的径向间隙时,可用医用胶布或压铅法进行测量;

(3)汽封径向间隙应符合制造厂技术文件的规定,工业汽轮机汽封半径间隙为:高压部分钢制迷宫式汽封为0.50~0.70mm,钢制枞树式汽封为0.30~0.45mm,钢制J形汽封为0.40~0.60mm;低压部分汽封为:固定式铜质迷宫汽封为0.30~0.70mm,弹簧式铜质迷宫汽封为 0.40~0.60mm；小容量汽轮机单侧间隙为 0.25~0.50mm，大容量汽轮机左右侧的半径间隙为 0.60~0.70mm 为宜，上下侧的半径间隙应考虑轴承油膜厚度及气缸垂弧的影响为：上侧为 0.50~0.60mm，下侧为 0.80~0.90mm；

（4）测量汽封轴向间隙应与调整通流部分间隙同时进行，测量时应将转子的轴向位置应按制造厂技术文件确定好，使转子推力盘处于推力轴承承力面位置，其前后轴向间隙应适应转子轴向膨胀方向的要求；

（5）汽封的轴向间隙可用楔形塞尺在下汽封前后两侧同时进行测量。

21. 汽封径向间隙的测量方法有哪几种？

答：汽封径向间隙的测量方法有贴医用胶布法测量、塞尺法测量、假轴法测量、压铅法等几种。

22. 如何用假轴法测量汽封径向间隙？

答：采用假轴法测量汽封径向间隙时，应使假轴与转子的中心一致，其挠度应与转子相同或接近。当汽封为高、低汽封齿时，测量高汽封齿间隙时，可直接用固定在假轴上的夹具，使用塞尺进行测量；测量低汽封齿间隙时，则需在假轴上固定厚度较薄的测量盘使用塞尺测量。

为了测量方便，假轴可以制作成规则的光轴，这样夹具或测量盘可在光轴上滑动，调整测量位置。

23. 如何压铅法检查汽封径向间隙？

答：压铅法检查汽封径向间隙时，在下半隔板汽封和端部轴封顶部中间位置放置一根直径稍大于汽封间隙的上限值铅丝，将转子吊入气缸，在转子上汽封的顶部中间位置同样放置一根直径稍大于汽封上限值的铅丝，上下两处铅丝均应用润滑脂贴牢，安装上半隔板并紧固水平结合面螺栓，然后将上半隔板吊出，取出铅丝，再将转子吊出，测量铅丝压入汽封齿上的厚度。

24. 如何用医用胶布贴在汽封齿上进行测量？

答：测量汽封垂直方向上下径向间隙常用贴胶布法进行检查，即在轴封和隔板汽封齿上沿轴向贴上胶布，如图 2-107(a) 所示，可根据制造厂技术文件要求的间隙值选用医用胶布层数，医用胶布厚度一般为 0.25mm。沿纵向按高低汽封齿的形状，在各汽封块贴 2~3 层胶布。将医用胶布裁成宽约 10mm，且各层胶布宽度依次减少 5~7mm，呈阶梯形粘贴在一起，并顺着转子转动的方向增加层数，紧贴在汽封齿上，以防止胶布被转子上的汽封齿刮掉。也可以在每个汽封块的两端各贴两道医用胶布进行检查，如图 2-107(b) 所示。一道为单层胶布，另一道为双层胶布。在转子与汽封相对应的部位涂抹一层薄薄地红丹油，然后将转子吊入气缸内，按汽轮机旋转方向缓慢盘动转子一圈后，将转子吊出，观察各道汽封上医用胶布上的压痕。根据接触印迹来判断汽封间隙值的大小，层数厚的胶布应基本上都有接触痕迹，层数薄的胶布应无接触痕迹或有轻微的痕迹。

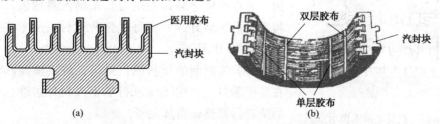

图 2-107 汽封块上贴医用胶布测量汽封间隙

用同样的方法在上半轴封和上半隔板汽封齿上贴医用胶布，取出下半汽封或汽封块。然后将转子吊入下气缸内，然后将上半导叶持环或上半隔板安装在相应的位置上，缓慢盘动转子一圈后，将上半导叶持环或上半隔板吊出，观察医用胶布上的接触痕迹，确定上半汽封的径向间隙。

如采用三层医用胶布测量汽封径向间隙时，未接触红丹痕迹时，表明汽封径向间隙大于0.75mm；如呈微红色痕迹均匀分布时，其间隙即为医用胶布的厚度，表明汽封径向间隙为0.75mm；接触红丹痕迹较重时，表明汽封径向间隙为0.65 ~ 0.70mm。当汽封间隙过大或过小时，应进行调整或修刮。

汽封间隙用贴医用胶布法检查调整完毕后，可用长塞尺抽查测量汽封底部间隙，应与医用胶布法测得的间隙相符，也可采用压铅法测量汽封间隙，进行校核。

25. 如何用医用胶布贴在转子汽封齿上测量汽封径向间隙？

答：用医用胶布贴在转子汽封齿上测量汽封径向间隙时，先将转子放在转子支架上，在转子圆周每相隔90°划出四等分标记，并在转子相应的高、低汽封齿上贴上医用胶布，并涂抹一层薄薄地红丹油，然后将转子吊入下气缸内，缓慢盘动转子旋转一圈后，吊出转子，按胶布的印痕深浅，调整或修刮对应的汽封齿。

然后再将上半气缸或隔板安装到相应的位置上，并紧固部分连接螺栓，盘动转子一圈后，吊出上半气缸或隔板，观察医用胶布上的印痕，按胶布的印痕修正对应的汽封块。

26. 如何调整汽封径向间隙？

答：（1）汽封径向间隙过大时

①对于黄铜或其他延伸性较好的材料制成的汽封片，则可用捻打其凸肩（图2-108）的方法使汽封齿伸出，这种方法仅适用于数量不多时的修补，对于新安装机组尽量避免采用此法。

②对于带有弹簧的汽封块，可修刮汽封块在汽封洼窝中的承力部位，同时修刮汽封块各弧段块之间的接触面，使汽封环整个向转子中心方向移出，如图2-109所示。

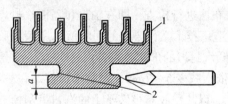

图2-108　捻打凸肩缩小汽封径向间隙
1—医用胶布；2—缩小径向间隙捻打凸肩

图2-109　弹簧汽封块的修刮

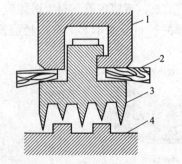

图2-110　汽封块加木楔示意图
1—隔板；2—木楔；3—汽封块；4—假轴

（2）汽封径向间隙过小时

①若大部分汽封间隙过小时，对于铜质材料的汽封齿，可在假轴上装设专用刀具车削汽封梳齿，车削时应将上隔板组装好，并将每块弹簧汽封块用木楔楔紧，如图2-110所示。

②若为钢制的材料的汽封齿，可将整圈汽封块组装在装用胎具上，用车床进行加工汽封片边缘，车床加工后应进行修整，使其尖薄、光滑；

③仅个别汽封径向间隙过小时，可利用专用工具手

工修刮，如图2－111所示。在修刮间隙的同时，应将汽封片边缘按制造厂技术文件的规定修刮尖薄、光滑。

（3）对带有调整垫片的汽封，汽封间隙可用增减垫片厚度进行调整，调整完毕后应紧固螺钉并敛住防止松动，汽封块应有一定的退让间隙 d，一般为3.50mm左右，如图2－112所示。

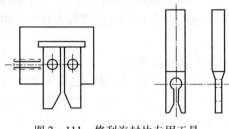

图2－111　修刮汽封片专用工具

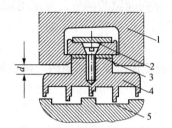

图2－112　带有调整垫片汽封的调整
1—隔板；2—螺钉；3—调整垫片；
4—汽封块；5—转子

（4）对于不可调整的汽封，汽封径向间隙较小时，可对汽封齿进行手工修刮或进行车床切削加工，若径向间隙较大时，应对汽封齿重新进行镶嵌，镶嵌后进行车床切削加工。

（5）上、下两半汽封径向间隙调整完毕后，还应按照制造厂技术文件规定，用塞尺检查汽封块整圈中总的膨胀间隙，一般为0.20～0.30mm；相邻两个弧段端部的接触面用0.05mm塞尺检查应塞不进。

27. 影响汽封径向间隙差异的原因有哪些?

答：由于受隔板结构的限制，使汽封的径向间隙在上、下、左、右四个位置的数值是不相等的，汽封上下部径向间隙是随着汽封所处隔板位置的不同而不同。造成汽封径向间隙差异的原因，除了转子本身有静挠度影响外，还受汽轮机安装及运行中产生的多种因素的影响。如：

（1）气缸缸体弹性变形，半缸时气缸中部挠度大，气缸闭合紧固螺栓后，挠度将减小。

（2）汽轮机启停和运行过程中，由于保温质量不佳，造成上、下气缸产生产生温差，使下气缸产生向上翘曲，使下部汽封间隙减小。

（3）气缸猫爪和轴承座热膨胀间隙未调整好，使汽轮机运行中热膨胀值不相等，致使气缸及转子位置发生变化。

（4）轴承油膜建立后，将使转子抬起，其抬起值约为轴承径向间隙的40%，使转子中心位置偏移。

（5）凝汽器灌水和抽真空的影响。

综合上述诸因素，在气缸轴封洼窝找中心后，调整汽封间隙时，其上部径向间隙应小于下部间隙，愈靠近气缸中部，下部间隙应愈大。在转子挠度最大处的汽封，其下部汽封间隙应比其他部位汽封下部间隙为最大，而上部间隙为最小；当汽轮机转子为顺时针旋转时，左侧间隙应较比右侧间隙略大。

28. 如何检查汽封轴向间隙?

答：检查汽封轴向间隙一般与测量和调整汽轮机通流部分的间隙同时进行。测量前，应先将汽轮机转子的轴向位置按制造厂技术文件要求定位后，一般用塞尺或楔形塞尺测量汽封轴向间隙。轴向汽封间隙应在保证叶轮与导叶持环或隔板不发生摩擦的前提下，调整到最小值。枞树式和高低齿的梳齿型汽封，还应正确分配齿前后的间隙，以防止轴向磨损。

29. 如何进行汽封轴向间隙的调整?

答：汽封轴向间隙主要是指端部轴封的轴向间隙，该间隙的确定主要是根据气缸与转子的相对差胀，运行时大多数工况下转子比气缸膨胀快，因而要求齿前间隙应比齿后间隙大。轴向汽封轴向间隙的调整，可采用轴向移动汽封套或汽封环的方法。即在汽封块与洼窝连接的凸肩两侧装设调整垫片，通过增减调整垫片的厚度，进行单个汽封块的汽封齿轴向间隙的调整，如图 2 – 113 所示。

30. 检查通流部分间隙时，确定转子的工作位置方法有哪几种?

答：(1)转子的工作位置在制造厂已按技术文件调整好，现场可根据制造厂提供的转子在气缸及轴承座中的轴向位置定位尺寸，用深度游标卡尺测量转子甩油环至气缸前端面尺寸，测量前轴承座前端面至转子推力盘尺寸。转子定位后，再测量其他通流间隙。

(2)转子的工作位置也可根据制造厂技术文件对通流部分间隙的要求定位。一般按制造厂提供的第一级喷嘴与转子叶轮间的间隙值 a 对转子进行定位，如图 2 – 114 所示。在转子位置确定后，将转子推向推力轴承工作面，然后测量其他通流间隙。转子工作位置定位后，应用深度游标卡尺或内径千分尺测量出推力盘至推力轴承座上最近固定端的距离。

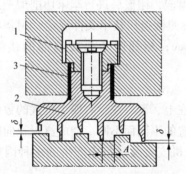

图 2 – 113　轴向及径向间隙可调汽封
1—调整块；2—梳齿式汽封；3—调整垫片

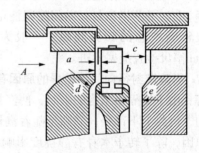

图 2 – 114　通流部分间隙测量位置示意图
a—隔板喷嘴出口和动叶入口围带轴向间隙；
b—喷嘴出口和动叶片进汽边缘轴向间隙；
c—动叶片出口边缘和隔板轴向间隙；
d、e—叶轮前后最小轴向间隙

31. 如何测量通流部分径向间隙?

答：转子工作位置定位后，可用塞尺或楔形塞尺测量位于下气缸水平剖分面左右两侧各级的通流部分径向间隙。测量通流部分间隙时，应将上下两半推力轴承组装好。第一次测量时，应将转子上的危急保安器的飞锤向上位置进行测量；第二次测量时，按转子运行转动方向旋转90°再测量一次。每次测量均应使转子上的推力盘与推力轴承承力面接触状态下进行，且测量的部位应符合制造厂技术文件的规定。

测量叶顶汽封片径向间隙时，可采用塞尺或贴医用胶布的方法进行，其测得的间隙应符合制造厂技术文件的规定，否则应进行调整。

32. 如何调整通流部分轴向间隙?

答：将测得的通流部分间隙与制造厂技术文件规定的要求值进行比较，若偏差超过允许值，可根据具体情况采用车璇、载钉、加垫或点焊等沿轴向移动固定部件的方法，也可采用修刮等方法进行调整。

33. 个别叶轮进汽侧轴向间隙过大时，如何调整隔板？

答：当个别叶轮进汽侧轴向间隙过大时，可采用移动隔板的方法进行调整。

（1）若将隔板顺汽流方向移动时

①对于低温区的铸铁隔板，可将隔板的蒸汽出口侧的外缘车削掉一定的厚度，而在进汽侧安置销钉，如图 2－115 所示。每半个隔板的销钉数一般不少于 5 个，销钉直径应大于 6mm。也可采用电焊局部堆焊的方法增加厚度来代替销钉。

②对于高温区的钢隔板，由于隔板或隔板套的凸缘出汽侧端面是密封面，不能采用加销钉或局部堆焊的方法，可在个班外缘的蒸汽进口侧加装与凸缘宽度相同半圆垫环，并用埋头螺钉将其固定在隔板上，以保证出汽侧端面的严密性。半圆垫环的材料应根据该处的工作温度进行选用，并应与该处隔板的材料相同。也可采用电焊全补焊的方法来代替垫环，保持端面密封效能。

（2）当隔板需沿与蒸汽汽流相反的方向移动时

可将隔板进汽侧的端面（外缘）用车床车去一定的厚度，而在出口侧安装半圆环，并固定在隔板的端面上，如图 2－116 所示。也可采用电焊全补焊的方法来代替垫环，保持端面密封效能。隔板端面出口侧不得设置销钉，以防销钉受蒸汽压力、温度的影响而变形，以及蒸汽沿隔板端面漏汽，而降低汽轮机效率。

同时，应将隔板或隔板套的上下定位销作相应的轴向移位处理。

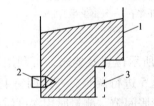

图 2－115　调整隔板的轴向位置
1—隔板；2—销钉；3—车削部分

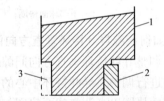

图 2－116　调整隔板的轴向位置
1—隔板；2—半圆环；3—车削部分

34. 如何调整导叶持环水平中分面径向间隙？

答：当导叶持环水平中分面径向间隙若需调整时，可通过旋转导叶持环前下端的偏心套筒来调整导叶持环的左右位置（调整偏心套筒时偏心销在外缸底部纵向凹槽内前后移动），使导叶持环的左右间隙符合制造厂技术文件的要求，调整完毕后，应紧固偏心销紧固螺钉。持环左右调整元件，如图 2－117 所示。偏心销 6 一端是圆锥，一端是榫形，圆锥部分与偏心套筒 4 的锥孔相配合，榫头部分配装入相应的外缸底部的凹槽中。偏心套筒的外圆与锥孔中心在 X 方向偏心 7.5mm，因此调整时，旋转偏心套筒就会使固定件与被调整件之间在 Y 方向产生相对位移，从而满足左右位置对中的要求。由于偏心套筒上开有槽，所以当旋紧螺栓 1 就可以锁紧偏心套筒和偏心销。

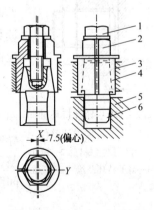

图 2－117　持环左右调整元件
1—螺栓；2—垫片；3—内汽封
（或导叶持环）；4—偏心套筒；
5—气缸；6—偏心销

35. 如何测量导叶持环垂直方向间隙?

答：测量导叶持环垂直方向间隙时，应现将上、下两半导叶持环组装，打紧中分面销钉并对称均匀紧固连接螺栓。在导叶持环左右的气缸水平剖分面上分别放置磁力表架并装上百分表，将百分表触头分别置于导叶持环搭子的合适位置上，并将两块百分表读数调整到相同的数值。盘动转子，用专用抬导叶持环工具将导叶持环上、下平行移动，直至转子受阻，而难于转动为止，此时百分表读数为导叶持环垂直方向的总间隙，其值的一半即为转子与导叶持环垂直间隙，应符合制造厂技术文件的要求。由以上所测得的垂直方向间隙值，对照图 2-118 的要求，将导叶持环定位。

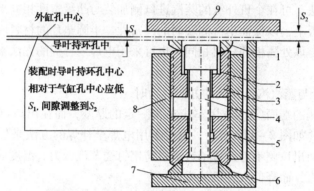

图 2-118　导叶持环垂直方向的测量与调整

1—上部球面垫圈；2—垫圈；3—上螺纹座；4—内六方螺栓；5—下螺纹座；
6—下部球面垫圈；7—下半气缸；8—导叶持环下半；9—气缸上半

36. 如何调整导叶持环垂直方向间隙?

答：调整导叶持环垂直方向间隙时，根据图 2-118 所示位置及要求，可利用垂直方向调整元件进行调整。导叶持环中心的高低位置由下螺纹座 5 进行调整，通过调整上螺纹座 3 和上部球面垫圈 1 来调整球面垫圈与气缸剖分面之间的膨胀间隙，测量时用深度游标卡尺测量球面垫圈与气缸水平剖分面的间隙并调整至符合制造厂技术文件的要求，然后装上垫圈 2 及内六方螺钉 4 并紧固。在紧固内六方螺钉的同时应用百分表监视左右导叶持环的读数变化，其变化值应不大于 0.01mm，若百分表读数发生变化偏离要求值时，应重新进行调整。要求导叶持环中心应低于气缸中心 0~0.05mm。

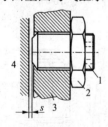

图 2-119　导叶持环轴向
定位调整件

1—内六方调整螺钉；2—螺母；
3—导叶持环凸缘；4—气缸

37. 如何测量导叶持环轴向间隙?

答：导叶持环外缘上的定位凸缘与气缸的相配合，并用图 2-119 所示的调整元件作轴向定位，2 只或 4 只调整元件安装在导叶持环下半，图中的装配后间隙 s 值可通过调节调整螺钉进行调整，紧固螺母，然后用塞尺或游标卡尺检查(导叶持环凸缘厚度加间隙 s)，并使其符合制造厂技术文件规定。

第七节　气缸闭合

1. 气缸闭合包括哪些内容?

答：气缸闭合又称为气缸扣大盖。其包括气缸试闭合、正式扣大盖和气缸水平剖分面螺栓紧固三项内容。气缸试闭合与正式闭合唯一的区别是气缸水平剖分面不涂密封胶或涂料。

2. 汽轮机安装前为什么要对气缸水平剖分面螺栓进行检查?

答：汽轮机气缸水平剖分面螺栓是汽轮机的重要部件，它对于保证气缸水平剖分面的严密性和汽轮机组安全运行起着重要的作用。气缸水平剖分面螺栓在运行条件下，不仅要承受很大的拉应力和螺栓与气缸法兰之间因温差引起的温差应力，同时还要承受附加的弯曲应力。尤其是当工况变动时，螺栓内的应力也随之脉动，这对于应力集中较大的螺纹根部的疲劳强度有较大的影响。

为了保证气缸水平剖分面螺栓在高温下长期运行的安全性，除了在制造方面选用合适的材料、合理的结构、良好的冷热加工工艺等要求外，还应在汽轮机安装前，根据现场条件，对气缸水平剖分面螺栓的金属进行检验。

3. 对气缸水平剖分面螺栓的金属应进行哪些检验?

答：根据施工现场的条件，对气缸剖分面螺栓的金属材料应进行下列检验：

（1）金属的光谱复查

根据设计文件中对气缸高中压段所用的合金钢螺栓及其他部件，均应全部进行光谱复查，检查件数为10%。打光谱检查的部位应在螺栓的两个端面，不应在螺杆面上打光谱，以免打出凹弧疤痕造成应力集中。

（2）硬度检查

螺栓应逐件检查其硬度，检查部位应在螺栓的两个端面，硬度值可按表2-3选取（硬度测点处应磨去硬化层）。

表 2-3　气缸螺栓硬度控制范围

钢材质	硬度控制范围	不得超过
25Cr2MoV	242~272HB	300HB
25CrMo1V	242~272HB	300HB
20Cr1Mo1VNbTiB	240~280HB	300HB
20Cr1Mo1VTiB	240~280HB	300HB

4. 当螺栓硬度超过设计文件所要求的控制范围时，应如何进行热处理?

答：当螺栓硬度超过设计文件所要求的控制范围时，应进行热处理。其处理方法如下：

（1）对于材质为25CrMo1V的螺栓，当硬度超过设计文件要求控制范围时，应与制造厂联系处理方案。如需在现场进行处理时，可按重新热处理的规范进行，即950~970℃正火，650~680℃回火6h。为了防止螺纹的氧化、脱碳、变形，可选用直径较螺栓直径稍大的钢管，制作成圆筒，将需要热处理的螺栓放入筒中，筒中充填铸铁屑或车床加工的切屑废料（应经过筛选和干燥），加盖密封，然后进行热处理。热处理时应严格按处理工艺要求进行。尤其是在加热和冷却应特别认真，以防止螺纹处发生裂纹。

（2）对于20Cr2Mo1VNbTiB和20Cr1Mo1VTiB发生硬度偏高的情况时，应由制造厂进行处理。

5. 汽轮机气缸闭合应具备哪些条件?

答：汽轮机气缸闭合时，应由监理/建设单位和质检部门，对汽轮机以下安装质量予以确认，并填写封闭记录，其内容包括：

（1）垫铁组已定位焊，地脚螺栓已紧固完毕；

（2）气缸内的紧固件，已紧固并锁牢或定位焊；

（3）滑销系统各部位滑销间隙；

（4）气缸水平剖分面自由状态下的间隙；

（5）气缸水平剖分面水平度及汽轮机转子轴颈的水平度；

（6）汽轮机转子与气缸轴封洼窝和轴承座孔的同轴度；

（7）转子各部位径向和端面跳动值；

（8）蒸汽室、导叶持环、隔板或隔板套与转子的同轴度；

（9）径向轴承和推力轴承间隙及轴瓦过盈量；

（10）汽封及通流部分间隙；

（11）机组轴对中；

（12）合金钢部件的光谱复查；

（13）仪表热工元件安装位置正确并固定牢固；

（14）气缸、轴承箱内部清洁、无异物。

6. 如何进行气缸试闭合？

答：为了使汽轮机气缸能顺利闭合，气缸闭合前应进行试闭合。气缸试闭合前，应将下气缸内所有部件组装完毕，缓慢地吊入转子，落在前后径向轴承上，盘动转子，检查气缸内无异常声响。再将上导叶持环或上隔板套组装好，盘动转子，倾听内部应无异常声响。如有摩擦声响，应揭开检查并消除之，使各部间隙符合制造厂技术文件的规定。一切正常后，再将上气缸吊落在下气缸水平剖分面上，检查气缸水平剖分面间隙，只允许出现气缸垂弧所产生的间隙，但在紧固气缸水平剖分面螺栓后应立即消除。气缸闭合时应检查上气缸是否能自由落下，如有卡涩应采取措施消除之。在不紧固气缸水平剖分面螺栓和紧固1/3 螺栓的情况下，盘动转子，倾听气缸内应无异常声响。如有异常声响，应揭开气缸检查，并予以消除。

7. 汽轮机气缸正式闭合有哪些要求？

答：（1）气缸正式闭合前，应将下气缸和轴承座内用压缩空气吹净，然后用面团将杂质、灰尘粘净。

（2）气缸内的喷嘴、疏水孔、抽汽孔应清洁、无异物，畅通。

（3）气缸闭合用的工具和量具应准备齐全并进行登记，以便气缸闭合后进行清点。

（4）上、下气缸闭合时，所需安装的零、部件应按安装顺序摆放整齐，并进行清点检查。

（5）在气缸轴封洼窝、隔板洼窝、导叶持环、隔板、蒸汽室等表面，均应涂擦干鳞状石墨粉或二硫化钼及防咬合剂，然后将其下半吊入下气缸内相对位置。

（6）在轴承座孔内涂以少量汽轮机油，将下轴承装入轴承座孔内。

（7）下气缸内所有零部件安装完毕后，即可进行转子吊装，转子吊起后，用压缩空气将其吹干净，然后在后轴颈处放置精密水平仪用导链将其找平，其偏差应不大于 0.20mm/m。转子向下气缸内降落时应缓慢，并不得与下气缸内零部件相碰，落入径向轴承上。

（8）转子吊入后，盘动转子应无异常响声，即可装上导向杆并涂润滑油。

（9）将上半蒸汽室、轴封、导叶持环装入，紧固连接螺栓后进行定位焊或锁牢，如图 2－120 所示。

（10）上气缸吊装时，用精密水平仪监视保持气缸水平剖分面呈水平状态，其偏差应不大于 0.2mm/m，上气缸下降时应缓慢，不得有不均匀的下降和卡涩现象。

（11）当上气缸下降至距离下气缸水平剖分面200mm时，在下气缸四角处垫上干净的木块予以临时支承垫牢，如图2-121所示。

图2-120　蒸汽室、轴封、导叶持环装入
下气缸示意图

1—气缸；2—轴封；3—蒸汽室；
4—压力段导叶持环；5—排汽段导叶

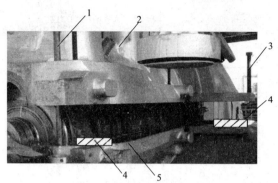

图2-121　上气缸吊装缓慢下降示意图

1—导向杆；2—上气缸；3—顶丝；
4—木块；5—下气缸

（12）用酒精将上下气缸水平剖分面擦抹干净，并均匀地涂抹一层厚度约0.5mm耐高温的密封剂（涂料），且对螺栓、定位销孔周围和气缸水平剖分面内缘10mm左右的宽度内不涂抹密封剂，以防紧固气缸水平剖分面螺栓后，密封剂挤入螺孔、定位销孔和通流部分。

（13）密封剂涂抹均匀后，利用吊索上部的手拉葫芦，将上气缸微微吊起，将四角的支承木块取掉，再缓慢下降上气缸，当上下气缸水平剖分面距离3mm左右时，将定位销上涂抹防咬合剂打入气缸水平剖分面销孔内，使上下气缸剖分面对准，上气缸完全落靠在下气缸剖分面上后，用紫铜锤或紫铜棒将定位销打紧。

（14）拆卸吊装索具，按可按制造厂技术文件规定的紧固螺栓工艺连续进行气缸剖分面螺栓的工作，防止密封剂干燥变硬。

（15）上下气缸闭合完毕后，应盘动转子倾听内部应无异常声响。

（16）气缸闭合后应清点工具及量具，不得丢失。否则应找出丢失的工具及量具。

8. 气缸水平剖分面螺栓的紧固顺序是怎样的？

答： 气缸水平剖分面螺栓紧固顺序是以容易消除气缸上下气缸水平剖分面间隙为原则；旋松气缸水平剖分面螺栓顺序应以防止消除上下气缸水平剖分面间隙所引起水平剖分面变形的力量集中到最后拆卸的一个螺栓为原则。气缸水平剖分面螺栓紧固后，应使剖分面间有足够的接触紧力，以防止具有高温高压的蒸汽从剖分面漏出。为避免气缸因螺栓紧固力矩不均，而造成气缸或螺栓变形，造成运行中的热态下螺栓出现断裂现象。因此，紧固气缸水平剖分面螺栓时，应严格按制造厂技术文件的紧固顺序要求进行。

上下气缸水平剖分面之间的间隙主要是由于下气缸自重产生垂弧而造成的。气缸螺栓的紧固顺序对气缸水平剖分面的变形有影响，都应当从气缸中部最大垂弧处开始，即间隙最大处开始，然后两侧左右对称地，分别向前和向后进行紧固气缸螺栓，如图2-122所示。用这样顺序紧固气缸螺栓，可将垂弧间隙赶向气缸前后自由端，不至于造成垂弧最大处的螺栓的损坏。对所有螺栓每一遍的紧固程度应相等，冷紧后的气缸水平剖分面应严密结合，气缸前后轴封处不得错口现象；气缸水平剖分面螺栓紧固前，螺纹部位应涂防咬合剂，螺栓的紧固力矩应符合制造厂技术文件的规定。

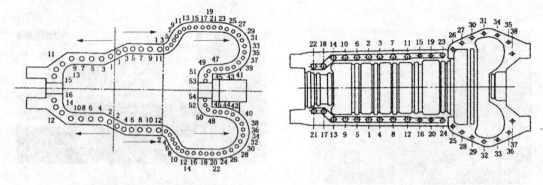

(a)中、低压气缸水平剖分面螺栓紧固顺序　　　　(b)高压汽轮机气缸螺栓紧固顺序

图2－122　汽轮机气缸剖分面螺栓紧固示意图

9. 气缸水平剖分面螺栓的冷紧有哪些要求？

答：气缸剖分面螺栓冷紧应力大部分用于消除下气缸自然垂弧，冷紧气缸螺栓的目的主要是消除下气缸自重引起的气缸剖分面间隙，其要求如下：

（1）冷紧一般用于螺栓直径小于 M52 的螺栓，冷紧力矩一般为 100 ～ 150kgf·m（小直径用于直径较小的螺栓），一般可达到螺栓设计的初紧力。

（2）工业汽轮机的中、低压气缸螺栓大都采用冷紧。气缸螺栓冷紧时，应先用 50 ～ 60 的规定力矩对气缸螺栓左右对称进行预紧，然后再用 100% 的规定力矩进行紧固。

（3）中、低压汽轮机紧固气缸水平剖分面螺栓顺序，如图 2－122（a）所示。紧固气缸水平剖分面螺栓时，应将中压段水平剖分面螺栓紧固，然后再紧固低压段水平剖分面螺栓。

（4）冷紧时，可采用板手加套管的人工冷紧或采用机械冷紧或液压冷紧。不允许使用大锤敲击的方法撞击，冲击力大小难以掌握，使螺栓的冷紧值难以控制，而且螺纹承受很大的冲击载荷，容易发生裂纹，也会使螺纹至高温下产生塑性变形或拉出毛刺造成咬合和损坏。

10. 为什么要对气缸剖分面螺栓进行热紧？

答：气缸螺栓的热紧是将螺栓加热使之伸长，然后按固定的弧长将螺母旋转一定角度后，使气缸水平剖分面承受一额外的压紧力。螺栓之所以要采用热紧的方法是因为对于气缸螺栓直径大于 M52 以上的螺栓，所需的拧紧力矩非常大，使用冷紧的方法不能满足设计要求的扭矩。所以，这种大螺栓的紧固都是先进行冷紧，施加一定的冷紧力矩后，再进行热紧。

11. 简述热紧气缸水平剖分面螺栓的步骤。

答：（1）用手旋紧螺母，使螺母与垫圈紧密接触；

（2）用活络扳手或呆扳手将全部螺母旋紧，再根据螺栓直径选用约 2m 长的钢管，由 1 ～ 2 人进行紧固，按制造厂技术文件规定的螺栓紧固顺序进行紧固 2 ～ 3 遍；

（3）用热紧方法进行紧固，热紧使螺栓加热伸长后，再将螺母旋紧一定的角度（或弧长）冷却后，使气缸水平剖分面承受一额外压紧力；热紧时螺母旋转的角度（或弧长）由制造厂提供。

12. 如何确定热紧气缸螺母回转弧长？

答：气缸螺栓热紧时，为达到预定的紧固力矩，螺母必须按制造厂技术文件提供的弧长

K 旋转一个角度,该弧长 K 称为气缸螺栓的热紧弧长。气缸螺栓热紧时,在螺母及上气缸水平剖分面的相对应位置,划出螺母热紧的旋转弧长 K 值,然后将电阻丝加热器插入螺栓中心孔内进行加热,待螺栓受热伸长后,用扳手将螺母旋转弧长 K,如图 2-123 所示。

13. 如何计算螺栓受初紧应力后的伸长值?

答:鉴于螺栓冷紧的初力矩在实际操作中难以控制,按制造厂技术文件提供的热紧值进行热紧后,往往会出现螺栓紧固力矩过紧或过松现象。若力矩过松时,将不能保证气缸水平剖分面的严密性或汽轮机在运行一段时间后,气缸水平剖分面会产生漏汽现象;若力矩过紧时,将会降低气缸螺栓的使用寿命,甚至还会造成螺栓断裂事故。因此,为了在安装时使螺栓达到初紧力,可采用测量螺栓伸长值的方法来进行检验。这样,不论螺栓冷紧值和热紧值的大小,也不论气缸水平剖分面密封胶减薄的程度,只要螺栓紧固后,其伸长值达到要求即可。螺栓受初紧力后的伸长值可用式(2-7)进行计算:

$$\Delta L = \frac{\sigma L}{E} \qquad (2-7)$$

式中　σ——冷紧后螺栓的初应力值,是根据气缸内外压差、螺栓的材料和大修间隔时间来决定的,一般取 $\sigma = 294\text{N/mm}^2$;

　　　L——未拧入气缸部分的螺栓长度(图 2-124),mm;

　　　E——在工作温度下,螺栓所用材料的弹性模数,N/mm^2。

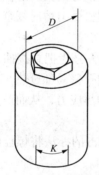

图 2-123　气缸螺母热紧弧长示意图

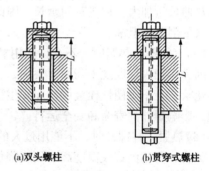

(a)双头螺柱　　(b)贯穿式螺柱

图 2-124　气缸螺栓可拉伸长部分示意图

14. 如何计算螺母的热紧旋转角和转弧?

答:螺母的热紧旋转角和转弧可用式(2-8)、式(2-9)近似计算:

$$转角\ \varphi = \frac{\Delta L_1}{S} \qquad (2-8)$$

$$转弧\ K = \varphi \frac{\pi d}{360} \qquad (2-9)$$

式中　$\Delta L_1 = \Delta L - \Delta L_2$——螺栓达到初紧力时的总伸长值与冷紧时伸长值之差,mm;

　　　S——螺纹的螺距,mm;

　　　d——螺母外径,mm。

15. 当气缸螺栓热紧时,气缸水平剖分面密封胶减薄时,应如何考虑转角或转弧?

答:当气缸螺栓热紧时,气缸水平剖分面密封胶减薄时,转角或转弧应再增加下列数值:

$$\Delta \varphi = 360 \frac{L' - L''}{S} \qquad (2-10)$$

$$\Delta K = \frac{\Delta \varphi \pi D}{360} \qquad (2-11)$$

式中　$L'-L''$——热紧过程中气缸水平剖分面涂料层或密封胶减薄的数值，mm。

16. 各种材料的气缸螺栓最高允许加热温度是多少？

答：在进行气缸螺栓加热的过程中，应控制加热温度，以不超过螺栓材料的回火温度为准，常用的各种材料的最高加热温度见表2-4。

表2-4　气缸螺栓最高允许加热温度

材料牌号	最高加热温度/℃	材料牌号	最高加热温度/℃	材料牌号	最高加热温度/℃
35	350	35CrMo	480	25Cr2Mo1V	550
45	400	17CrMo1V	520	20Cr1MoVTiB	570
35SiMn	430	25Cr2MoV	500	20Cr1MoV1NbB	570

17. 气缸水平剖分面螺栓热紧时有哪些注意事项？

答：(1)使用加热器时，为了防止加热器本身过热烧坏，只有将加热器插入螺栓孔内才能接通电源，当加热温度符合要求后，应先断开电源，然后再取出加热器。

(2)热紧气缸螺栓时，不能同时加热多个螺栓，则被加热的螺栓的冷紧力将会同时消失，使气缸水平剖分面的原有间隙重新出现，这样会使气缸水平剖分面大的部位那些螺栓所需加热伸长量加大，加热时间延长，因此使气缸剖水平分面和螺栓受力情况复杂，容易造成气缸水平剖分面泄漏。

(3)气缸螺栓热紧时，不允许使用氧乙炔喷嘴加热法，即用大号烤把直接插入螺孔中加热。因为烤把火焰温度太高而又集中，容易发生偏斜，使螺孔内孔壁局部过热，甚至达到局部溶化状态，不仅使螺栓金属性能发生变化，而且会产生很大的热应力，从而产生裂纹甚至断裂，影响螺栓的寿命和安全运行。

(4)热紧气缸螺栓时，不能用过大的力矩硬扳，更不能用敲击的办法将螺栓硬紧固到规定的弧长，否则因螺纹温度高时硬度降低而可能产生毛刺咬丝扣。

18. 气缸水平剖分面螺栓热紧完毕应检查哪些内容？

答：(1)手动盘动转子，倾听汽轮机内部应无异常声响；

(2)滑销系统的纵销、横销、立销和猫爪的间隙；

(3)用塞尺检查支座与底座接合面之间的间隙；

(4)用塞尺检查猫爪螺栓或联系螺栓与垫圈之间的间隙，并用手推动垫圈应能活动自如。

第八节　联轴器的安装及机组轴对中

1. 汽轮机组采用的联轴器有哪几种型式？

答：联轴器又称为靠背轮，是用来连接汽轮机转子与工作机械(压缩机、泵、风机等)转子的部件，并通过它将汽轮机转子转动扭矩传给工作机械转子。在有齿轮变速箱的中小汽轮机上，还用联轴器来连结变速齿轮箱的齿轮轴。汽轮机联轴器型式很多，一般采用刚性联轴器、半挠性联轴器和挠性联轴器三种型式。

2. 什么是刚性联轴器？它有什么特点？

答：刚性联轴器是指被连接转子轴端的两半联轴器直接用紧配螺栓刚性连接在一起，借此传递扭矩，在运行中联轴器两端间不允许有相对位移的联轴器。刚性联轴器的结构简单，连接刚性强、轴向尺寸小、工作可靠、工作时不需要润滑、无噪声。不仅传递扭矩大，而且还可传递轴向力和径向力。其缺点是不允许被连接的联轴器产生轴向和径向的相对位移，因此机组轴对中精度要求高。制造和安装稍有误差都会使联轴器承受不应有的附加应力，从而引起机组较大的振动。

3. 刚性联轴器有哪两种型式？

答：刚性联轴器分有装配式和整锻式两种型式，如图 2 - 125 所示。

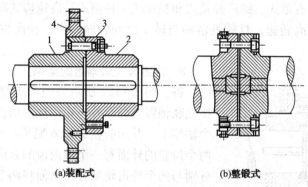

(a)装配式　　　　(b)整锻式

图 2 - 125　刚性联轴器
1、2—联轴器；3—连接螺栓；4—盘车齿轮

（1）装配式联轴器，如图 2 - 125（a）所示。两半联轴器 1 和 2 用热装加双键的轴端上或在被连接的两个轴的端部加工成一定的锥度，用过盈连接分别装配上两半联轴器。两半联轴器轴对中找正完毕后，用铰刀一起铰孔，螺栓与螺栓孔应紧密配合并按制造厂配合好的专用螺栓与螺栓孔一一对应连接紧固。为了保持同轴，并使两半联轴器连接方便，两半联轴器之间用"止口"连接。

（2）整锻式刚性联轴器与轴整体锻出，如图 2 - 125（b）所示。汽轮机与工作机械轴对中完毕后，进行螺栓孔铰孔，并按制造厂配合好的专用螺栓与螺栓孔一一对应连接紧固。这种联轴器的强度和刚度都比装配式联轴器高，且没有松动现象。为使转子的轴向位置作少量调整，在两半联轴器之间装有垫片，安装时按具体尺寸配置一定厚度的垫片。

4. 简述半挠性联轴器的结构。

答：图 2 - 126 所示为半挠性联轴器。联轴器 1 与转子整锻成一体，而联轴器 2 则用热装和加键方法装配在另一转子上，在联轴器 1 和 2 间装有波形套筒 3，并用螺栓 4 和 5 连接。联轴器 1 的外缘上过盈装配一齿轮，是供连接盘车装置用。

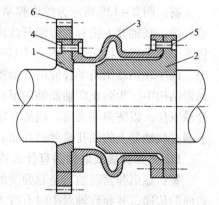

图 2 - 126　半挠性联轴器
1、2—联轴器；3—波形套筒；
4、5—连接螺栓；6—盘车齿轮

5. 什么是半挠性联轴器？它有什么特点？

答：半挠性联轴器是指在两半联轴器之间，用半挠性波形套筒连接，并配以螺栓紧固在一起的联轴器。波形套筒在扭转方向是刚性的，而在弯曲方向和轴向则是挠性的。半挠性联轴器的优点是既有良好的传递扭矩的刚性，又有弯曲方向和轴向的挠性，即使两个转子间有一定的偏差也能得到补偿，并吸收部分振动。缺点是制造复杂，加工工作量大，造价较高。

6. 什么是挠性联轴器？它有什么特点？

答：允许两半联轴器之间有少许的位移的联轴器，称为挠性联轴器。这种联轴器有较强的挠性，转子振动和热膨胀不互相传递，允许两转子有相对的轴向位移和较大的偏心，对振动传递不敏感。但其结构复杂，传递功率小，需要专门的润滑装置，安装和检修时工艺要求高。因此，一般只在中小型功率的汽轮机上采用。

7. 挠性联轴器有哪几种型式？

答：挠性联轴器有齿式、蛇形弹簧式和膜片式三种型式。高速齿式联轴器和膜片式联轴器均可用于大功率、高转速，且能补偿轴与转子之间轴向倾斜、径向位移、热膨胀偏差等场合。

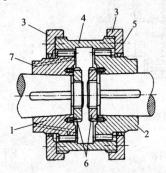

图 2 - 127　齿式挠性联轴器

1—汽轮机端联轴器；2—工作机械端联轴器；

3—挡环；4—具有内齿的套筒；5—连接螺栓；

6—轴端防松螺母；7—注油孔

8. 简述齿式联轴器的结构。

答：图 2 - 127 所示为国产小型汽轮机采用的齿式挠性联轴器。两个外齿轮用热装加键的方法分别装在两个轴端上，并用防松螺母 6 紧固，以防止从轴上滑脱。两个齿轮的外面有一个带内齿的套筒，套筒两端的内齿分别与两个外齿轮啮合，从而将两个转子连接。套筒的两侧安置挡环限制套筒的轴向位置，挡环用螺栓固定在套筒上。这种联轴器还设有专用的喷油管，润滑油从半联轴器外侧进入，利用喷油管上的喷油孔喷油，连续润滑齿式联轴器的齿面。

9. 齿式联轴器有什么特点？

答：齿式联轴器由于通过齿轮与套筒连接，由于两者齿数相同，两者啮合即可作相对滑移，又能做相对转动，从而实现动连接，具有轴向、径向、角度三个活动度，形成综合补偿能力。转子连接时允许有较大的中心偏差，而且转子上的轴向位移和振动的传递会得到很大地减弱。其缺点是结构复杂，安装工艺要求高，而且需要专门的润滑装置。

10. 简述蛇形弹簧式联轴器的结构。

答：图 2 - 128 所示为蛇形弹簧式联轴器。其两半联轴器分别套装在相对轴端上的联轴器外缘，联轴器上铣有类似渐开线齿形的齿，沿圆周骧入若干段弹性钢带制成的蛇形弹簧，将两个联轴器连接起来，将一个转子的转矩传递给另一个转子。为了不使弹簧被离心力甩出，两半联轴器用两半合成的套箍罩住，两半套箍借组止口对准中心。在某些蛇形弹簧式联轴器结构中，为防止联轴器轴向窜动，在弹簧的弯折处装有半圆形的挡片，联轴器的外圆用套箍罩住，以防弹簧飞出。润滑联轴器的润滑油由邻近的轴承供给，润滑油在离心力的作用下通过联轴器上的油孔喷射到弹簧和齿轮上。

11. 蛇形弹簧式联轴器有什么特点？

答：蛇形弹簧联轴器是靠弹簧的弹性变形传递扭矩的，可以防止两个联轴器间的振动和弯曲的传递，并允许轴对中时有较大的轴向倾斜和径向位移。但其结构复杂、造价高、弹簧磨损等缺点。一般用于汽轮发电机组汽轮机转子与主油泵轴的连接。

12. 什么是膜片式联轴器？它有什么特点？

答：膜片式联轴器是指在两半联轴器与中间接筒之间装有挠性元件来传递扭矩的联轴

器，其典型结构如图 2 - 129 所示。膜片式联轴器完全不需要润滑，转速可达 15000r/min，最大传递扭矩可达 $10^6 N \cdot m$，且耐高温，疲劳寿命长，按 10000r/min 计算可运行 20 年。

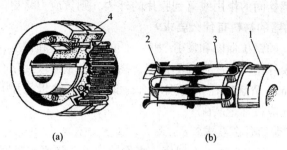

(a)　　　　　　　(b)

图 2 - 128　蛇形弹簧式联轴器

1—主动轴联侧的半轴器；2—从动轴侧的半联轴器；3—蛇形弹簧；4—套箍

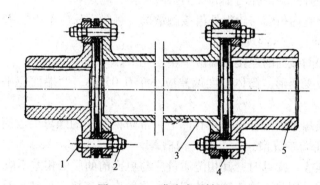

图 2 - 129　膜片式联轴器

1—精制螺栓；2—自锁螺母；3—中间接筒；4—金属叠片；5—轮毂

13. 挠性元件有哪几种类型？

答：挠性元件是有多层金属膜片叠合而成的，挠性元件通常有许多不同的类型，如图 2 - 130所示。膜片式联轴器的挠性元件，在相同的节圆直径上交错布置着主动和从动精制螺栓，用以连接半联轴器和中间接筒分别交替连接。转动时挠性元件成为受压和受拉相间的两部分弧段，受拉部分传递扭矩，受压部分趋向皱折，利用膜片产生波状的弹性变性，来吸收主动轴和从动轴之间的相对位移。

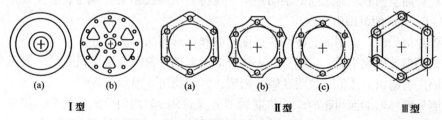

(a)　　　　(b)　　　　(a)　　　(b)　　　(c)

Ⅰ型　　　　　　　Ⅱ型　　　　　　Ⅲ型

图 2 - 130　不同类型挠性元件示意图

在图 2 - 130 的 Ⅰ(a)型和 Ⅰ(b)型中，传递扭矩时膜片受剪切，在中等应力水平时需要有足够大的内径；当需要适当的挠性时，则径向尺寸应足够大，故一般 Ⅰ(b)型挠性联轴器直径较大，且比 Ⅱ型重。在图 2 - 130 中 Ⅱ型和Ⅲ型是依靠连接螺栓之间的直接拉力来传递扭矩的。在图 - 130 Ⅱ(a)型和 Ⅱ(b)型中，膜片内只产生简单的拉应力，Ⅱ(b)型中去掉了挠性元件中不起作用的部分，试图在整个膜片的主动部分给出一个均匀的拉应力型线。在Ⅱ(c)型中，主动和从动螺栓间的负荷是通过一段曲梁传递的，导致膜片外径受压而内径受拉，如果主动和从动螺栓间的作用线落到膜片的外边，则拉应力将更高。

14. 对膜片式联轴器的材料有什么要求？

答：膜片应具有高的钢拉强度和疲劳强度，低的弹性模量和密度，良好的抗腐蚀性和抗微振磨损性能。金属膜片用特殊高强度不锈钢、高镍合金钢或蒙乃尔合金薄板制造。膜片厚度一般为 0.25 ~ 0.5mm。精制螺栓用高强度合金钢制造，螺母采用自锁螺母和防松装置，螺栓与轮毂上的螺栓孔应按标记装配。

15. 齿式联轴器安装有什么要求？

答：(1)轮毂内孔表面应光滑，无划痕、损伤等缺陷，表面粗糙度应达 $Ra0.4$。

(2)用外径千分尺和游标卡尺测量轮毂内孔和轴的外径尺寸。

(3)用着色法检查轮毂内孔与轴表面的接触面积，应达80%以上。

(4)用着色法检查内齿套与轮毂外齿接触情况，接触面积应不小于75%；内齿套与轮毂外齿配合应滑动灵活，无卡涩现象。

(5)内齿套与中间接筒的连接端面应平整、光滑。

(6)中间接筒应无变形，筒体圆度偏差应小于0.05mm，两端面应平整、光滑，其平行度应小于0.03mm。

(7)螺栓与自锁螺母应配合完好并有标记，带防松胶圈的螺母的胶圈应完整、无脱落损坏等缺陷。螺栓销部位应光滑，无毛刺、沟槽等。

(8)若需更换螺栓、螺母时，其相配质量应与更换前的质量相差不应大于0.1g。

(9)轮毂装配应采用热装法或液压装配法，一般有键连接采用热装法，无键连接采用液压装配法。

16. 安装挠性膜片式联轴器时有哪些要求？

答：(1)检查轮毂内孔和轴表面应清洁、无毛刺，并测量轮毂内孔和轴的外径尺寸。

(2)轮毂与轴为锥度采用有键连接时，应用热装配方法，加热温度控制在 120 ~ 150℃ 范围内为宜；并用锁紧螺母使轮毂移动到固定位置；为了保持动平衡，键应装配到位，不得过长或太短。

(3)液压装配无键联轴器，应按制造厂的技术要求进行。

(4)检查测量两联轴器之间的轴向距离，应符合机器技术文件规定；若无规定，其偏差控制在 0 ~ 0.5mm 的范围内为宜。

(5)膜片应光滑，无划痕、碰伤、过度弯曲和变形等缺陷。

(6)联轴器装配完毕后，应用百分表检查联轴器的外缘和端面的跳动值，其偏差应不大于0.05mm。若超出上述值，说明联轴器未装正，应找出原因重新装配。

(7)测量联轴器端面间距时，应将联轴器外缘每隔90°均匀分成四等分，将主、从动转子置于运转位置；按汽轮机旋转方向旋转进行测量，记录其平均尺寸，偏差应不大于0.4mm。

(8)两联轴器的轴对中偏差应符合制造厂技术文件规定。

(9)装配叠片组件、中间接筒时，应按制造厂提供的标示进行组装，联轴器螺栓、衬套、自锁螺母应成套装配，并按规定力矩对称分三次用力矩扳手均匀紧固，其紧固力矩应符合制造厂技术文件规定，如无规定时应参考表 2 - 5 的规定；

表 2-5　膜片式联轴器螺栓紧固力矩

螺栓规格	紧固力矩/N·m	螺栓规格	紧固力矩/N·m	螺栓规格	紧固力矩/N·m
M6	8	M16	100	M27	500
M8	15	M18	150	M30	700
M10	25	M20	180	M36	1200
M12	45	M24	350	M42	1900

（10）自锁螺母装配时，应涂少量的中性润滑油。

17. 什么是无键联轴器？

答：联轴器的轮毂与轴一般采用圆锥形无键连接，即轴与轮毂孔的锥度过盈配合，轮毂与轴之间通过摩擦力来传递扭矩的，传动功率是靠两联接配件之间的静摩擦力，这种联接结构的联轴器通常称为无键联轴器。

18. 无键联轴器液压装拆的原理是什么？它多用于什么联轴器上？

答：由于无键联轴器过盈量较大，用一般方法装配很难达到配合要求，因此多采用液压膨胀法进行装配，即在环境温度 10～35℃ 的情况下，利用制造厂提供的手动高压油泵，将高压油通过油孔直接注入联轴器的轮毂内孔，使轮毂内孔在高压油的作用下，径向尺寸产生膨胀，轮毂内径扩大，然后迅速将轮毂推进到轴颈上。当推进距离达到设计文件要求后，卸去高压油压，拆除高压油泵及连接管道。

液压装拆无键联轴器，多用于高速齿式联轴器和挠性膜片式联轴器的两半联轴器。

19. 液压安装无键联轴器应作哪些准备工作？

答：（1）装配用的液压工具：高压油泵、低压油泵、液压螺母等，如图 2-131 所示。

（2）油泵内应注入运动黏度为 $(36～40) \times 10^6 m^2/s$ 矿物油。

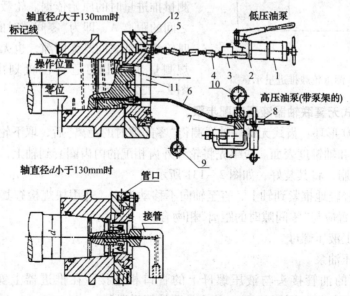

图 2-131　液压装配无键联轴器轮毂示意图

1—低压泵油缸；2—泵体；3—止回阀；4—金属软管；5—接头；6—高压油管；7—高压油泵；
8—手压杠杆；9—压力仪（0～100MPa）；10—压力表（0～300MPa）；11—液压螺母；12—防松装置

20. 无键联轴器液压安装前应进行哪些检查和处理?

答:(1)轮毂和轴的清洗与检查

清洗检查无键联轴器轮毂和轴的配合面应光洁,无毛刺、划痕、灰尘、纤维等异物。清洗各油孔和油槽应清洁、畅通。

(2)着色法检查联轴器轮毂锥孔内表面与轴的接触情况

在轴锥度上薄薄地均匀涂抹一层红丹,轻轻地将轮毂安装到轴上直至推不动时,在轮毂和轴在圆周方向的相对位置的非装配面上作永久性标记。然后取下轮毂,检查其接触痕迹应分布均匀,再用一张干净的白纸,紧紧地包覆到轴锥度段上,纸和轴之间不应有相对移动,以便更清晰地在纸上印出接触情况的印模。根据纸上的印模计算出轴与轮毂的接触面积,其面积应在80%以上。

(3)接触面积不符合要求时的研磨

若轮毂与轴接触面积少于80%时,可用加工锥度与设计相同的锥度铸铁棒和内锥孔铸铁件进行研磨。研磨时首先应使锥度铸铁棒和内锥孔铸铁件进行相互研磨,当两件的配合合乎要求后,方可用来研磨轴和轮毂,使用很细的研磨膏剂(800粒度)进行研磨。然后再按(1)项所述方法重新检查接触情况。每次检查接触情况时,都应按标记将轮毂装到轴上。

(4)确定"零间隙时的距离"

轮毂和轴的接触情况符合要求后,用丝绸蘸丙酮清洗轮毂锥孔和轴锥度表面,清洗后不

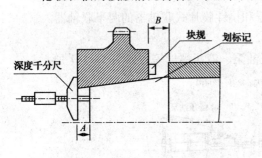

图 2-132 测量轮毂推进量示意图

允许用手扶摸其表面。然后将轮毂推进到永久性标记位置。为了保证轮毂与轴颈的过盈量,应根据制造厂技术文件给定的推进量,用深度千分尺和块规测量出轴向相对尺寸 A 和 B,作为安装后测量推进量时的原始依据。轮毂端面到轴头端面之间的距离 A,即为"零间隙时的距离",因为此时轮毂和轴之间既无间隙,也无过盈。然后用块规测量出轴上的适当位置划出永久标记,如图 2-132 所示。

21. 简述齿式无键联轴器液压装配步骤。

答:(1)装 O 形环:齿式无键联轴器测得"零间隙时的距离"后,取下轮毂,用丝绸蘸丙酮清洗轮毂锥孔和轴锥度表面。应事先将轮毂外齿相配的内齿圈套到轴上,将清洗干净的 O 形环稍微涂抹油脂,将其装好,如图 2-131 所示。

(2)将轮毂轻轻地推紧到轴上,直至轴向不移动为止,并用块规检查其与轴上的标记位置相对应。此位置应与"零间隙时的距离"相吻合。

(3)用手装上液压螺母。

(4)连接低压油泵

将低压油泵的油管接头与液压螺母上的管口相连接,在推进器上安装压力表(0~100MPa),用手压杠杆加压至5MPa,检查油路接管无泄漏。

(5)连接高压油泵

将油泵的接管与轴上的接头相连接,在高压油泵上安装压力表(0~300MPa),然后加压至50MPa,检查油路接管应无泄漏。

（6）加压

正式加压前，应在轮毂的端面处装一块百分表，监测其位移量。利用手压杠杆进行低压油泵加压，将液压油经油接管送至轮毂，当轮毂未端出现渗油时，说明油已完全进入轮毂内孔中。用低压油泵缓慢加压，加至轮毂的轴向移动停止后为止。油压约加到 50～80MPa，该压力的大小取决于轮毂内孔径及轴的尺寸。

低压油泵停止加压后，立即手压高压油泵，缓慢加压，由于油压的作用使轮毂的内孔产生膨胀，同时继续推进轮毂，加压应缓慢连续进行，当压力加到接近最终压力时，应边推进、边观察百分表指针变化，严格控制轮毂的推进量，高压油泵最终压力应符合制造厂的规定。

（7）拆除高压油泵

当轮毂安装到要求的轴向位置后，即可泄去膨胀轮毂的油压，并拆除高压油泵。

（8）拆除高压油泵后，低压油泵继续保持油压

拆除高压油泵后，轴向推进轮毂的油压不能卸掉，低压油泵继续稳压保持油压 1h，方可拆除低压油泵及装在轴端的液压螺母。

（9）装上轴端的锁紧螺母

将轴端的锁紧螺母锁紧，待联轴器轮毂安装 4～6h 后，方可正式使用联轴器来传递扭矩。

（10）将联轴器内齿圈和轮毂的外齿相配合，检查其齿接触面积应在 70% 以上，并活动灵活、无卡涩现象。另外还要检查轮毂的径向跳动值，应符合表 2-6 的要求。

表 2-6 齿式联轴器轮毂径向跳动允许偏差值

转速/(r/min)	≥7500	2000～5000	1000～2000	500～1000	≤500
径向跳动允许偏差值/mm	0.01	0.015	0.02	0.03	0.05

22. 如何进行液压无键联轴器轮毂的拆卸？

答： 无键联轴器轮毂的其拆卸工具是高压油泵和缓冲垫片，如图 2-133 所示。其拆卸程序原则上是装配程序的逆过程，其拆卸过程如下：

（1）拆卸轴端的锁紧螺母

旋松轴端螺母，使轮毂端面和轴端螺母之间留有 4～5mm 的间距，此间距尺寸为缓冲垫片厚度 t，轮毂装配时的推进量 s 及 0.3～0.5mm 的间隙，即图 2-133 中的 $x = t + (0.3～0.5mm)$。如此间距不符合要求时，在轮毂突然松开时，会损坏轴端螺纹。轴径与螺母退回距离关系见表 2-7。

表 2-7 轴径与与螺母退回距离关系　　　　　　　　mm

轴径	x	t	$s+x$
≤50	1.5	1.0	4.0
50～70	2.0	1.5	6.0
70～100	3.0	1.5	7.5
100～130	3.5	2.0	9.0
130～220	4.0	2.0	13.0
220～260	5.0	3.0	16.0

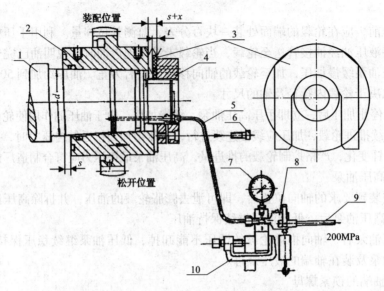

图 2 – 133　液压拆卸无键联轴器轮毂示意图

1—转子；2—轮毂；3—缓冲垫片；4—轴端螺母；5—油管；6—轴端锁紧螺母；
7—压力表(0~300MPa)；8—高压油泵；9—手压杠杆；10—高压油泵架

(2)连接高压油泵

将高压油泵油管接头接到轴端接头上，手压杠杆加压至 5MPa，检查油管应无泄漏。

(3)加压

缓慢增加油压，并用紫铜棒敲振轮毂，加压至轮毂从轴颈上移出为止。

23. 拆卸无键联轴器时为什么要采取安全防护措施？

答：由于液压装配无键联轴器轮毂时，轮毂孔被扩大，使轮毂与轴间的过盈挤压甚紧，具有相当大的位能，拆卸轮毂时其位能突然释放，这样就使轮毂在轴向得到一个加速度，可能使轮毂沿轴向迅速弹出。另外，由于两个 O 形环的尺寸差，在油压的作用下，也会使轮毂沿轴向弹出，这个弹出的力也是相当大的。例如：当轴径为 $\phi100$，锥度为 3.5°，两个 O 形环之间距离为 75mm 时，在 176MPa 油压作用下，产生的轴向力可达 13t，若不加安全保护措施，可能使轮毂迅速弹出，将会造成轮毂或其他零件的损坏。

24. 拆卸无键联轴器轮毂时应采取哪些安全防护措施？

答：(1)拆卸轮毂时，操作者不得站在轮毂退出的正前方。

(2)将轮毂的轴向锁紧螺母沿轴向退出 2~3 个螺纹，在靠近轮毂的螺母端面加上一个厚度较厚的缓冲垫片(铅垫或紫铜垫)，通过缓冲垫片的变形吸收其动能，如图 2 – 133 所示。缓冲垫片应距轮毂端面 1mm 左右，以承受冲击，在轮毂未退出之前不得将轴端螺母拆卸。

(3)拆卸轮毂的油压，不得超过制造厂技术文件规定的允许值，否则轮毂可能破裂。对于高强度合金钢材制的轮毂，最高油压不应超过 250MPa。加压时应缓慢加压，升到要求的油压后，应稳定一段时间。有时，这个稳定时间长达 1h 以上，轮毂才会退出。

25. 拆卸轮毂过程中，若高压油泵压力为 245MPa 仍拆卸不掉时，应采取哪些措施？

答：(1)用不超过 120℃油温的热油，将轮毂进行加热；

(2)用冷冻剂冷却轴；

（3）在高压油泵压力油的作用下，另外用拉力器附加轴向力，协助轮毂推出。

若采取上述措施，轮毂仍卸不掉时，严禁用烤把或其他形式的火焰加热，防止齿面因局部过热而退火。

26. 转子按联轴器找中心的目的是什么？

答：转子按联轴器找中心也称为机组轴对中。通过轴对中找正可以使机组的各转子中心线近似地成为一条光滑的弹性曲线达到同轴的要求，消除转子在联轴器处额外的机械应力，如图2－134所示。机组转子在运转状况下，各转子仍保持理想的对中状态，使各轴承承受的载荷符合设计要求，从而保证机组能长周期、平稳、满负荷的安全运行。

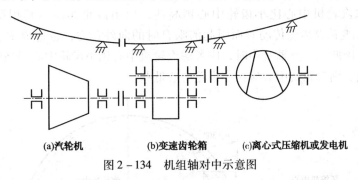

(a)汽轮机　　　　　(b)变速齿轮箱　　　(c)离心式压缩机或发电机

图2－134　机组轴对中示意图

27. 什么是机组轴对中找正的热态线、冷态线？

答：机组在运行状态下，各机器的机体、轴承座、支座等部件的温度比环境温度高得多，此时各转子轴心线是趋于一条直线，称为热态线。当机组停止运行后，各部件的温度趋于环境温度，由于各部件存在热胀冷缩现象，在冷态时，机组各转子轴心线将处于不同心的位置，根据这些位置所绘成的曲线称为冷态线。

28. 影响运行状态下转子轴线位移变化的因素有哪些？

答：机组从冷状态向热状态运转过渡过程中，转子的位置将会有所变化，由于机组轴对中找正是在冷态下进行的，因此轴对中找正时必须考虑运转热状态下的各种因素影响，在运转状态下，下列因素将会产生转子的位移变化：

（1）温度的影响

汽轮机进汽及排汽温度的变化（汽轮机进汽温度高，而排汽温度低，所以机体两端温差大）；变速器运转后，轴承和油温逐渐升高，使机体受热而膨胀；这些因素都会引起机组各轴中心线产生位移。

联轴器对中找正过程中，环境温度的变化对轴对中找正精度也有一定的影响，所以轴对中找正精度要求高的机组应注意找正过程中的环境温度变化。

当机组进入运转状态时，轴承座和支座受到来自气缸的幅射热和转子传导来的热而膨胀，致使转子中心线沿垂直方向升高，转子轴颈也随之升高。各轴承座、支座的热膨胀因温度的差异，使各转子中心位置发生变化。由于支座高度、支座结构、支座材质的不同，其线膨胀系数也不相同及冷、热态时的温度差等因素，也影响转子中心产生位移。

（2）油膜厚度的影响

汽轮机转子在静止时，其轴颈与下轴承巴氏合金表面相接触的，在工作转速下，轴颈在轴承中被一层油膜抬高并移向一侧，这种油膜所引起的垂直方向和水平方向的位移都会影响到转子的中心位置。对于滑动轴承而言，使用单油楔轴承的机组，转子中心位置会产生垂直方向和水平方向位移，而使用多油楔轴承的机组，转子中心只产生垂直方向位移，因为多油楔轴承，沿轴颈圆周形成几个油楔，使转子在运转状态时，趋于轴承中心的位置。

转子在轴承油膜中浮起值与轴承负荷、轴颈大小、长颈比、转速、润滑油黏度、轴承间隙等因素有关。

(3)齿轮传动啮合力的影响

当机组采用齿轮变速器时，机组运转时因受齿轮压力角的影响，当转子顺气流方向看是逆时针旋转时，主动轮(大齿轮)将受到一个向上的力，轴被向右上方抬起，因此在冷态轴对中时，应考虑汽轮机中心比小齿轮中心稍高些，而小齿轮亦向与其相反方向移动，如图2－135所示。变速器齿轮传动时而引起的啮合时的向外分力，也造成主、从动齿轮轴中心线产生位移。因此在冷态轴对中时，应考虑汽轮机中心比小齿轮中心稍高些。如果机组转子旋转方向相反，则汽轮机中心应比小齿轮中心低些。

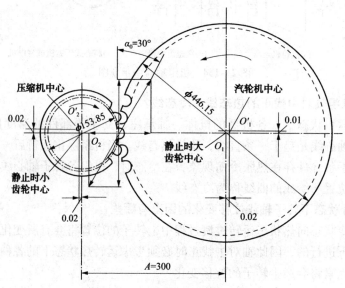

图2－135 机组转子中心修正示意图

(4)转子挠度的影响

由于机组转子自身重量的影响，转子安装在轴承上之后产生水平挠度，从而转子两端的两半联轴器也产生微量的倾斜。为了保证两半联轴器相对平面相互平行，气缸、轴承也应有微量的倾斜，使汽轮机、压缩机气缸、轴承座和转子轴线形成一条光滑连续曲线，所以在安装时，通常使气缸具有一定的"扬度"，即应使压缩机机组两端高一些，中间呈水平状态，气缸扬度应该为转子两端轴颈的扬度。

汽轮机转子扬度与机组安装方式有关，不同的安装方式，使机组有不同的扬度，因而气缸位置也不同。汽轮机和离心式压缩机在安装状态和运行状态下的温度是不同的，所以在机组安装前，应考虑转子从冷态过渡到热态轴线的变化及轴承座、气缸和支座的温升等因素，还要考虑随着转子温度的升高，转子材料的弹性模数也相应减小，致使转子的刚度减小，挠度增大。因而，在机组冷态轴对中找正时，应按设计的冷态轴对中曲线进行找正。

(5)管道应力的影响

由于与机器连接管道的焊接应力、连接应力和运转中的热应力作用在支座上，使机组运转过程中管道热胀冷缩不均匀，给机组带来设计以外的附加应力，造成转子中心产生位移。

（6）气缸及转子热变形的影响

汽轮机运行时，上半部气缸的温度比下半部气缸温度高，因此，上半部气缸的横向膨胀就比下半部大，其结果就会导致气缸向上弯曲，使两轴端汽封下部间隙减小，上部间隙增大。转子受热后刚度减小，挠度相应增加，也会造成转子中心产生位移。

（7）运行时抽汽、排汽压力的影响（图2-136）

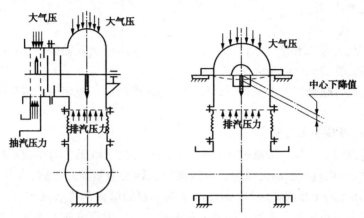

图2-136 凝汽式或抽汽式汽轮机排汽压力对转子中心的影响

凝汽式或抽汽凝汽式汽轮机在运行时，排汽压力低于大气压力，使后气缸与凝汽器一起往里收缩。由于凝汽器重量很大，地脚螺栓又将其与基础牢固地固定在一起，这样势必导致后气缸下沉，但后气缸又受到气缸猫爪的限制不能明显地下降，只有极少量的变形，而后轴承座又是搁置在后气缸上的，后气缸往下变形的同时也带着轴承座往下移动，导致转子中心下移。

另外，抽汽凝汽式汽轮机抽汽压力高于大气压力，抽汽段受内压力，气缸有膨胀趋势，但由于抽汽管道都采用弹簧支架，所以一般不加考虑。

背压式或抽汽背压式汽轮机运行时，排汽压力高于大气压力，抽汽压力亦高于大气压力，气缸有膨胀趋势，如果排汽管道和抽汽管道支吊架安装不当，后气缸会往上抬。但由于背压式或抽汽背压式汽轮机的后轴承座是搁置在后座架上的，未与后气缸连接，所以后气缸的位移不会影响转子中心，而只改变汽封径向间隙，所以冷态轴对中时可以不加考虑。

（8）凝汽器灌水和抽真空的影响

凝汽式汽轮机当凝汽器汽侧灌水（充水）或抽真空时，也会使低压段转子中心产生位移变化（转子中心下降）。

由于以上因素的影响，机组在冷态安装与热态运转时，各轴中心线都会产生相对位置的变化。为了使机器在运转状态下，各轴中心线仍能处在理想的同轴位置（呈一直线），所以，在冷态轴对中找正时，必须考虑以上各种因素的影响。

例如：当机组受温度变化因素影响时，应在各支座、轴承处需预留出膨胀或收缩量，使机组在热态运转时，具有特定的膨胀或收缩值的补偿余地，使相邻两轴在热态运转时自行对中，保证机组长周期、满负荷、平稳、安全地运行。

29. 什么是安装曲线？

答：根据机组各轴中心线的变化数值，要求机组冷态轴对中找正时，各轴中心线所应处在空间的位置，按比例画在座标纸上的各直线，就是机组的安装曲线。

安装曲线一般是根据设计或制造厂提供的有关轴中心变化经验数据，或根据机器各支座、轴承的高度、材质和操作时的平均温度，及假设轴对中找正时的环境温度等因素计算出各轴承、支座处轴中心的位移量，用作图法表示出来的图形。

30. 联轴器对中找正的方法有哪几种？

答：联轴器对中找正时，为了测量方便，应根据联轴器的型式，选用适当的测量方法，其大致分为三大类：

（1）直接测量法

联轴器对中找正时一般直接用直尺、直角尺、测量出两半联轴器外缘的径向偏差和用塞尺测量出两半联轴器端面处的轴向间隙。

用这种方法进行联轴器对中找正误差较大，精确度低，一般多用于转速较低，找正精度要求不高的机组。

（2）用百分表及找正工具测量

这种方法是机组在安装、检修过程中常用的一种方法，联轴器对中找正时一般机器是以基准轴为基准（汽轮机直接驱动的机组，应以汽轮机转子为基准），通过百分表检测的数据，计算出主动轴和从动轴（被调整轴）分别在两半联轴器的端面间隙、轴向倾斜和径向位移的偏差值，从而确定主动机各支座处的调整量及调整方向，垂直方向是通过改变各支座处的调整垫片厚度；水平方向是通过左、右移动支座，来达到机组轴对中允许偏差范围之内。

（3）激光对中仪测量法

激光对中仪运用同轴、反射式激光检测原理进行轴对中。将激光变送器、反射器（接收器），用链式托架分别安装在基准机器和调整机器的联轴器或轴上。变送器上的半导体二极管发出一束红色光线，可见激光波长 635～675nm，光束直径约为 5mm 的 GaAlAs（镓铝砷）半导体激光束照射在反射器上，反射器上的反射激光束反射回变送器上的位置探测器上。

当旋转轴检测时，轴的任何不对中状况都会引起光束改变其在探测器上的位置，每旋转90°都会自动记录激光束的准确位置。变送器通过电缆直接把所测量的数据传递到控制器，控制器的显示屏上显示所计算的结果，显示出轴的轴向和径向偏差值，并能显示出调整机器的软支座修正值，还能显示出各支座的调整量及调整方向。

31. 联轴器对中找正时用百分表测量方法有哪几种？

答：用百分表测量联轴器对中找正的方法有单表法、双表法、三表法，使用这三种方法都能达到轴对中的目的，但必须根据机组在冷态时轴的相对位置所呈现的状态，而选用适当的轴对中找正方法，才能获得简便、快速、精确的轴对中找正效果。

32. 单表法轴对中程序是怎样的？

答：（1）将相邻两半联轴器沿圆周均匀划出四等分标记，即 a_1、a_2、a_3、a_4 与 b_1、b_2、b_3、b_4，如图 2-137 所示。

（2）将百分表支架牢固地装在 B 轴的半联轴器上，再装上百分表，使测量触头与 A 轴的半联轴器外圆相接触。先测量 A、B 联轴器外圆的加工偏差并记录，然后将百分表的触头对准标记 a_1 的位置。为了计算调整方便，通常把 a_1 或 b_1 处的百分表读数调为"0"。

（3）按机组转动方向旋转 B 轴（或同时转动 A、B 两轴，转动时应使 a_1 对准 b_1 的位置），分别测量出百分表在 A 轴联轴器上的 a_1、a_2、a_3、a_4 四个位置上的读数，将测得的读数值记在记录图中，如图 2-137 所示，所测得的读数值应符合下列条件：$a_1 + a_3 = a_2 + a_4$（误差应小于 0.02mm），若不相等时，应查明原因消除误差后重新测量。百分表读数是轴对中时进行调整的依据，因此，要求百分表读数应准确无误，并应注意数值的"正"或"负"（百分表指针顺时针方向读数值为"正"值，百分表指针逆时针方向读数值为"负"值）。

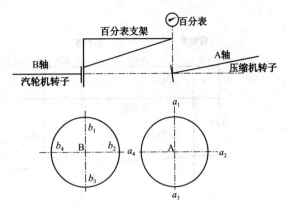

图 2 – 137 单表法轴对中示意图

(4) 将百分表支架换装在 A 轴端的半联轴器上，用同样方法测出百分表在 B 轴联轴器上的 b_1、b_2、b_3、b_4 四个位置上的读数；

(5) 确定调整量及调整方向

①A 轴支座在垂直方向上的调整量或水平位置的左、右移动量，可根据机组联轴器对中找正时实际测得的百分表读数，机组各段轴向尺寸，轴上的各联轴器、轴承和机体支座等的相对位置，制造厂技术文件提供的机组的汽轮机在前、后轴承处轴中心的膨胀量，压缩机支座处轴中心位移值，分别按比例画在坐标纸上，即用作图法来确定机体的调整量和调整方向。

②联轴器对中找正调整时，应先调整水平位置，再调整垂直方向。

33. 单表法轴对中的特点有哪些？

答：采用单表法轴对中时，只测量联轴器径向偏差，故转子的轴向窜动量对测量结果的影响可以忽略。单表法使用图解法能直观、简便地求得支座的调整方向和调整量。单表法准确度高、差错率低，表现在：

(1) 由于受温度变化的影响，如果机组在冷态时轴的相对位置处于倾斜状态时，用单表法对中找正比较方便。各轴在冷态时都是呈倾斜状态的，要求各支座处都要留有调整量，这种较复杂的机组，用单表法对中找正尤其方便。

(2) 对于两半联轴器之间的距离大于 200mm，且联轴器直径又比较小的机组，选用单表法对中找正，可以获得较高的对中精度。

(3) 用作图法来确定机器的调整量和调整方向，比计算法更方便、直观。因此，单表法具有操作简单、计算调整方便、容易掌握、不易出差错等优点。

(4) 对于两半联轴器之间距离较小的机组，由于两半联轴器读数测量面距离小，运用作图法产生的误差较大，故不宜选用单表法对中找正。

34. 简述机组联轴器轴对中时，垂直方向调整量作图步骤。

答：以 $30 \times 10^4 t/a$ 乙烯装置裂解气压缩机组为例作图步骤如下：

(1) 按比例画出机组运转时的垂直方向的理想热态线（应为一条直线），在该线上根据机组汽轮机前后轴承中心，压缩机各支座中心轴向尺寸及联轴器端面的相应位置，如图 2 – 138 所示。

(2) 画出安装曲线

①在热态线上，通过汽轮机轴承点及压缩机前后支座点等分别作热态线的向下垂直线，按比例将制造厂提供的或计算出的轴中心在各处所要求的预留膨胀量数值标注在各自的垂直线上。

②裂解气压缩机组的汽轮机在前后轴承处轴中心的预留膨胀量，按环境温度为 10℃ 时，进行机体受热膨胀公式计算，前轴承处膨胀量为 0.29mm，后轴承处预留膨胀量为

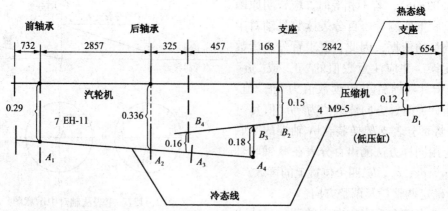

图2-138 30×10⁴t/a乙烯装置裂解气压缩机组汽轮机与低压缸安装曲线

0.336mm。制造厂技术文件给出压缩机低压缸支座处轴中心的膨胀量分别为0.15mm和0.12mm。在热态线的相应垂直线上按比例画出上述各值(膨胀量向下，收缩量向上)，得出A_1、A_2、B_1、B_2四点。连接A_1、A_2和B_1、B_2，沿长两直线，分别与各自联轴器处的垂直线交于A_3和B_3点，此A_1A_3和B_1B_3线即是汽轮机轴和压缩机轴在冷态时所要求的安装曲线，称冷态线。

(3)确定联轴器找正时百分表要求读数值

将A_1A_3和B_1B_3直线再沿长到相邻联轴器处的垂线上，得A_4、B_4两点。按座标图纸比例测出A_3B_4为0.16mm，A_4B_3为0.18mm。分别为汽轮机和压缩机在两个半联轴器处轴中心应有的相对偏差值，百分表读数应为轴中心偏差值的两倍(图2-139)。读数的正负值，由两轴的相互位置决定(百分表指针顺时针旋转为正);

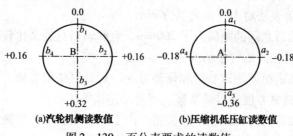

(a)汽轮机侧读数值　　(b)压缩机低压缸读数值

图2-139 百分表要求的读数值

(4)画出找正时各轴的实际位置曲线:

①轴对中找正调整前，应先测出A、B轴联轴器处的实际偏差值并记录在图2-140中。然后计算出轴中心的偏差，B轴中心偏差等于$\dfrac{(b_3+b_1)}{2}$，A轴中心偏差等于$\dfrac{(a_3+a_1)}{2}$;

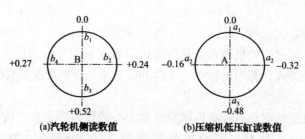

(a)汽轮机侧读数值　　(b)压缩机低压缸读数值

图2-140 调整前的实际百分表读数值

由实际测得的读数值，计算轴中心的偏差值。

B 轴联轴器中心在垂直方向的偏差为：

$$轴中心偏差 = \frac{b_3 - b_1}{2} = \frac{+0.52 - 0}{2} = +0.26mm$$

A 轴联轴器中心在垂直方向的偏差为：

$$轴中心偏差 = \frac{a_3 - a_1}{2} = \frac{-0.48 - 0}{2} = -0.24mm$$

②将 A、B 轴计算出的中心偏差值分别标在画有安装曲线的坐标纸上。自 A_3 点向上截取 $+0.26mm$ 得 C 点，自 A_4 向上截取 $-0.24mm$ 得 D 点；连接 C、D 两点并向压缩机低压缸延长，与压缩机支座处垂直线分别相交与 E、F 两点，DEF 直线即是压缩机低压缸轴中心，调整前实际所处的位置曲线(冷态线)，如图 2 – 141 所示。

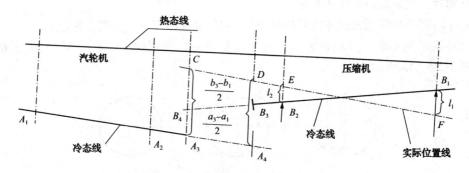

图 2 – 141　调整前的实际位置曲线

(5)确定支座处的调整量

在画有安装曲线的图上画出压缩机轴(A 轴)的实际位置曲线后，两曲线在压缩机支座处的偏差量 l_1 和 l_2 便是支座处垫片的调整量。经联轴器对中找正调整后的最终实际曲线应与安装曲线基本重合，两线的最大偏差值应小于 $0.04mm$。

35. 三表法轴对中有哪些特点？

答：(1)对于机组轴两端的中心位移变化量基本相同，冷态轴对中找正时要求各轴呈水平状态时，选用三表法对中找正，可以获得较高的轴对中精度。

(2)两半联轴器距离小，转速高、轴对中找正要求精度高的机组，宜选用三表法进行机组轴对中找正。

(3)三表法可以消除由于机组轴的轴向相对窜动，而产生对中找正时的读数差。

(4)三表法找正支架制造精度、刚度要求高，两块轴向百分表应装在同一平面180°的对称位置上，并适当加大表架的旋转半径，这样可以提高轴对中找正的精确度。

36. 什么是三表法轴对中？

答：三表法轴对中也称两点法。两点法即在测量一个方位的径向表读数和轴向表读数，在另一个方位上测量轴向表读数，也就是同时测量两个方位轴向表读数，主要是为了消除轴向窜动的影响。三表法与两表法对中找正原理基本相同，为了消除用双表找正时由于轴向窜动给找正精度带来的误差，所以在上下180°对称位置上各装一块测量轴向倾斜偏差的百分表，再装一块百分表测量径向位移偏差，如图 2 – 142 所示。

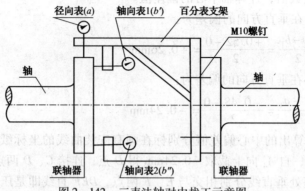

图 2 – 142　三表法轴对中找正示意图

37. 简述三表法轴对中找正步骤。

答：（1）将两半联轴器的外圆周相隔 90°，均匀分成四等分，并做上标记。

（2）在找正支架装上三块百分表，为了调整方便，分别把 a_1、b'_1、b''_3 处的表值调为"0"。如图 2 – 143 所示。

图 2 – 143　三表法找正关系示意图

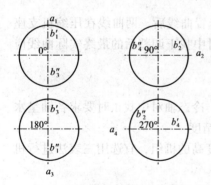

图 2 – 144　联轴器每转动 90°位置的记录图

（3）将标记 a_1 对准另一半联轴器的相对应的部位，将三块百分表指针的读数均调至为"0"，按机组运转方向同时转动两轴，每转动 90°位置分别记下三块百分表的读数，如图 2 – 144所示。其中：

$$b_1 = \frac{b'_1 + b''_3}{2};\quad b_2 = \frac{b'_2 + b''_2}{2};$$

$$b_3 = \frac{b'_3 + b''_1}{2};\quad b_4 = \frac{b'_4 + b''_4}{2}$$

当联轴器又回转到 0°位置时，百分表指针的读数均应回到"0"位，如有误差，应查明原因，消除后再重新测量。读数时要注意百分表的"＋"、"－"值，百分表的指针顺时针转过的读数为"＋"、百分表的指针逆时针转过的读数为"－"。

b_1、b_2、b_3、b_4 四个轴向表平均值作为各方位真正轴向偏差数值，与 a_1、a_2、a_3、a_4 四个径向表读数记录在同一个记录图上，如图 2 – 145 所示。根据读数便可分析联轴器的偏差并进行计算和调整。

找正时各百分表所测得的读数应符合下列要求：

$$a_1 + a_3 = a_2 + a_4$$

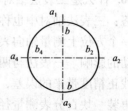

图 2 – 145　三表法找正综合记录图

$$b_1 + b_3 = b_2 + b_4$$

误差应小于 0.02mm，若数值不等，应查明原因，消除后重新测量。

38. 三表法轴对中如何计算轴中心偏差？

答：（1）轴中心径向偏差：

垂直方向 $\Delta_{\text{垂}} = \dfrac{a_3 - a_1}{2} = \dfrac{a_3}{2}$

$$(\because a_1 = 0)$$

水平方向 $\Delta_{\text{水}} = \dfrac{a_4 - a_2}{2}$

（2）轴中心轴向偏差：

垂直方向 $\Delta_{\text{垂}} = \dfrac{b_3 - b_1}{2}$

$$(\because b'_1, \ b''_3 = 0)$$

水平方向 $\Delta_{\text{水}} = \dfrac{b_4 - b_2}{2}$

测出联轴器实际偏差后，应调整支座位置。调整时，最好先调整轴向，后调整径向，先调整水平位置偏差，后调整垂直方向的偏差。联轴器对中找正时，应对轴向偏差和径向偏差进行全面考虑，才能获得快捷而有精确的找正效果。

39. 如何确定联轴器找正支架的挠度？

答：机组采用单表法、三表法对中找正时，由于找正支架较长，会产生一定的挠度。找正支架的挠度对找正结果的正确与否有直接的影响。因此，轴对中时要将制造厂提供或自制的找正支架的挠度数据，考虑到轴对中找正数值中。一般制造厂提供的找正支架上都用钢字头打上挠度数值标记，以便轴对中找正时，作为依据。

设 f 为找正支架的挠度，a_1 和 a_3 分别是径向百分表在正上方（0°）和正下方（180°）时的读数，a 为两轴的轴心线在垂直方向上的偏移量，如图 2-146 所示。

由图 2-146 可求得：

垂直方向的径向偏差：

$$a = \frac{y_2 - y_1}{2} = \frac{(a_3 - f) - (a_1 + f)}{2} = \frac{a_3 - a_1}{2} - f$$

找正支架存在挠度时，百分表在水平方向的两个读数不受挠度的影响，而百分表只在垂直方向的两个读数受挠度影响，如图 2-147 所示。假设找正支架的挠度为 f，其测量结果如图 2-147（a）所示，当百分表读数 a_1 为零时，四个读数各加 f，就如图 2-147（b）所示。

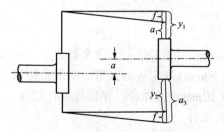

图 2-146 找正支架挠度示意图

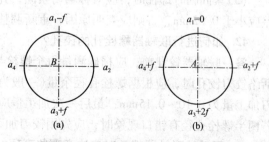

图 2-147 修正后轴对中百分表读数

目前汽轮机驱动的离心式压缩机组联轴器的间距一般都很大，对于使用大跨距找正支架，在自重的作用下会存在着挠度，其挠度应在联轴器找正中引起足够重视，尤其是对现场自制的找正支架应作挠度值检查，其挠度不应超过规定值，以保证机组轴对中质量。

40. 联轴器对中找正过程中应注意哪些事项？

答：（1）在机组轴对中前，应首先检查两联轴器的端面跳动和径向跳动以及轴颈的径向跳动值应符合设计文件要求。轴对中时，两半联轴器的相对位置应按制造厂的标记进行。如无标记时，应检查两半联轴器的端面跳动值，选择最小差值处作上标记，作为联轴器对中找正和连接的定位依据。

（2）找正支架应有足够的刚度，并应固定牢靠。联轴器转动一周后返回到原始的位置后，百分表指针均应回到原始的数值。

（3）用百分表进行轴对中时，每次测量数值应符合下列规律：

$$a_1 + a_3 = a_2 + a_4$$
$$b_1 + b_3 = b_2 + b_4$$

如误差大于0.02mm时，应查明原因，重新进行测量。

（4）调整垫片应平整、无毛刺。

（5）工作机械与汽轮机进行轴对中时，应同时进行机体的固定，并将支座螺栓对称均匀地逐次拧紧。在拧紧支座螺栓时，应随时检查联轴器对中的变化，支座螺栓拧紧后，复测轴对中数值，应符合制造厂技术文件冷态轴对中的要求。

（6）机组轴对中过程中应考虑环境温度的影响。

41. 刚性联轴器螺栓孔铰孔前应做哪些准备工作？

答：刚性联轴器螺孔铰孔前，可用四条或八条临时螺栓将两半联轴器连接，其直径小于螺孔约0.5~1mm，但其中必须有两条带销子的螺栓直径应比螺栓孔小约0.05mm，以保证铰螺孔时两半联轴器固定牢靠，并没有相互活动。

联轴器用临时螺栓连接前应做到：

（1）检查联轴器的端面、止口和凸肩的内外圆及螺孔内应清洁、光滑、无毛刺和油垢。

（2）若两联轴器间有调整垫片时，垫片应清洁、平整、无毛刺，其不平行度应小于0.02mm，且垫片厚度应符合气缸内轴向通流间隙的要求。

（3）若用四条临时螺栓连接时，应将其对称分布在相互垂直的直径上；若用八条临时螺栓连接时，则应分布在两对相互垂直直径的螺孔中，并使相邻两螺栓距离相等。

（4）将其中两条带销子的螺栓装入螺栓孔内时，应用百分表进行监视联轴器径向应无变化。

（5）紧固临时螺栓时，应对称均匀紧固，并用百分表进行联轴器的对中检查，其径向偏差应小于0.02mm，否则应查明原因，重新调整处理。

42. 如何进行联轴器螺栓孔的铰孔？

答：联轴器铰孔前，应精确测量每个螺栓与螺孔的直径，并按顺序打上永久标志。采用活络铰刀铰孔时，应根据螺栓孔径余量（一般为0.20~0.50mm）确定进刀次数。一般活络铰刀加工量为0.10~0.15mm；最后一次加工量应不大于0.10mm，这样可以保证螺栓孔精度。若两半螺栓孔径有错口现象时，应先用铰刀加工有错口的部分。

43. 手动铰联轴器螺孔时应注意哪些事项？

答：（1）铰刀应清洁、刀刃应锋利、无毛刺、缺口。使用活络铰刀铰孔时，其三个对角直径应相等，锁紧螺母应紧固。

（2）铰刀在铰孔前和铰孔过程中，应加润滑油润滑和冷却。

（3）铰孔过程中，扳动铰刀应用力均匀。若用力过大时，应迅速将铰刀退出，清除铁屑。若螺栓孔内壁有凹槽，应及时将积累的铁屑清除，并检查铰刀刀刃有无损伤。

（4）铰螺孔的顺序是应先铰未装临时螺栓的任意对称垂直直径上的四条螺栓孔，然后按转子旋转方向逐个进行铰孔。

（5）每铰好一个螺孔，应将其孔内清理干净，用游标卡尺测量孔径与螺栓直径应相符。铰好的螺栓孔应与联轴器端面垂直，不得倾斜。一般螺栓与螺栓孔之间的配合应为 H7/h6 的间隙配合，销柱表面粗糙度 Ra 为 6.3，销孔表面粗糙度 Ra 为 3.2。

44. 如何进行刚性联轴器的最终连接？

答：刚性联轴器螺孔经铰孔完毕后，可进行联轴器的最终连接并应做到：

（1）螺栓装入螺孔前，应对螺栓的其他配件（包括螺母和垫圈）逐个称重，配重应使在联轴器垂直直径上的四条螺栓（包括螺母和垫圈）的重量均相等，配重后的螺栓与螺母应打上与螺孔相对应的钢印标记。

（2）安装螺栓前应涂润滑剂，宜用紫铜棒轻轻敲如，不得过紧或过松。

（3）螺栓的拧紧力矩应符合制造厂技术文件的规定，并用测力扳手进行紧固，不得用大锤锤击。

（4）联轴器螺栓全部配毕并紧固后，应复查联轴器径向跳动应无显著变化（应不大于 0.02mm），最后将螺母锁紧。

45. 两半齿式联轴器连接有哪些要求？

答：（1）联轴器的中间接筒组装时，应与联轴器的定位标记相对应，连接螺栓应与联轴器螺孔的标记对应一致。

（2）联轴器的中间接筒组装后，往复拨动中间接筒到两端的极限值，用百分表测量在轴向位置上的轴向间隙，如图 2-148 所示，其允许偏差为 $(A-B)_0^{+2}$mm。

（3）联轴器中间套筒组装后，用百分表检测联轴器内齿套外缘和间隔套筒的径向圆跳动值，如图 2-149 所示。①、⑧点的径向跳动值不得大于 0.03mm，②～⑦点的径向跳动值不得大于 0.02mm。

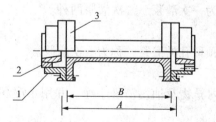

图 2-148 齿式联轴器间隔套筒轴向间隙测量示意图
1—间隔套筒；2—外齿套；3—内齿套

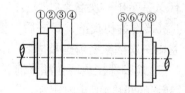

图 2-149 齿式联轴器组装后测量径向跳动值示意图

（4）齿式联轴器供油管路及油孔应清洁、畅通。油管喷油口的组装位置应符合制造厂技术文件的要求。止推环应设有排油孔，止推环与联轴器端面间隙每侧应留有 1.5～2mm 间隙，若端面间隙过小，可在止推环与套筒端面间加调整垫片进行调整，止推环与联轴器的径向间隙为 0.1～0.2mm，如图 2-150 所示。

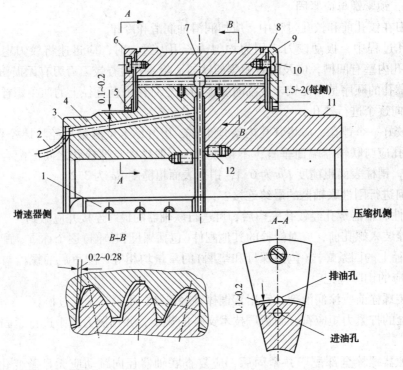

图 2 – 150　齿式联轴器组装及各部间隙位置示意图

1—键；2—喷油管；3—进油孔；4、11—联轴器的内套(外齿轮)5—排油孔；6、9—侧端盖；
7—联轴器的外套(内齿圈)；8—垫片；10—螺钉；12—防松螺钉

第九节　基础灌浆及气缸保温

1. 什么是基础灌浆？

答：用混凝土或专用灌浆料密实地填充地脚螺栓预留孔及设备底部与基础之间的空间，以固定地脚螺栓和垫铁并通过地脚螺栓将设备固定在基础上。灌浆层还有承受设备重力及传递设备运行时的动负荷至基础的作用。基础灌浆分为一次灌浆、二次灌浆两种。

2. 什么是基础一次灌浆？

答：机器设备初找正、找平后，进行地脚螺栓预留孔的灌浆，称为一次灌浆。

3. 基础一次灌浆有哪些要求？

答：(1)地脚螺栓预留孔灌浆前，应将预留孔内异物及油污清理干净，并用水湿润12h以上。然后，清除预留孔内积水。

(2)地脚螺栓埋入混凝土中的部位不得有锈蚀、油漆及油渍。

(3)地脚螺栓预留孔灌浆料，一般宜采用细碎石混凝土，其强度应比基础的混凝土强度高一级。

(4)灌浆时应充分捣实，并不应使地脚螺栓倾斜或使机器产生移动。

(5)灌浆过程中，地脚螺栓上的螺纹部位不得沾上混凝土。

(6)地脚螺栓预留孔灌浆如图 2 – 151 所示。

(7)带锚板的地脚螺栓的灌浆，套管内的充填物应符合图 2 – 152 所示的要求进行浇灌。

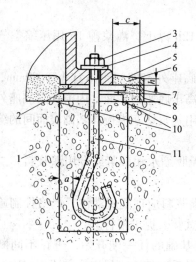
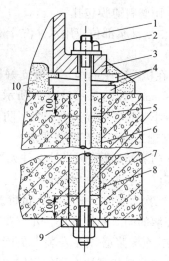

图 2-151　预留地脚螺栓孔灌浆示意图

1—基础；2—机器底座底面；3—螺母；4—垫圈；

5—二次灌浆层上平面（斜面）；6—二次灌浆层；

7、9—垫铁组；8—外模板；10—基础麻面；

11—地脚螺栓

图 2-152　带锚板地脚螺栓孔的灌浆

1—地脚螺栓；2—螺母、垫圈；3—底座；4—垫铁组；

5—砂浆层；6—预留孔；7—基础；8—干沙层；

9—锚板；10—二次灌浆层

4. 什么是基础二次灌浆？

答：基础二次灌浆是指机器精找正、找平及机组轴精对中后，进行机器底部与基础之间空间的灌浆。

5. 采用灌浆料进行基础二次灌浆有哪些优点？

答：采用灌浆料进行基础二次灌浆，二次灌浆层能将精确找正、找平后的机组底座，借助地脚螺栓与基础紧密牢固地连接在一起，大大加强了底座的刚性，改变了基础的受力状况，减少机组振动和噪声，机组运行时，机组所有载荷通过二次灌浆层均匀地传递到基础和土壤层，使其振幅在设计允许范围内，保证机组长周期、安全、平稳、满负荷运行，大大延长机组的使用寿命。

6. 什么是专用灌浆料？

答：专用灌浆料是无垫铁安装工艺中所采用的一种新型灌浆材料。它在灌浆时不需要捣动，完全借助自身重力和流动性，便可充满整个灌浆部位及空隙。除流动性大外，它还具有无收缩、早硬和高强度等特点。

7. 基础二次灌浆前应复查哪些项目？

答：（1）复查轴承座及气缸支座滑销、气缸与轴承座立销以及猫爪横销、联系螺栓的间隙；

（2）复查气缸、轴承座与支座间的滑动面以及猫爪滑动面的接触情况；

（3）复查联轴器轴端距和轴对中偏差；

（4）复查转子在油封室处的同轴度；

（5）复查地脚螺栓紧固力矩；

（6）复查垫铁组层间定位焊焊接情况。

8. 基础二次灌浆前应做哪些准备工作？

答：（1）二次灌浆前，应再次清理底座底表面的油漆和油污等，并将底座上的调整螺钉涂油，并用塑料薄膜包扎。

（2）二次灌浆部位应用水冲洗干净，并保持湿润12h以上，灌浆前1h用压缩空气将水吹扫干净。

（3）在机器底座的内、外侧支好模板，外模板与底座外缘的间距不宜小于60mm，h 值不小于10mm，如图2-151中 h 所示。模板高度应略高于底座下平面；内模板与底座外缘的间距不得小于底座底面边宽；为了防止漏浆，灌浆前用灰浆堵塞模板与基础表面间的缝隙。

9. 基础二次灌浆有哪些要求？

答：（1）二次灌浆料设计文件无要求时，宜使用无收缩水泥砂浆或专用灌浆料。二次灌浆层的高度一般为40~70mm。

（2）二次灌浆时，应由专人负责，计量应准确，灌浆料应现配现灌注，严格控制施工工艺。在浇灌的同时制作试块，并按要求的时间做强度试验，提出报告。

（3）二次灌浆必须在安装人员配合下，可从机器基础的任一端开始，进行不间断的捣固，直至灌浆料紧密地充满各部位。根据底座结构情况采取相适应的浇注方式，二次灌浆应连续进行不得中断，必须一次完成，不得分层浇注。

（4）二次灌浆时的环境温度应保持在5℃以上。

（5）二次灌浆完成后2h左右，将灌浆层外侧上表面进行整形抹面。

（6）二次灌浆后，要精心养护，当环境温度低于5℃时，应采取相应的防冻保护措施。

（7）二次灌浆完毕，24h内不得使其受到振动和碰撞。

（8）二次灌浆层未达到设计强度50%以前，不允许在机组上拆装重件和进行撞击性工作，在未达到设计强度75%以上时，不得紧固地脚螺栓和启动机组。

（9）二次灌浆层养护期满、拆模板后，在底座地脚螺栓孔附近及在联轴器的找正支架上装上百分表进行监视，将百分表触头与底座接触。旋松底座上的调整螺钉，然后，用力矩扳手再次紧固地脚螺栓，在调整螺钉附近底座的沉降量（百分表指针变化）不得超过0.05mm，联轴器处百分表指针变化不得超过0.02mm。

10. 为什么要进行气缸保温？

答：气缸用保温材料进行保温，可以减少汽轮机的散热损失。气缸保温还减少了气缸同一横断面各处的温差，从而减少了气缸因温差所产生的热变形，尤其是上下气缸温差形成的气缸向上拱背变形。另外，气缸保温还降低了汽轮机组周围的空气温度，改善了操作人员的工作条件。

11. 气缸保温应满足哪些要求？

答：（1）当周围空气温度为25℃时，保温层表面的最高温度不得超过50℃；

（2）在汽轮机任何工况下，调节级上下气缸之间的温差不应超过50℃。

12. 目前气缸保温采用哪几种结构形式？

答：（1）整体无碱超细棉结构；

（2）块状保温结构；

（3）保温被或保温带结构；

（4）喷涂保温结构。

13. 什么是整体无碱超细棉结构？它有哪些特点？

答：整体无碱超细棉结构是用耐温600℃的无碱超细棉直接绑扎在气缸上，为防止气缸两端部位漏油引起火灾，所以在其部位采用少量硅藻土砖，然后加铅丝网抹面。这种结构导热系数小，容重轻，但价格昂贵，检修时不易拆卸。

14. 块状保温结构有哪两种形式？有哪些特点？

答：块状保温结构有两种形式：一种是用三层硅藻土砖或三层蛭石板保温，缝隙用石棉泥填实，外层用铅丝绑扎后抹面。另一种是用三层微孔硅制品或硅酸铝耐火纤维制品保温。这两种材料导热系数小，约为 0.1256 ~ 0.1675kg/（m·h·℃），质量轻（约 150 ~ 250kg/m³），强度较高。三层微孔硅制品使用温度为 650℃；硅酸铝耐火纤维制品使用温度为 1100℃。

15. 什么是保温被或保温带结构？它有哪些特点？

答：保温被或保温带结构的保温层由不规则块状保温被构成，保温被（保温垫块）采用玻璃纤维布缝制而成，中间装填硅酸铝，保温被的形状和厚度可根据每台汽轮机的型号和参数"量体裁衣"。保温层分内、外两层，在每块保温被上都有各自的编号。

新安装汽轮机在敷设保温被时应按保温层使用说明书展开示意图和保温被装配号码示意图进行定位。保温内层应紧贴气缸外表面，各保温被的接缝处应靠近，不得留有空隙。采用此种保温，可以使层层重叠，贴合较好，保温效果较好。

16. 采用整体无碱超细棉结构、块状保温结构、保温被或保温带结构保温形式时有哪些要求？

答：采用无碱超细棉结构、块状保温结构、保温被或保温带结构保温形式时，

都应在气缸上装设保温钩，保温钩安装一般采用在气缸外表面上焊接螺母，保温钩间距一般不大于 300mm。

保温时应将下气缸的保温厚度比上气缸的保温厚度应厚一些，若采用硅藻土砖保温时，通常下气缸保温厚度应比上气缸厚度厚 30% ~ 50%；采用微孔硅制品或硅酸铝耐火纤维制品保温时，下气缸保温厚度应比上气缸厚 20% 左右。这样，可以使下气缸保温层隔热性能比上气缸好，并可以减少上下气缸的温差。

17. 什么是喷涂保温结构？它有哪些特点？

答：喷涂保温结构是采用 25% 的珍珠岩、25% 的石棉和 50% 的钾水玻璃粘合剂同时喷涂在气缸表面。这种保温材料使用温度为 600℃，由于喷涂材料所含成分相互作用释放热能，使喷涂层本身得到干燥。

采用喷涂保温结构可以使汽轮机停机后的冷却速度大大降低，基本上可消除冷却过程中各部件间温差过大的缺点，改善了汽轮机的运行条件，缩短了大机组热态启动时间。由于上下气缸温差减小，汽轮机轴封和隔板汽封径向间隙可以减小，从而减小了蒸汽泄漏量，降低了煤耗。喷涂保温工艺简单，施工质量容易保证，加快了施工进度；保温无缝隙，耐振，整体性和抗振性好，挠性和隔音性能较好。所以，近年来这种保温结构在工业汽轮机气缸保温得到广泛应用。

第三章　盘车装置及齿轮变速齿轮箱的安装

第一节　盘车装置的安装

1. 什么是盘车装置？对盘车装置有哪些要求？

答：在汽轮机启动冲转前和停机后，使转子以一定的转速连续地转动，以保证转子均匀受热和冷却，防止转子的弯曲变形的装置，称为盘车装置。

对盘车装置要求是：既能盘动转子，又能在汽轮机转子冲转时、当转速高于盘车转速时能自动脱开，并使盘车装置停止转动。

2. 汽轮机盘车装置的作用是什么？

答：（1）汽轮机启动前，盘动转子检查汽轮机是否具备启动条件。如倾听机内有无异常声响，检查转子弯曲度等。

（2）可以保证汽轮机在停机后随时启动。

（3）停机后，投入盘车装置连续盘车，可以使转子均匀受热或冷却，防止转子弯曲变形，还可消除上、下气缸温差。

（4）投入盘车装置连续盘车时，启动润滑油泵，可以均匀冷却轴承。

（5）汽轮机冲转前，用盘车装置盘动转子低速转动，可以减少转子的启动摩擦力，减少叶片的冲击力，有利于机组顺利启动。

3. 盘车装置如何分类？

答：盘车装置按传动齿轮的种类分，可分为蜗轮、蜗杆传动的盘车装置及直齿轮传动的盘车装置。

盘车装置按其脱扣装置的结构分，可分为螺旋传动及摆动齿轮传动两种。

盘车装置按其盘动转子时的转速高低分，可分为低速盘车（转速为 $3 \sim 6r/min$）和高速盘车（转速为 $40 \sim 70r/min$）两种。低速盘车用于中、小型汽轮机中，高速盘车用在大型机组中。盘车转速的选择应以各轴承中能建立润滑油膜为下限。

盘车装置按其动力来源分，可分为电动盘车装置、液压盘车装置两种。中小型汽轮机使用的是电动盘车装置，多为螺旋游动齿轮式。目前，液压盘车装置在工业汽轮机中得到广泛应用。

常见的盘车装置还有手动盘车装置，仅用于小型汽轮机中。

4. 手动盘车装置是怎样动作的？

答：图 3-1 所示为手动盘车装置。盘车装置安装在后轴承座上，拉杆 5 在套筒中借拉杆的往复摇动可以上下移动，拉杆 5 下端通过一销轴 9 与棘轮爪（或齿条）连接，拉杆 5 上下移动带动棘轮爪，棘轮爪拨动热装在转子上的棘轮 6，盘动转子。手动盘车装置只有在汽轮机完全停机后，转子停止转动后，盘车装置才可以投入使用。在汽轮机启动前应拆下杠杆，并挂上拉杆保险，防止启动后转子上棘轮碰到棘轮爪。手动盘车装置只能用于定期盘车，即每隔一定的时间将转子旋转180°。

5. 液压盘车装置是如何动作的?

答：图3-2所示为液压盘车装置剖面图。液压盘车装置由顶轴油泵或专用油泵供液压油 p_2，液压油经节流阀和调节系统的电磁阀，进入盘车装置的液压缸活塞下端，使活塞和齿条一起向上运动。当活塞运动至最高极限位置(100%升程)时，发出信号给调节系统，调节系统操纵电磁阀将活塞下部油排至油箱；从润滑油或调节油系统供给的液压油 p_1 进入活塞的上端，在液压油的作用下活塞和齿条一起向下运动。当活塞达到最低极限位置(0%升程)时，发出信号给调节系统，调节系统将液压油 p_2 送入活塞的下端。

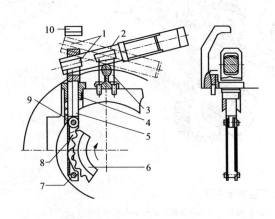

图3-1　手动盘车装置

1—杠杆位置；2—杠杆；3—支座；4—导向套；5—拉杆；
6—销轴；7—棘轮；8—齿条；9—销轴；10—限位板

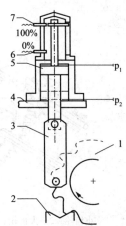

图3-2　液压盘车装置剖面图

1—齿轮；2—固定架；3—齿条；4—后轴承座；
5—活塞；6—0%开关；7—100%开关

6. 油蜗轮盘车装置工作原理是怎样的?

答：图3-3所示为油蜗轮盘车装置。油蜗轮盘车装置安装在后轴承座上，由辅助油泵提供的高压油通过喷嘴喷向热装在转子上的油蜗轮，推动转子旋转，经油蜗轮后的油与轴承润滑油一起进入回油管，当高压油的截止阀全开时，油蜗轮盘车装置盘动转子速度可达80~120r/min。

7. 螺旋轴游动齿轮式电动盘车装置由哪些部件组成?

答：图3-4所示为中、小型汽轮机的螺旋轴游动齿轮式电动盘车装置。它主要由小齿轮1、大齿轮2、游动齿轮3、盘车齿轮4、电动机5、

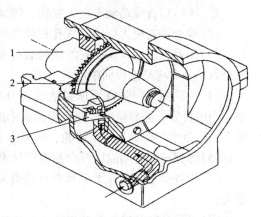

图3-3　油蜗轮盘车装置

1—汽轮机转子；2—叶轮；3—喷嘴组壳体

小齿轮轴6、电动机行程开关9、凸轮10、螺旋轴12、润滑油滑阀15、活塞16等组成。电动机5通过小齿轮1、大齿轮2，游动齿轮3，带动盘车齿轮4驱动转子11旋转。游动齿轮3与螺旋轴12之间用螺旋滑动键相连，转动手柄同时盘动电动机，可以使游动齿轮沿螺旋轴移动，并控制润滑油滑阀9和电动机行程开关10。

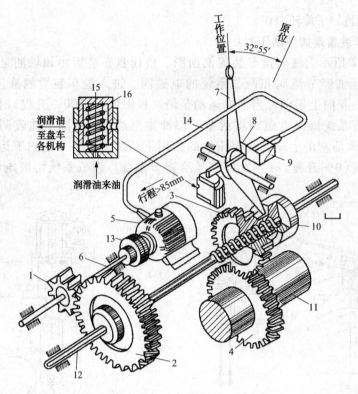

图 3-4　电动盘车装置示意图

1—小齿轮；2—大齿轮；3—游动齿轮；4—盘车齿轮；5—电动机；6—小齿轮轴；

7—手柄；8—保险插销；9—电动机行程开关；10—凸轮；11—汽轮机转子；

12—螺旋轴；13—联轴器；14—电缆；15—润滑油滑阀；16—活塞

8. 电动盘车装置安装时应符合哪些要求？

答：（1）检查滚动轴承应无损伤、锈蚀、转动应灵活，无卡涩和松动现象及异常声响。

（2）检查齿轮应无裂纹、气孔和损伤等缺陷，齿面应光洁。

（3）用着色法检查齿轮副的接触面积应接触均匀，其接触面积应为≥70%。齿轮副的接触斑点的分布应趋近齿面中部。

（4）齿轮副侧间隙宜用压铅法或百分表测量法检查，其间隙应符合制造厂技术文件规定。当用百分表法测量时，先将齿轮副中的一个齿轮固定，将百分表触头打在另一个齿轮的齿上，轻微来回转动另一个齿轮，百分表上的读数即为齿轮副齿侧间隙。

（5）各部位配合间隙应符合制造厂技术文件的规定。

（6）检查盘车装置各水平和垂直结合面接触应严密，在紧固螺栓后，0.05mm 塞尺不应塞入。

（7）小齿轮轴和操作杆伸出壳体处的外油封装置，应密封不漏油。

（8）组装好的盘车装置手动操作时，应能灵活咬合或脱离。当冲动汽轮机转子后，应能立即自动脱离。

（9）盘车装置各结合面所用的垫片和密封剂应符合制造厂的规定。滚动轴承盖与青稞纸调整垫片应平整。

（10）盘车装置的电动机与小齿轮联轴器找正时，其径向和轴向偏差应不大于 0.10mm，找正后应在电动机对角底座各装配一个定位销定位。

(11)盘查装置组装完毕后，用手转动联轴器，应转动灵活，无卡涩现象。推动或拉出传动摇杆时，应滑动自如。

第二节　变速齿轮箱安装

1. 某些工业汽轮机组为什么采用变速齿轮箱?

答：工业汽轮机大多具有较高的转速，为了驱动转速较低或较高的工作机械，应在汽轮机与被驱动工作机械之间设置变速齿轮箱，以提高工作机械的转速。

我国规定汽轮发电机交流电的频率 f 为 50Hz。根据发电机的磁极对数 p 和规定的交流电频率 f，便可知发电机的转速 n：

$$n = \frac{60f}{p} \tag{3-1}$$

当发电机为一对磁极时，转速应为 3000r/min；而当发电机为两对磁极时，转速应为 1500r/min。

由以上分析可知，由于小功率汽轮机的转速较高，而发电机的转速由于频率的要求转速又不能太高，所以必然应在高速汽轮机和发电机之间设置设置减速装置——减速齿轮箱。

随着石油化工和冶金等工业的飞速发展，用于输送各种石油化工气体和空气的离心式压缩机，其单机功率有的已达 20000~30000kW，离心式压缩机和风机的转子转速已达 20000r/min 以上。这些机组一般使用电动机或汽轮机来驱动的，而电动机的转速为 3000r/min 和 1500r/min，汽轮机的转速一般小于 10000r/min，由于它们规格有限，不能直接满足离心式压缩机转速的需要，因此采用变速齿轮箱来进行变速的途径。变速齿轮箱可以使离心式压缩机组获得各种转速的需要，为离心式压缩机和鼓风机规格化和系列化创造有力的条件。另外，提高离心式压缩机和鼓风机的转速并可以减少其体积和重量。

2. 齿轮变速箱有什么作用?

答：齿轮变速箱在汽轮机组运行过程中起着传递扭矩和改变转速及旋转方向的作用。

3. 汽轮机组变速齿轮箱采用什么齿轮传动?

答：目前汽轮机组的变速齿轮箱广泛采用平行轴渐开线或圆弧型齿轮传动。

4. 变速齿轮箱安装前应进行哪些检查?

答：(1)对箱体进行外观检查，铸件应无裂纹、气孔、未浇满、夹层等缺陷；焊件应无夹渣、气孔、裂纹未焊满和变形等缺陷。箱体应注入煤油进行试漏检验，油位高度应不低于回油孔上缘，经 4h 无渗漏为合格，如有渗漏处应进行修理。

(2)箱体水平中分面应接触均匀，自由状态下 0.05mm 塞尺不得塞入。

(3)集油箱、油孔、节流孔板、油通道清洗后应清洁、畅通。

(4)清理箱体内脱漆层、型砂及杂质，并用面团粘净。

(5)用着色法检查箱体与底座的接触面。其箱体与底座的贴合面均匀接触面达 75% 以上，在松开连接螺栓后，其接触面间的自由间隙不得大于 0.05mm，否则应进行刮研。

(6)检查轴颈的圆度、圆拄度、径向跳动，其允许偏差应符合技术文件规定。若无技术文件规定时，应符合表 3-1 的规定。

表 3 – 1　轴颈允许偏差值　　　　　　　　　　　　　　　　mm

名　　称	圆　度	圆柱度	径向跳动
允许偏差	≤0.01	≤0.01	≤0.01

（7）检查推力盘表面的粗糙度 Ra 不应大于 0.8μm，端面跳动值应小于 0.015mm。

（8）检查齿轮工作面不得有剥落、裂纹、磨损、锈蚀、补焊等缺陷。

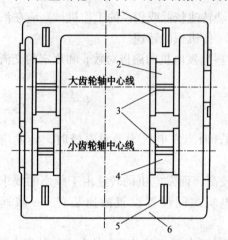

图 3 – 5　齿轮箱找水平时水平仪安放位置示意图

1、5—横向水平仪；2—大齿轮轴承座孔；3—纵（轴向）向水平仪；4—小齿轮轴承座孔；6—齿轮箱水平中分面

5. 变速齿轮箱的找正、找平时有哪些要求？

答：（1）将变速齿轮箱试漏时所涂的白垩粉清除掉，再将变速齿轮箱吊到基础或底座上就位，其轴线应与机器基础轴线相重合，允许偏差为 ±3mm，标高允许偏差为 ±5mm。

（2）变速齿轮箱找平时，其纵向安装水平应在轴承座孔上进行测量，横向安装水平应在箱体水平中分面的四个角上进行测量，如图 3 – 5所示。紧固地脚螺栓或底座连接螺栓后，其纵向、横向水平允许偏差均为 0.05/1000mm。

（3）将下轴承装入轴承座孔内，先装配转速较低的齿轮轴，然后装入转速较高的齿轮轴。在较高的齿轮轴上和箱体中分面上再次复测齿轮箱水平（此时要求两端的轴向水平数值相等但方向相反），并应符合技术文件的要求。

6. 如何进行齿轮副接触斑迹检查？

答：检查齿轮副接触斑迹应在轴承组装完毕，齿轮副处于工作位置时进行，其检查方法如下：

（1）用着色法检查齿轮副的接触斑迹时，齿轮副应啮合良好，接触均匀。将红丹油均匀涂在小齿轮齿面上，按正常工作方向盘动大齿轮 3~4 周使齿面啮合，被印（显示）在大齿轮轮齿的工作面上的色迹（斑迹），即为静态接触斑迹，再用透明胶带贴印后保管备查。根据齿轮副上的斑点接触情况，来判定齿轮副装配的正确性。

（2）用着色法检查渐开线圆柱齿轮副啮合斑迹时，可用齿面展开图上百分比计算，如图 3 – 6所示。计算结果应符合表 3 – 2的规定。其计算公式为：

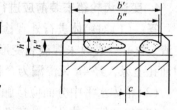

图 3 – 6　齿轮副接触痕迹示意图

①沿齿高方向，接触痕迹的平均高度 h'' 与工作高度 h' 之比：

即：

$$\frac{h'' - c}{h'} \times 100\% \qquad\qquad (3 - 2)$$

②沿齿长方向，接触痕迹的长度 b''（扣除超过模数值的断开部分 c）与工作长度 b' 之比：即

$$\frac{b''-c}{b'}\times100\% \qquad\qquad (3-3)$$

表 3-2　齿轮副接触斑点百分率

齿轮类别	测量部位	精度等级								
		3	4	5	6	7	8	9	10	11
		接触斑点百分数(不应小于)								
圆柱齿轮（渐开线齿形）	齿高	65	60	55	50	45	40	30	25	20
	齿长	95	90	80	70	60	50	40	30	30
圆柱齿轮（圆弧齿形）	齿高			60	55	50	45	40		
	齿长			95	90	85	80	75		

注：圆弧齿形的圆柱齿轮齿长方向的接触痕迹应同时不小于一个轴节（轴向齿距）；齿高方向系指运转时达到额定负荷前，应经过逐级加载磨合，其磨合后的接触斑点不应小于上表所规定的百分数。

（3）用着色法检查高速圆弧齿轮副接触斑迹时，其静态接触迹线长度不应小于齿长的 70%，动态接触斑点长度不应小于齿齿长的 90%；沿齿高方向接触痕迹不应小于 70%。还应检查接触位置的偏差，如图 3-7 所示，则其接触位置距齿顶的高度 h 凸齿为 $0.45m_n\pm0.2m_n$；距齿顶的高度 h 凹齿应为 $0.75m_n\pm0.2m_n$（m_n 为法向模数）。

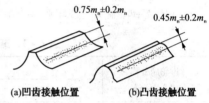

图 3-7　圆弧齿轮正确的接触位置

（4）齿轮副的接触斑点的分部应趋近齿面中部，齿顶和两端的棱边处不允许接触。圆柱齿轮啮合情况，如图 3-8 所示。图 3-8（a）所示，中心距过小，啮合间隙减小，啮合接触斑点的位置偏向齿根，在齿轮运行时，将会发生齿轮副咬住和润滑不良的现象，同时也会加快磨损。

图 3-8　圆柱齿轮副啮合情况

图 3-8（b）所示，中心距过大，啮合间隙过大，啮合斑点的位置偏向齿顶，齿轮运行时间会发生冲击和旋转不均匀的现象，并加快磨损。

图 3-8（c）、（d）所示，轴线产生扭斜，啮合间隙在整个齿长方向上不均匀，啮合斑垫的位置偏向齿的端部，齿轮运行时也会发生咬住和润滑不良的现象，同时也会因齿轮轮齿局部受力，而很快被磨损和折断。

图 3-8（e）所示，齿轮副啮合正确，即中心距、啮合斑点、啮合间隙正确。其接触斑点的位置均匀地分布在节线的上、下。

圆柱齿轮副装配时所产生的各种偏差，都会使齿轮副啮合不正确。为了消除这些偏差，一般在现场采用刮削轴承的方法，来改变齿轮轴线的位置。

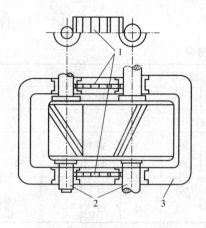

图 3-9 用块规检查两轴中心距
偏差示意图
1—块规；2—齿轮轴；3—变速器水平剖分面

7. 什么是透明粘胶纸取样法？

答：用着色法所得到的接触痕迹进行取样保存的一种简便方法。用大小适当的透明粘胶纸粘取经着色法检查所得到的接触痕迹，再把粘胶纸粘在坐标纸上，则成为可长期保存的接触痕迹实样。

8. 如何检查齿轮副中心距？

答：检查齿轮副的中心距时，可采用块规、游标卡尺、内径千分尺及自制工具等进行测量。

9. 如何用块规测量齿轮副中心距？

答：用块规测量齿轮副中心距时，将块规放置在变速器水平剖分面上，测量处两端轴颈之间的距离，如图 3-9 所示，测量出两轴颈之间的偏差后，即可计算出中心距的偏差。其中心距极限偏差 $\pm f_a$ 应符合表 3-3 的规定。

表 3-3 渐开线圆柱齿轮副中心距极限偏差 $\pm f_a$

齿轮副公称中心距/mm	齿轮副第Ⅱ公差精度等级			
	5~6级	7~8级	9~10级	11~12级
50~80	15	23	37	90
80~120	17.5	27	43.5	110
120~180	20	31.5	50	125
180~250	23	36	57.5	145
250~315	26	40.5	65	160
315~400	28.5	44.5	70	180
400~500	31.5	48.5	77.5	200
500~630	35	55	87	220
630~800	40	62	100	250

注：1. 中心距极限偏差 $\pm f_a$ 系指在齿宽的中间平面上实际中心距与公称中心距之差。

2. 齿轮副第Ⅱ公差组精度等级划分符合《渐开线圆柱齿轮精度 检验细则》(GB/T 13924—2008)的规定。

10. 如何用游标卡尺、内径千分尺测量齿轮副中心距？

答：用游标卡尺、内径千分尺测量齿轮副中心距时，用检验心轴与内径千分尺或游标卡尺进行测量齿轮副中心距，如图 3-10 所示。

当采用内径千分尺进行测量时，两轴承座孔的中心距可用式(3-4)进行计算：

$$A = L_1 + \frac{D+d}{2} \qquad (3-4)$$

式中 A——两轴承座孔之间的中心距，mm；

L_1——两心轴内表面之间的距离，mm；

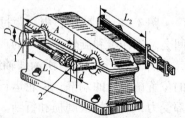

图 3-10 用游标卡尺和内径千分尺
检查齿轮副中心距
1、2—检验心轴

D、*d*——分别为两检验心轴的直径，mm。

当采用游标卡尺进行测量时，设两心轴外侧表面之间的距离为 L_2，则中心距可用式（3－5）进行计算

$$A = L_2 - \frac{D+d}{2} \qquad (3-5)$$

11. 如何计算齿轮副轴线平行度和交叉度？

答：图3－11为两啮合齿轮轴线的不平度和交叉度的示意图。设两轴线的长度为 *L*mm，其不平行的偏差量为 *X*mm，交叉偏差量为 *Y*mm，则每米长度上不平行的偏差量 δ_x（不平行度）和交叉的偏差量为 δ_y（交叉度）可分别用以下两式表示：

$$\delta_x = 1000\,\frac{X}{L}\,\text{mm/m} \qquad (3-6)$$

$$\delta_y = 1000\,\frac{Y}{L}\,\text{mm/m} \qquad (3-7)$$

12. 齿轮副轴线平行度和交叉度的检查方法有哪几种？

答：检查齿轮副轴线的平行度和交叉度的方法有用内径千分尺和精密水平仪检查齿轮副轴线的平行度和交叉度，用块规、百分表和水平仪检查齿轮副轴线的平行度和交叉度，用压铅方法检查齿轮副轴线的平行度和交叉度。

13. 如何用内径千分尺和精密水平仪检查齿轮副轴线的平行度和交叉度？

答：图3－12所示为用内径千分尺和精密水平仪检查齿轮副轴线的平行度和交叉度。首先用内径千分尺测量出两轴颈内表面之间的距离，计算出两轴颈之间中心距的偏差，即为水平方向（*X*方向）上两轴线的不平行度偏差。然后再用精密水平仪分别测量四个轴颈的水平度，其水平度的差值，即为垂直方向（*Y*方向）上两轴线交叉度的偏差。

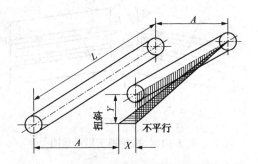

图3－11　两轴线的不平行度和交叉度示意图

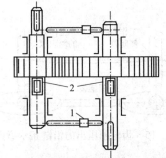

图3－12　用内径千分尺和水平仪检查
齿轮副平行度和交叉度
1—内径千分尺；2—精密水平仪

14. 如何用块规、百分表和水平仪检查齿轮副轴线的平行度和交叉度？

答：（1）测量平行度 δ_x 时，用块规测量各个轴端部尺寸，再用计算和测量法求出相对的轴端的中心距，然后再用式（3－6）求出水平方向每米平行度偏差 δ_x。

（2）测量齿轮轴线交叉度 δ_y 时，可用百分表或水平仪进行测量，即将磁力表座放置在变速器水平剖分面上和精密水平仪分别放置在各轴颈上进行测量，如图3－13所示，分别测量出两轴颈上部最高的相对测点，然后换算出齿轮轴线交叉偏差量 δ_y。

15. 如何用压铅方法检查齿轮副轴线的平行度和交叉度？

答：（1）取4根直径为所测两啮合齿轮啮合间隙的1.5倍的软铅丝（长度应能压出十个

齿的啮合间隙),如图 3-14 所示。均匀的在距大齿轮端面约 20mm 的圆周上,并列的先放置一组(四根)铅丝,以后每转 90°再放置一组,共放置四组,用黄甘油将铅丝粘在齿沟上,按机组运行方向转动大齿轮一周,使齿轮副旋转,将铅丝一次压出。

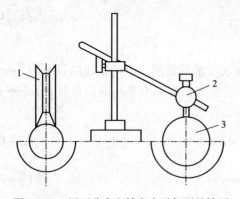

图 3-13 用百分表和精密水平仪测量轴颈
垂直方向上的水平度
1—精密水平仪;2—百分表;3—轴颈

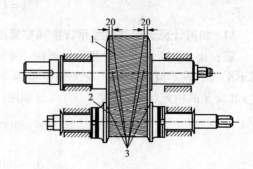

图 3-14 齿轮副压铅位置示意图
1—大齿轮;2—小齿轮;3—铅丝

(2)取出齿轮副压出的铅链条,如图 3-15 所示。用外径千分尺测量铅丝链的中间部分,其工作面和非工作面间隙的总和应符合制造厂技术文件的规定。

(3)将压出工作面与非工作面的铅丝链条的厚薄进行对比,确定两个齿轮轴线的平行度,如图 3-16 所示。理想中心线应是 $H_1 = H'_1 = H_2 = H'_2$,$P_1 = P'_1 = P_2 = P'_2$,其允许偏差应符合表 3-3 的要求。

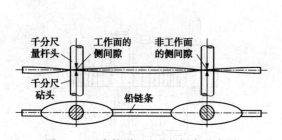

图 3-15 齿轮副压出的铅链条示意图

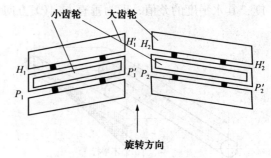

图 3-16 齿轮副压铅示意图

(4)图 3-17 所示为齿轮副不平行和交叉情况示意图。

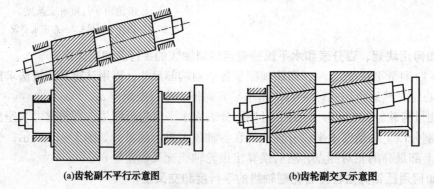

(a)齿轮副不平行示意图　(b)齿轮副交叉示意图

图 3-17 齿轮副不平行和交叉情况示意图

当齿轮副装配出现超差时，为了调整齿轮副轴线的不平行度或垂直度，通常在现场采用研刮轴承的方法，来改变齿轮轴线的位置，从而符合制造厂技术文件的要求。

16. 齿轮副的啮合间隙的检查方法有哪几种？

答：检查齿轮副的啮合间隙的方法有塞尺法、压铅法、百分表法。

17. 如何用塞尺可以直接测量出齿轮副的顶间隙和侧间隙？

答：用塞尺可以直接测量出齿轮副的顶间隙和侧间隙，如图3-18所示。

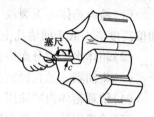

图3-18 用塞尺检查齿侧和齿顶间隙

18. 如何用压铅法是测量齿轮副间隙？

答：压铅法是测量齿轮副间隙最常用的一种方法，如图3-19所示。测量时先将软铅丝用润滑脂粘在距齿轮副端部20mm的齿轮啮合面上，然后盘动小齿轮，使齿轮副啮合并压扁铅丝，取出被压扁的铅丝用外径千分尺进行测量，其中铅丝最厚部分的厚度为顶间隙 C_0，相邻两较薄部分的厚度之和即为侧隙 $C_0 = C'_0 + C''_0$。

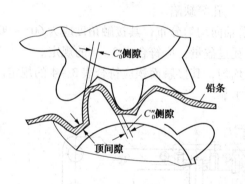
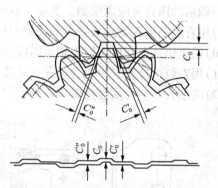

图3-19 用压铅法测量齿轮副啮合间隙

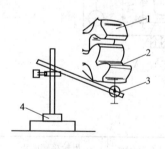

图3-20 百分表法测量齿轮副的侧间隙

1—大齿轮；2—小齿轮；3—百分表；4—磁力表架

19. 如何用百分表法可以直接测量出圆柱齿轮副啮合间隙？

答：图3-20所示为用百分表法可以直接测量出圆柱齿轮副啮合间隙。测量时，将大齿轮固定，将百分表座固定在变速齿轮箱水平中分面上，百分表测量触头搭在未固定小齿轮的齿面接近分度圆的位置上，并垂直于齿廓，来会轻轻转动小齿轮，百分表上的读数差值，即为齿轮副的啮合侧间隙。

20. 变速齿轮箱闭合时应符合哪些要求？

答：（1）变速齿轮箱水平中分面应光滑、无沟槽、划痕、锈蚀等缺陷，接触应严密，自由状态时，局部间隙不应大于0.05mm。

（2）变速齿轮箱闭合时，在水平中分面上应涂抹密封胶，并应对称均匀地紧固上下机体结合面的螺栓。

（3）变速齿轮箱定位后，导向键与下机体的配合间隙应为0.03~0.06mm，定位销尺寸应符合技术文件的规定，定位销一般在高速轴下机体处。

（4）按机组运行方向盘动主动轴，应转动灵活，无卡涩现象，并无异常声响。

（5）喷油嘴安装位置应正确、牢固，喷嘴方向和位置应符合润滑要求，喷油管和喷嘴应清洁、畅通。

21. 驱动组合装置的安装有哪些要求？

答： 驱动组合装置安装在前座架上，位于前轴承座前方，搁置在四个调整元件上，位置调整完毕后用圆柱销定位螺栓固定(图 3 - 21)。其安装有下列要求：

(1)检查箱体应无裂纹、气孔、未浇满、夹层等缺陷；箱体应注入煤油进行试漏检验，油位高度应不低于回油孔上缘，经 4h 无渗漏为合格。

(2)箱体水平中分面应接触均匀，用 0.05mm 塞尺检查不得塞入。

(3)集油箱、油孔经清洗后，应清洁、畅通。

(4)清理箱体内脱漆层、型砂及杂质，并用面团粘干净。

(5)检查齿轮副工作面应光洁、无剥落、裂纹、磨损、锈蚀、补焊等缺陷。

(6)检查轴颈的圆度、圆柱度、径向跳动，其允许偏差应符合技术文件规定。若无技术文件规定时，应符合表 3 - 4 的规定。

(7)检查推力盘的表面粗糙度 Ra 不应大于 0.8μm，端面跳动值应小于 0.015mm。

(8)轴承巴氏合金应无脱胎、裂纹、砂眼、气孔等缺陷。

(9)用着色法检查轴颈与轴承的接触面积沿轴向均匀分布，其接触角度应为 60°～90°。

(10)用压铅法和塞尺法检查轴承间隙及轴瓦过盈量，应符合表 3 - 4 的规定。

(11)用着色法检查齿轮啮合情况，应接触均匀，其接触面积应符合表 3 - 4 的规定。

(12)喷油管、油管安装位置应正确并固定牢靠。

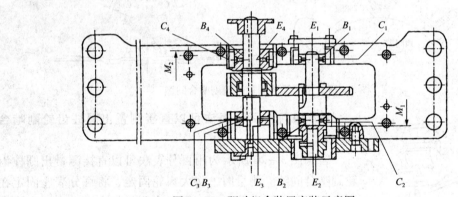

图 3 - 21　驱动组合装置安装示意图

表 3 - 4　驱动组合装置安装允许偏差

项目	推力轴承间隙/mm		径向轴承间隙/mm				轴瓦过盈量/mm	齿轮接触面积	
代号	M_1	M_2	B_1	B_2	B_3	B_4	$C_1、C_2、C_3、C_4$	齿宽方向	齿高方向
设计值	0.10～0.15	0.10～0.15	0.055～0.10		0.045～0.085		0～0.02	>45%	>70%
安装值									

第四章 汽轮机调节系统的安装

第一节 调节系统概述

1. 汽轮机调节系统的发展经历了哪几个阶段？

答：调节系统的发展经历了机械液压调节系统、电液调节系统和数字电子调节系统三个阶段。

2. 什么是机械液压调节系统？

答：早期的汽轮机调节系统主要由机械部件(离心飞锤、杠杆、凸轮等机械部件)和液压部件(错油门、油动机等)组成的，因而称为机械液压式调节系统，简称液压调节系统，其示意如图4-1所示。这种系统的控制器是由机械元件组成的，执行器是由液压元件组成的。这种调节系统调节精度低、响应速度慢，由于机械间隙引起的迟缓率较大，静态特性是固定的，所以不能根据需要进行及时调整，且调整功能少。但由于其可靠性高，并能满足机组运行的基本要求，所以至今仍在汽轮机调节系统广泛使用。

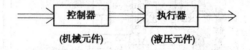

图4-1 机械液压式调节系统示意图

3. 什么是电气液压式调节系统？

答：采用电液调节控制汽轮机组运行的调节系统，称为电气液压式调节系统，又称为电液调节系统，其示意如图4-2所示。这种系统由电气元件和液压元件组成，有两个控制器，一个控制器由电气元件组成，另一个控制器由机械元件组成，执行部件仍保留原来的液压部分。使用电气元件替代机械式和液压式调速器，通过电液转换器将转速变化的信号转换为液压信号，然后利用液压放大机构和执行元件来完成调节任务。

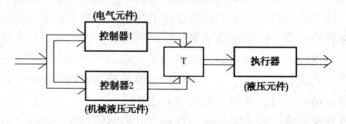

图4-2 电液调节系统示意图

4. 电液调节系统有什么特点？

答：电液调节系统很容易实现信号的综合处理，控制精度高，能适应复杂的运行工况，且操作、调整和修改都比较方便，测速范围大、线性好，无机械接触部件，运行寿命长，可靠性高等。当电调部分的电路因故障退出工作时，还有机械液压式调节系统接替工作，以保证机组的安全运行。所以，广泛应用于汽轮机调节系统。

5. 简述功频电液调节系统。

答：功频电液调节系统是 20 世纪 80 年代发展起来用于发电设备的汽轮机调节系统，与机械离心式调速器和液压式调速器相比是第三代调速器，它实际上是一种模拟电压（或电流）来控制的系统，又称为模拟电液调节系统。这种调节系统包括电调和液压两大部分，其中电调部分包括测功、测频和校正单元，液压放大部分包括滑阀和油动机，它们之间由电液转换器相连，如图 4 - 3 所示。图中测频单元，其作用相当于原来调节系统中的调速器，调速器感受了转速变化后输出一个滑环位移，而测频单元在感受了转速变化后输出一个相当电压信号。测功单元是功频电液调节系统中的特有环节，其作用是测取汽轮发电机的有功功率，并成比例地输出直流电压信号，作为整个系统的负反馈信号，以保持转速偏差与功率变化之间的固定比例关系。校正单元是一个具有比例、积分和微分作用的无差调节器，PID 调节器的作用是将测频、测功和给定的输入信号进行比例、微分和积分运算，同时将信号加以放大，其输出信号便去推动电液转换器。电液转换器是将电信号转换成液压控制信号的装置，它是电调部分与液压部分的联络部件。给定装置相当于原来系统中的同步器，由它给出电信号去操纵调节系统。

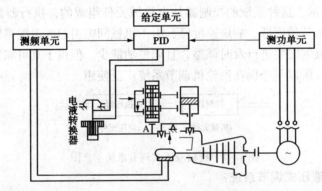

图 4 - 3　功频电液调节系统原理图

6. 简述功频率电液调节系统的动作过程。

答：当外界负荷增加时，汽轮机转速下降，测频单元感受了转速偏差，产生了一个电压信号，经过整流、滤波之后输出一个与转速偏差成比例的直流电压信号输入 PID 校正器。经过处理后输入电液转换器的感应线圈，当线圈的电磁力克服了弹簧支持力后，使其滑阀向下移动，关小油口，脉动油压升高，油动机活塞向上移动，开大了调节气阀的开度，增加了功率，与外界负荷变化相适应。汽轮机功率增加后，测功单元接受了这一变化后，输出一个负值的直流电压信号，也输入 PID 校正器。当测功单元输出变化值等于测频单元输出变化值，由于两者极性相反，其代数等于零。此时 PID 校正器的输出值保持不变，因此调节系统中的动作结束。当外界负荷减少时，其调节过程与上述相反。

当外界负荷变化而新蒸汽压力降低时，在调节气阀同样开度的情况下，汽轮发电机组功率将减少，因此在 PID 校正器入口处仍有正电压信号存在，使 PID 校正器输出继续增加，经过一系列的作用又开大了调节气阀的开度，直到测功单元输出电压与给定的电压完全抵消时，也就是使 PID 校正器入口信号代数和为零时才停止动作。由此可见，采用了测功单元后可以消除新蒸汽压力变化对功率的影响。从而保证了频率偏差与功率变化之间的比例关系，即保证了一次调频能力的不变。

利用测功单元和 PID 调节器的特性还可以补偿功率的滞后。当外界负荷增加时，使汽轮机转速下降，测频单元输出正电压信号作用于 PID 调节器。经过一系列的作用后，将高压调节气阀开度开大，使高压缸功率增加。此时测功单元输出的信号还很小，不足以抵消测频单元输出的正电压信号，因此高压调节气阀开度继续开大，即产生过开。高压缸调节气阀因过开而产生的过剩功率刚好抵消中、低压缸功率的滞后。当中、低压缸功率的滞后逐渐消失时，由于测功单元的作用又使高压调节气阀关小，当中低压缸功率完全消失后，高压调节气阀开度又回到稳定工况设计值，此时调节系统动作结束。

7. 功频电液调节系统有什么特点？

答：除采用电气元件测定转速变化的信息外，还同时测定汽轮机功率变化的信息，这两个信号同时输入信号综合器进行汽轮机调节。由于采用电气测量装置并保留原调节系统中的液压执行及放大元件，使系统电气元件方便对信号进行测量、运算和校正，控制精确度及可靠性高的功率－频率电液调节系统，能适应复杂的运行工况，而且便于操作、调整及维修。

当汽轮机负荷减少时，机组转速升高，测速元件的输出信号推动电液转换装置，使转速变化信号转换为液压信号，再经放大机构并通过执行元件的作用关小调节气阀，减少汽轮机的进汽量，使功率下降。

当汽轮机功率减少后，测定汽轮机功率的测功元件的输出信号发生变化，这个信号在信号综合器内将抵消转速升高的信号(负反馈信号)，当功率变化的结果使功率输出信号完全抵消转速信息时，信号综合器的输出值为零，则汽轮机调节结束，机组在新的功率和转速下保持稳定运行。

电气测速元件通常为磁阻式发讯器，它通过安装在汽轮机转子上的齿轮，利用磁电原理将转速信息转换为电压变化输出。功率测定元件一般采用电气测功器，用直接测定发电机的有用功率方法测得，由于直接测量工业汽轮机功率难度较大，所以目前功率－频率电液调节系统应用在驱动发电机组的汽轮机上。

8. 什么是数字电液调节系统？

答：采用计算机控制技术和液压元件组成的调节系统，称为数字电液调节系统，简称数字电调。其组成的特点是控制器用数字计算机，用计算机控制技术进行数字运算和软件编程，实现各种控制功能的数字化，执行部件保留原有的液压部分不变。

9. 数字调节系统有什么功能？

答：(1)汽轮机自动调节功能；(2)汽轮机启停和运行中监控系统的功能；(3)汽轮机超速保护功能；(4)汽轮机自动(ATC)功能。

10. 数字调节系统有哪些汽轮机自动(ATC)功能？

答：包括自启动 ATC 和带负荷 ATC。它有若干个子程序组成，可以完成汽轮机各种启动状态的全程自动启动过程。包括冲转前的检查、冲转、暖机、定转速、并网、接带负荷及启动过程中辅助设备的投入，直至额定负荷工况的全过程。

11. 在数字调节系统中，电子计算机相当于传统调节系统中的什么环节？

答：电子计算机根据自动调节的要求对已化成数字的转速功率等模拟量进行必要的比例放大、积分或微分运算，即计算放大元件。它代替了传统形式的调节系统中的机构复杂的传动机构液压传递放大元件，使复杂的调节系统大大简化且安全、可靠。

12. 为什么工业汽轮机上要设置自动调节系统？

答：工业汽轮机是石油化工装置大型机组常用的原动机，它具有转速高、功率大、调速方便、运行安全、平稳等特点，同时能实现工艺过程的余热利用。在石油化工装置中，工艺系统要求压缩机组的转速不变，但有时又要求压缩机改变其转速。为了保证压缩机工况符合生产工艺的要求，保证机组在各种条件下，安全、平稳运行。所以在工业汽轮机上均设有自动调节系统，以调节工业汽轮机的进汽量，适应外界负荷的变化。

13. 简述汽轮机调节系统的任务。

答：（1）在外界负荷与机组功率相适应时，保持汽轮机稳定运行。

（2）当外界负荷发生变化或机组负荷变化时，汽轮机的调节系统能相应的改变汽轮机的功率，使之与外界或机组负荷相适应，建立新的平衡，并保持汽轮机的工作转速在规定范围内。

（3）对于抽汽式汽轮机，当工况发生变化时，调整抽汽压力在规定范围内。

汽轮机的调节系统，除接受汽轮机的转速变化信号外，还应接受被驱动机械所发的信号，即具有双脉冲调节装置。信号经放大，最后控制调节气阀的开度，改变进入汽轮机的蒸汽量，以适应外界负荷或蒸汽状态的变化，使汽轮机的转速保持在一定范围内。当机组转速增加时，应迅速关小调节气阀；当机组转速减小时，则应迅速开大调节气阀，以建立新的平衡。调节系统还应满足工艺系统的要求，保证机组定转速运行和变转速运行。目前，石油化工装置中的工业汽轮机，都是靠调节系统自动完成这一任务。

14. 对汽轮机调节系统有什么要求？

答：（1）调节系统应保证机组在额定的参数下，安全、平稳地满负荷至零负荷范围内运行。当参数和频率在允许范围内变动时，调节系统应能使机组平稳地在满负荷至零负荷范围内运行，保证汽轮发电机组能顺利地并网和解列。

（2）当主气阀全开和蒸汽参数在额定情况下，调节系统应能维持汽轮机在空负荷下稳定运行，转速不应有明显摆动；当负荷变化时，调节系统应能保证机组平稳地从一个工况过渡到另一工况，不发生较大的和长期的负荷摆动（摆动值不大于额定负荷的2%）。

（3）由满负荷突然降到空负荷时，能使汽轮机转速保持在危急保安器动作转速以下。

（4）同步器的工作范围，空负荷的转速应保证在额定转速的95%～107%范围内，调节系统的速度变动率一般在4%～6%范围内；迟缓率应在0.5%以内。

（5）当危急保安装置动作后，应保证主气阀、调节气阀迅速关闭，主气阀的关闭时间应不大于1s。

（6）变速调节汽轮机的调节，除接受机组转速信号外，还应接受被驱动机械所发出的信号，即应有双脉冲调节装置。

15. 调节系统如何分类？

答：汽轮机的调节系统按其调节气阀动作时所需的能量的供应来源可分为直接调节系统和间接调节系统两大类。

16. 什么是直接调节系统？

答：直接调节系统是指调节系统是利用调速器滑环的位移，直接带动调节气阀来完成的自动调节。

由于离心调速器给出的信号能量太小，作用在调节气阀上的提升力也太小，所以直接调节系统只能用于功率很小的汽轮机上。广泛用于石油化工装置驱动风机、泵等小功率工业汽轮机上。

17. 简述直接调节结构及动作过程。

答：直接调节系统如图 4-4 所示。其结构由调节气阀 1、低速重锤离心调速器 2 和杠杆 3 等组成。感受机构的到输入信号后，直接或通过杠杆系统来操纵执行机构，控制调节气阀的开度，从而改变汽轮机的进汽量。当汽轮机外界负荷降低，导致汽轮机转速升高时，离心调速器的转速也随之升高，离心调速器的飞锤因离心力增大而向外张开，在弹簧力的作用下使滑环 A 点向上移动，通过杠杆 3 的传动，关小调节气阀 1，减小汽轮机的进汽量，于是汽轮机的功率相应减小，建立新的平衡。

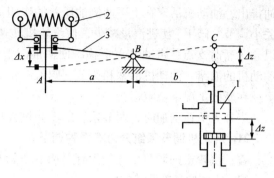

图 4-4　直接调节系统示意图
1—调节气阀；2—离心式调速器；3—杠杆

当外界负荷增加时，调节系统动作过程与上述相反。

18. 什么是间接调节系统？

答：在调节气阀与调速器之间设置中间传动放大装置的调节系统称为间接调节系统。由于此系统放大机构是液压式，调速器是机械式的，所以又称为半液压式调节系统。

19. 间接调节系统有什么特点？

答：由于汽轮机蒸汽参数的提高、功率的增大，调节系统中的摩擦力、调节机构中的阻力和蒸汽作用力都大大增加，以致不可能利用机械式调速器滑环的提升力，直接带动庞大的执行机构。因此，在调速器与调节气阀之间增设中间液压放大装置，将转速感受机构输出信号进行放大，放大后的信号送往执行机构，指挥执行机构去执行调节命令。在执行机构中再次输入能量，使执行机构具有较大的功率去执行调节命令，启、闭调节气阀。调节气阀在动作过程中发出反馈信号，将调节气阀的位置传输给脉冲油压，使调节系统很快的稳定下来。

20. 简述间接调节系统的结构及动作过程。

答：图 4-5 是一种最简单的一级放大间接调节系统示意图。该系统由调节气阀 1、离心式调速器 2、杠杆 3、油动机 4、错油门滑阀 5 所组成。在间接调节系统中，离心式调速器 2 借助于杠杆传动 3 带动错油门滑阀 5。错油门滑阀控制着油动机上下两个腔室中的油压的进、出口。油动机活塞 4 与调节气阀刚性连接。在该图中，作用在调节气阀的力由油动机活塞来承受，而在调速器上仅仅作用着错油门滑阀 5 的阻力，从而将调速器的尺寸作得小一些而提高调节系统的灵敏性和准确性。

当机组负荷减小时，机组的平衡工况被破坏，导致机组转速升高。此时离心式调速器 2 飞锤的离心力增大，飞锤向外张开，在弹簧力的作用下，相应的使调速器滑环向上移动。由于调速器滑环与错油门滑阀、油动机活塞在同一杠杆 3 上，所以当滑环（A 点）向上移动时，杠杆 AC 以 C 为瞬时

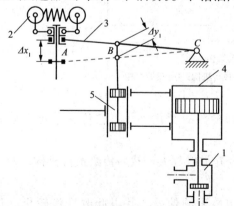

图 4-5　间接调节系统示意图
1—调节气阀；2—离心式调速器；
3—杠杆；4—油动机；5—错油门滑阀

支点带动 B 点同时上移，也带动错油门滑阀随之上移，这时错油门上的油口与压力油管连通，而下部的油口则与排油口相通。压力油经过油口进入油动机 4 的上腔室，下腔室的压力油排出，油动机活塞在上下两侧油压差的作用下，油动机活塞与调节气阀 1 一起向下移动，关小调节气阀 1，使进汽量减少，使汽轮机转速下降。油动机活塞下移的同时，杠杆 AC 又以 A 为暂时支点，带动 B 点下移，使错油门滑阀下移到原来的中间位置，重新切断了通往油动机的油路，油动机活塞和调节气阀就停止了下移，调节系统处于新的稳定状态，这时机组就在新的工况下稳定运行。

当外界负荷增加时，调节系统的动作过程与上述相反。

21. 汽轮机调节系统分为哪两种调节？

答：汽轮机的调节系统分为有差调节和无差调节两种。

22. 什么是有差调节？

答：不同负荷其稳定转速是不同的调节，称为有差调节。根据汽轮机调节系统的特性，一定的负荷对应于一定的转速，不同的负荷其稳定转速不同，这就是有差调节。

23. 什么是无差调节？

答：在任何负荷下转速不变的调节，称为无差调节。这种调节在任何负荷下，转速均为一定值。它不能用于带电负荷并列运行的汽轮机，因为在任何稳定工况下，虽然转速时稳定的，但只要电网频率稍有变化，汽轮机所带的负荷就会晃动，严重时可能造成甩负荷，危及机组安全运行。

24. 汽轮机调节系统由哪些机构组成？

答：汽轮机调节系统根据其动作过程，一般由转速感应机构、传动放大机构、执行机构和反馈机构四部分组成，如图 4-6 所示。

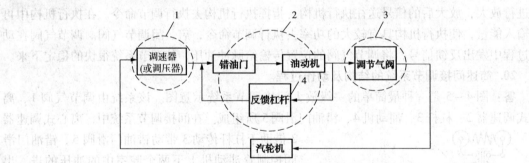

图 4-6 汽轮机调节系统的组成
1—感受机构；2—传动放大机构；3—执行机构；4—反馈机构

25. 汽轮机调节系统各机构有什么作用？

答：(1)转速感受(感应)机构：它能感受被调参数的变化，并将它传递给传动放大机构。

(2)传动放大机构：接受感受机构传来的信号，并加以放大，然后传给执行机构，使其动作。

(3)执行机构(配汽机构)：接受传动放大机构传来的信号，并以此改变汽轮机的进汽量。

(4)反馈机构：传动放大机构在将转速信号放大传递给执行机构的同时，还发出信号使错油门滑阀回到中间位置，油动机活塞停止移动。

26. 什么是反馈机构？什么是反馈作用？

答：调节系统中完成一次调节过程后，建立新的平衡状态（如错油门滑阀回到中间位置）的装置，称为反馈机构。在汽轮机的调节系统中，滑阀的位移使油动机活塞动作，而油动机活塞的动作又反过来影响滑阀的位移，这种作用称为反馈作用。

27. 汽轮机调节系统常用的反馈装置有哪几种？

答：为了保证调节系统的稳定性，在调节系统的放大机构中都设有反馈装置。常用的反馈装置有机械反馈（杠杆反馈和弹簧反馈）和液压反馈（油口反馈）两种形式，不同的调节系统采用了不同的反馈装置。

28. 什么是杠杆反馈？什么是弹簧反馈？

答：机械反馈一般是通过杠杆、弹簧来实现的。以杠杆来实现反馈作用的称为杠杆反馈，以弹簧来实现反馈作用的称为弹簧反馈。

29. 什么是液压反馈？

答：在调节过程中通过油口作为反馈元件的反馈机构，称为液压（油口）反馈。

30. 简述机械反馈调节系统的原理。

答：机械反馈调节系统原理，如图 4 - 7 所示。在稳定工况下，滑阀处于中间位置，故作用于滑阀上部油压 p_3 不变，为此继动器活塞 2 的位置也不变。从图 4 - 7 中可以看出，在此调节系统中，油动机带动静反馈弹簧不是直接作用在滑阀上，而是作用在前一级放大的继动器活塞上。压弹簧仅在调节过程中起阻尼作用，故称为动反馈弹簧；拉弹簧称为静反馈弹簧。在弹簧反馈机构中，二次油压作用在继动器活塞上部，与动静两个反馈弹簧的作用力相互平衡。当汽轮机转速升高时，p_2 降低，继动器活塞在静反馈弹簧的作用下向上移动，继动器蝶阀排油间隙增加，错油门滑阀向上移动，油动机活塞向下运动，与此同时，反馈杠杆也向下移动，使静反馈弹簧的拉力减小，继动器活塞在 p_2 作用下向下移动，错油门滑阀回到中间位置。

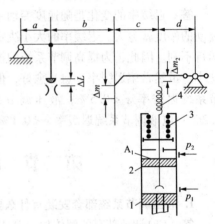

图 4 - 7　机械反馈示意图
1—滑阀；2—继动器活塞；
3—动反馈弹簧；4—静反馈弹簧

31. 简述杠杆反馈的动作过程。

答：当汽轮机转速升高时，首先杠杆以油动机活塞为支点，调速器滑环位移使错油门滑阀向上移动，然后，杠杆以调速器滑环为支点，油动机向下运动，使错油门滑环向下移动。当调节完毕时，调速器滑环和油动机都在一个新的位置，而错油门滑环又回到中间位置。这时调节系统处在一个新的稳定状态。杠杆反馈一般用在中、小汽轮机上。

32. 什么是调节系统的速度变动率？

答：汽轮机在空负荷时的稳定转速与汽轮机在满负荷时的稳定转速的差值与汽轮机的额定转速之比的百分数，称为调节系统的速度变动率，通常用 δ 表示，即

$$\delta = \frac{n_1 - n_2}{n_0} \times 100\% \qquad (4-1)$$

式中　n_1——汽轮机在空负荷时的稳定转速，r/min；

　　　n_2——汽轮机在满负荷时的稳定转速，r/min；

n_0——汽轮机的额定转速，r/min。

33. 速度变动率的大小表明了什么？

答：速度变动率 δ 的大小表明了汽轮机由于负荷变化而引起转速变化的大小。速度变动率过大，汽轮机由于负荷变化所引起的转速变化也就越大，反映在静态特性曲线上的曲线愈陡；反之，速度变动率越小，汽轮机由于负荷变化所引起的转速也就越小，其静态特性曲线趋于平缓。

速度变动率越大，表明调节系统稳定性越好。速度变动率不宜过大或过小。一般规定 δ 值为 4% ~6% ，全液压调节系统的速度变动率约为 5% 左右。

34. 什么是调节系统的迟缓率？

答：在同一功率下因迟缓而可能出现的最大转速变动量 Δn 与额定转速 n_0 比值的百分数，称为调节系统的迟缓率，用字母 ε 表示，即

$$\varepsilon = \frac{\Delta n}{n_0} \times 100\% \qquad\qquad (4-2)$$

35. 迟缓率的大小决定调节系统的什么？

答：迟缓率的变化是随速度变动率而变化的，速度变动率 δ 愈小，迟缓率 ε 愈大，功率晃动的幅度就愈大。迟缓率的大小决定了调节系统的灵敏度，迟缓率过大或过小都对汽轮机运行不利。因此，为提高调节系统的控制精度和运行稳定性，要求调节系统的迟缓率应尽可能小。虽然希望迟缓率 ε 愈小愈好，但过高的要求会带来制造上的困难，一般要求：机械调节系统迟缓率 $\varepsilon < 0.5\%$ ；液压调节系统迟缓率 $\varepsilon < 0.3\%$ ；半液压调节系统迟缓率 $\varepsilon < 0.2\%$ ；电液调节系统迟缓率 $\varepsilon < 0.1\%$ 。

第二节　调节系统部套的安装

1. 液压调节系统部套安装有什么要求？

答：(1)调节部套的解体检查和组装工作，最好在木制工作台上进行。对于较大部件，如油动机、调节气阀等应在铺有木板的地面上进行，当工作停止时，应将部件遮盖好。

(2)部件的拆卸应符合制造厂技术文件的规定。

(3)部套解体前应在各零件相对应的位置打上钢印标记，禁止在零件的滑动面或密封面上打钢印标记。

(4)对于可调整的螺母、螺杆、弹簧、蝶阀等主要部件行程及有关间隙等，应在拆卸前测量并记录制造厂的原装尺寸和位置，均应符合制造厂技术文件的规定。

(5)部件解体后，应用煤油和干净的白布将部件清洗干净，禁止用棉纱擦拭；部件清理干净后，应将各管口、法兰口用铝板衬以石棉橡胶板封闭并用螺栓固定。

(6)部件的各孔、通道的数量、位置及断面均应符合制造厂技术文件规定，并正确、通畅。

(7)零部件组装前，应用干燥、洁净的压缩空气吹扫，必要时用白面团沾净。

(8)部件组装时，各零件表面应涂以合适的润滑剂；对承受高温的零件，可擦拭干的细微鳞状石墨粉或二硫化钼，通油部分涂以洁净的汽轮机油。

(9)各结合面、密封面应密封严密，密封面垫片及密封胶应符合制造厂技术文件规定。

(10)暂不组装的部套应用洁净的塑料布包裹好，并妥善保管。

2. 简述高速弹性离心式调速器的结构?

答：图4-8所示为高速弹性离心式调速器结构图。它主要由飞锤3、弹簧5、调速块7、钢带8等组成。调速器托架固定在主油泵上，主油泵轴用弹性联轴器与汽轮机转子相连。转速变化引起飞锤离心力改变时，将使弹簧5拉长或缩短，同时引起钢带8的变形，使调速块与限位端间的距离 K 发生变化。

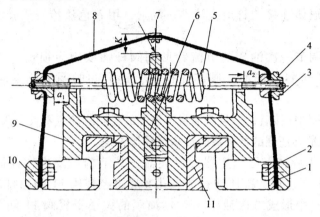

图4-8　高速弹性离心式调速器

1—压板；2—螺钉；3—飞锤；4—特制螺母；5—弹簧；6—弹簧座(或称弹簧中心支架)
7—调速块；8—钢带(或称弹簧板)；9—托架；10—调速器托架；11—主油泵轴

3. 高速弹性调速器的安装应符合什么要求?

答：高速弹性调速器(又称离心钢带式调速器)在制造厂组装并调试完毕，一般不允许在现场解体或调整飞锤的重量，安装时应符合下列要求：

(1)弹簧及钢带应无变形、裂纹等缺陷；

(2)飞锤、托架、弹簧座应固定牢固并锁紧，无松动现象；

(3)测量飞锤左右位置应对称($a_1 = a_2$)，其偏差应不大于0.20mm；

(4)调速块端面应光滑、平整，并与喷嘴轴线应垂直，用百分表检查调速块端面的跳动不应大于0.04mm；

(5)调速块与限位端间距离 K 应符合制造厂技术文件规定，其偏差应不大于±0.07mm。

4. 简述旋转阻尼器的的结构。

答：图4-9所示为旋转阻尼器的结构图。旋转阻尼与主油泵装在同一根轴上并与汽轮机转子刚性连接。在它的圆形壳体内有一个环形油室和八根阻尼管。主油泵出口的压力油经针形阀进入转转阻尼器环形室，再经阻尼管中心排出一部分形成控制油压。转速越高，油流经阻尼管时的阻力也越大，环形油室的油压，即油压 p_1 也越高。由于环形油室中油压等于阻尼管中油柱的离心力，因此油压 p_1 与转速 n 的平方成正比。

5. 旋转阻尼的安装应符合什么要求?

答：(1)旋转阻尼安装前，应将阻尼体及阻尼管清理洁净，应无油垢、锈垢、油漆等杂物。

(2)阻尼管应在阻尼体上固定牢固，旋转阻尼管的尺寸

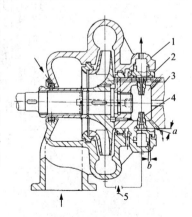

图4-9　旋转阻尼器

1—阻尼壳；2—油封环；
3—阻尼体；4—阻尼管；5—针形阀

应符合制造厂技术文件的规定。

(3)阻尼体油封环表面应光滑，巴氏合金应无脱壳、裂纹等缺陷，油封环间隙应符合制造厂技术文件规定。如无规定时，径向间隙 a 为 $0.05\sim0.13mm$、轴向间隙 b 为 $0.012\sim0.025mm$。

(4)检查油封环巴氏合金表面加工的螺旋槽旋转方向应符合制造厂技术文件规定；

(5)与旋转阻尼体连接的管道应清洁、畅通，用着色法检查管接头接触面积应符合要求；

(6)旋转阻尼调节一次油压的节流针形阀阀杆螺纹应无损伤，转动应灵活，针形阀阀杆与阀座中心位置应同心，阀芯无损伤，针形阀的调节范围应与设计文件要求相符；

(7)阻尼体与主轴连接后，阻尼器油封环外圆的径向跳动应不大于0.05mm。

6. 简述旋转阻尼调速器的放大器的结构及动作过程。

答: 图 4-10 为旋转阻尼调速器的放大器。其结构主要由辅助同步器 2、杠杆 5、波纹管 6、蝶阀 11 等组成。高压油经节流孔 8 后再经蝶阀 11 间隙排出，在节流孔 8 与蝶阀 11 的中间油室中形成二次油压 p_2，p_2 油压的大小受蝶阀 11 间隙的控制，而蝶阀 11 的间隙的大小与杠杆 5 的位置有关。作用在杠杆 5 上有四个力：即同步器弹簧和辅助同步器弹簧的向下作用力；一次油压作用在波纹管上向上的力和二次油压作用在蝶阀上的向上作用力，稳定工况下，这四个力作用于杠杆的力矩之和等于零，使杠杆处于某个稳定位置。当汽轮机转速发生变化时，从旋转阻尼器来的一次油压 p_1 随之变化，杠杆平衡被破坏，使蝶阀产生移动，蝶阀的移动使二次油压油室的排油面积发生变化，因此二次油压 p_2 也相应变化。与此同时也改变了作用在蝶阀上的力，最后使杠杆达到新的平衡。

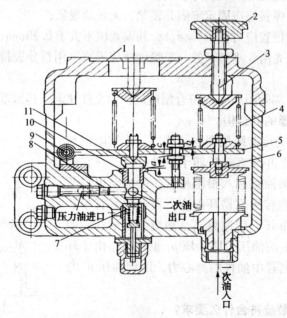

图 4-10 旋转阻尼调速器的放大器

1—主同步器位置；2—辅助同步器；3—调整螺杆；4—弹簧；5—杠杆；6—波纹管；
7—过压阀；8—节流孔；9—滚动轴承；10—蝶阀座；11—蝶阀

7. 旋转阻尼调速器的放大器安装应符合什么要求？

答：(1)放大器在制造厂内做过部套试验并于同步器一起组装出厂，在安装时如需解体检查时，则应先将主同步器吊离，并在弹簧杠杆处于水平位置时，测量蝶阀间隙 c、上下限位螺母与杠杆的限位值(间隙) a、b(图 4-11)。

(2)放大器解体后，清理和检查壳体应无裂纹、气孔等缺陷。波纹管应无压扁或破裂等缺陷。波纹管作浸煤油试验时，应无泄漏现象。

(3)放大器的主、副同步器的压缩弹簧应平直，无扭曲，裂纹、锈蚀等缺陷；板弹簧杠杆应平直，转动应灵活。

(4)蝶阀阀芯与阀座应光滑、无划痕。用着色法检查蝶阀与阀座同轴度情况。检查时在蝶阀阀芯上涂薄薄一层红丹油，紧固调整螺杆上的螺母，使蝶阀与阀座接触，然后松开螺母取下蝶阀，检查阀座上的接触痕迹应均匀，并与阀座上的泄油口同心。

(5)杠杆与支架用滚动轴承连接时，转动杠杆时应转动灵活、无卡涩现象。

(6)板弹簧杠杆组装后，波形管组与杠杆之间连接应转动灵活，无卡涩现象，波纹管应无扭曲现象。

(7)放大器组装后，各部间隙及弹簧预压缩值均应符合至制造厂技术文件要求，并锁紧限位螺母。

(8)主、副同步器安装后，手轮应转动灵活。

8. 简述径向泵的结构。

答：图 4-11 所示为径向泵，又称径向钻孔泵、脉冲油泵、调速泵。在泵轮 10 上钻有 8 个径向孔，泵轮出口加一个环形稳流网 5，以消除信号油压的波动。泵轮 10 的吸入口加装了导流杆 9，通过挠性联轴器 2 与测速发电机 1 相连接。泵轮 10 通过联轴器与主油泵轴 8 相连接，与汽轮机转子一同旋转。为了减少漏油，设置了三个浮动油封环 3、4、7 密封。泵体 6 安装在主油泵泵体上伸出的托架上。

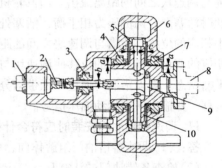

图 4-11　径向钻孔泵示意图
1—测速发电机；2—挠性联轴器；
3、4、7—油封环；5—稳流网；
6—泵体；8—主油泵联轴器；
9—导流杆；10—泵轮；

9. 径向泵式调速器安装应符合什么要求？

答：(1)油封环应光滑、完整，无裂纹、脱胎等缺陷；

(2)油封环的径向间隙应符合制造厂技术文件规定，如无规定时，一般油封间隙 a 处为 0.05~0.13mm，b 处为 0.04~0.06mm；

(3)用塞尺检查泵轮两侧面与泵体间的轴向间隙 c 为 5mm 左右并均匀；

(4)稳流网、油管应清洁、畅通；

(5)径向泵与主油泵的联轴器找正时，其径向和轴向允许偏差为 0.05mm；

(6)联轴器对中找正后，检查泵轮外圆径向跳动应不大于 0.03mm。

10. 简述调速器错油门的结构。

答：图 4-12 所示为调速器错油门结构图。它由同步器错油门、随动错油门和分配错油门组成。

11. 简述调速器错油门组的工作原理？

答：调速器错油门组的工作原理如图 4-12 所示。压力油经过滤油网和 $\phi2.5$ 节流孔进入随动错油门活塞左侧，然后再通过活塞上 $\phi2.5$ 的节流孔进入活塞右侧，最后由 $\phi5$ 喷油

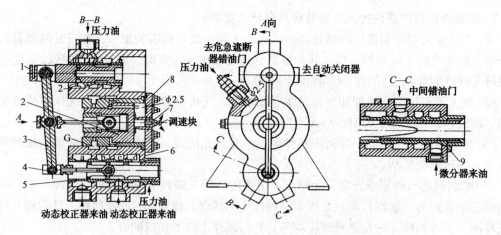

图4-12 调速器错油门组结构图

1—控制错油门；2—随动错油门；3—杠杆；4—调整螺母；
5—分配错油门；6—壳体；7—喷油嘴；8—端盖；9—限位块

嘴与调速块之间的距离流出。当汽轮机转速不变时，喷油嘴与调速块之间保持一定的距离，此时活塞左右两侧压力相平衡，活塞处于静止状态。当汽轮机转速发生变化时，调速块也产生相应的位移，喷嘴与调速块之间的距离也发生相应的变化，使活塞右侧的油压也随之发生相应的变化。当活塞的位移使调速块与喷油嘴之间的距离恢复到原始值时，活塞又处于新的平衡状态。随动错油门通过杠杆带动分配错油门移动，以此将转速信号转换为分配错油门的位移，并输出一次脉动油压信号。

12. 调速器错油门安装时应符合什么要求？

答：（1）调速器错油门组解体前，应将各零部件的相对应位置做好标记；

（2）检查各错油门的活塞和套筒应光滑，无毛刺、锈蚀、划痕等缺陷；

（3）各错油门的套筒与活塞往复运动应灵活，无卡涩现象；

（4）各油室、节流孔、排气孔应清理干净并畅通。调速器错油门的进油滤网应清洁、各孔眼应无堵塞。

（5）检查调整喷油嘴与调速快两端面间的平行度偏差应小于0.04mm。

（6）当随动错油门活塞处于左止点（限制点）时，检查喷油嘴与调速块之间的间隙应符合设计文件规定；

（7）随动错油门端盖组装后，错油门活塞在套筒内往复运动应灵活。

13. PG-PL型调速器由哪些部件组成？它的动作过程是怎样的？

答：图4-13所示为PG-PL型调速器的调速系统。它主要由供油系统，给定装置，控制、缓冲系统和油动机等组成。

14. 什么是同步器？

答：同步器（又称转速变换器）是指可在一定范围内平移调节系统静态特性曲线以整定机组转速或改变负荷的装置。根据同步器的结构分为主同步器或辅助同步器两大类。同步器安装在前轴承箱端盖上。

15. 同步器有什么作用？同步器有哪两种型式？

答：同步器的作用是在汽轮发电机组孤立运行时改变它的转速，而在汽轮机组并列运行时改变它的负荷。同步器的型式主要有改变弹簧初紧力同步器、改变支点位置同步器两种。

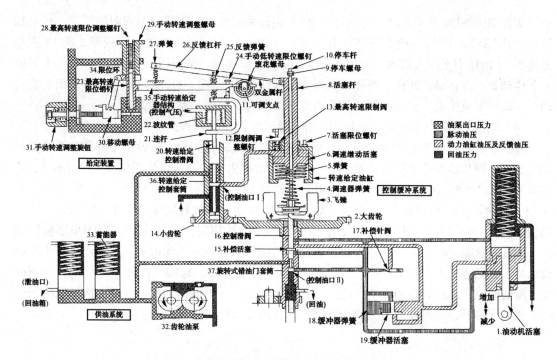

图 4-13　伍德瓦特 PG-PL 型调速器

16. 根据同步器工作原理可分为哪几种结构型式？

答：从其工作原理上可分为以下两种结构型式：改变调节系统的感应机构的静态特性，改变调节系统中传动机构的静态特性。

17. 简述改变调节系统中传动机构的静态特性的同步器结构。

答：在全液压调节系统中，同步器是通过改变传动机构的静态特性来平移调节系统特性曲线的。该同步器装于压力变换器的顶部，其结构由手轮 1、蜗杆轴 2、蜗轮 5 和 9、传动螺母 10 及同步器心杆 11 等组成，如图 4-14 所示。当转动同步器手轮 1 时，蜗杆轴 2 跟随转

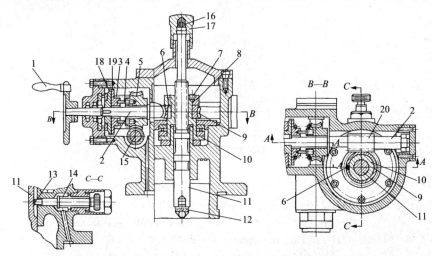

图 4-14　全液压式调节系统的同步器结构图

1—手轮；2—蜗杆轴；3—弹簧；4—圆柱销；5、9—蜗轮；6—平键；7—紧定螺钉；
8—固定螺钉；10—传动螺母；11—同步器心杆；12—球形支点；13—行程限制销；
14—压力弹簧；15、20—蜗杆；16—四方头；17—螺母罩；18、19—摩擦盘

135

动，蜗杆 20 带动蜗轮 9 转动，传动螺母 10 和蜗轮 9 用平键 6 连接在一起跟随转动，传动螺母 10 与同步器心杆 11 为螺纹连接，并且在同步器心杆上加工有凹槽，行程限止销 13 在压力弹簧 14 的作用下压入槽内，如图 4－14 中的 C—C 视图，从而限制了同步器心杆 11 只能上下移动而不能转动，这样，当传动螺母 10 旋转时，同步器心杆 11 只能上下移动而不能转动，从而压紧或松弛压力变换器弹簧，改变弹簧紧力，使调节系统动作。

18. 简述改变调节系统的感受机构的静态特性的同步器结构。

答： 在半液压调节系统中，同步器是通过改变感受机构的静态特性来平移调节系统特性曲线的。该同步器安装于调速器蝶阀座一侧，其结构由手轮 1、同步器轴 2、止动板 3、定位螺母 4、蜗杆 8、离合头 10、连接轴 11、从动轴 14、正齿轮 15、中间轴 16、蜗轮 17、蜗杆 18、减速箱 19、电动机 20 等组成，如图 4－15 所示。当旋转同步器手轮 1 时，带动同步器轴 2 旋转，因蜗轮 8 与同步器轴 2 上的螺纹相连，并用定位螺钉定位，当同步器轴转动时，蜗杆 8 也随之转动蜗杆的转动通过蜗轮的转动使偏心轴及滚珠轴承同时转动。由于滚珠轴承装配在偏心轴上，转动时将使螺钉 18 产生上下的位移，蝶阀座跟随上下移动，从而改变了溢流间隙。溢流间隙的改变，使二次油压相应变化，因而错油门滑阀随二次油压的变化向上或向下移动，最终使调节气阀的开度变化，改变汽轮机的进汽量。

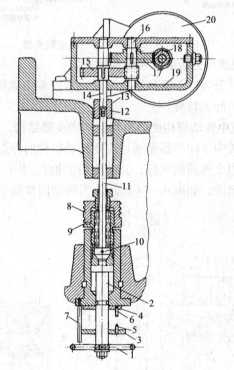

图 4－15　半液压式调节系统的同步器结构

1—手轮；2—同步器轴；3—止动板；4—定位螺母；5、6—圆柱销；

7—定位杆；8、18—蜗杆；9、13—紧定螺钉；10—离合头；

11—连接轴；12—联轴节；14—从动轴；15—正齿轮；

16—中间轴；17—蜗轮；19—减速箱；20—电动机

19. 同步器安装应符合什么要求？

答：（1）蜗轮副或齿轮副齿轮应啮合良好；

（2）摇动手轮时应转动灵活，传动轴前后移动应灵活，无卡涩现象；

（3）同步器行程指示整定应符合制造厂技术文件规定；

（4）离合器弹簧的压缩量应按制造厂技术文件要求进行调整，手动同步器时离合器应滑动灵活；电动同步器时离合器应转动而不滑动；当同步器位于上下限位时应空转；

（5）检查 T 形连接头与一号错油门 T 形槽间隙应符合制造厂技术文件规定，一般应不大于 0.20mm，然后将 T 形连接头与传动轴用定位销定位。

20. 机械离心调速器的蜗轮蜗杆传动装置安装应符合什么要求？

答：（1）蜗轮蜗杆应无裂纹、气孔及损伤，齿面应光滑。

（2）检查轴颈应光滑，无毛刺、划痕、碰伤等缺陷，轴颈粗糙度为 $Ra3.2$。轴颈的圆柱度和圆度、径向跳动及各部间隙应符合设计文件要求。

（3）蜗轮蜗杆传动精度应符合设计文件规定。蜗轮蜗杆传动精度等级可近似地按圆周速度确定，如表 4-1 所示。

表 4-1　蜗轮蜗杆传动精度等级

精度等级	7	8	9
圆周速度/(m/s)	<7.5	<3	<1.5

（4）用着色法检查蜗轮副啮合斑点时，应将颜色轻轻地涂在蜗杆工作面上，并轻微缓慢地正反方向转动蜗杆数次，这时在蜗轮的齿面上就印有斑点，蜗轮副的接触斑点应趋于齿侧面的中部，如图 4-16 所示。

(a)正确啮合　　(b)涡轮向左偏移　　(c)涡轮向右偏移

图 4-16　蜗轮副啮合接触面积分布图

（5）接触斑点的百分率，应符合表 4-2 的规定，必要时可用透明胶带取样，贴在座标纸上保存、备查。

表 4-2　蜗轮副齿的接触斑点百分率

名　　称		精度等级								
		3	4	5	6	7	8	9	10	11
		接触斑点百分率，不应小于								
接触斑点	齿高	70		65		55		45		30
	齿长	65		60		50		40		30

21. 蜗轮副组装后应进行哪些检查？

答：（1）蜗杆与蜗轮组装后，盘动蜗杆轴，传动装置应转动灵活，无卡涩现象。

（2）蜗轮处于任何位置时，转动蜗杆轴所需的力矩应一致。

（3）传动装置的润滑应良好，转动应平稳、灵活、无异常声响和振动。

22. 简述继流式压力变换器结构。它的动作过程是怎样的？

答：图 4-17 所示为径向钻孔泵调节系统中的第一级脉冲放大装置—继流式压力变换

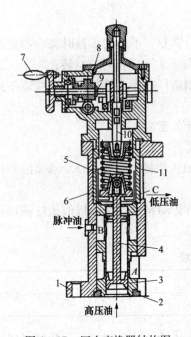

图4-17 压力变换器结构图

1—壳体；2—底托；3—套筒；4—滑阀；
5—弹簧；6—球形支点；7—手轮；
8—蜗轮；9—蜗杆；10—芯杆；11—衬套

器，它主要由套筒3、滑阀4、弹簧5、手轮7、蜗轮8、蜗杆9、芯杆10等组成。在压力变换器套筒上开有两个矩形泄油窗口A和B。主油泵出口高压油一路通往压力变换器的下端，另一路经节流孔后变成一次脉冲油压从窗口B进入压力变换器，再经窗口A流向主油泵入口。在压力变换器的上端的衬套11上还开有油窗口C，此油窗口也与主油泵入口的低压油路相通，使滑阀上端保持0.1MPa的低压油路油压，从而使压力变换器滑阀上、下端受力不等，产生一个向上作用的压力差Δp，此压力差由弹簧5来平衡。这样，当弹簧调整好后，压力变换器的滑阀位置实际上就只由油泵出口油压即汽轮机的转速决定了。汽轮机转速不变，主油泵出口油压亦不变，则滑阀上、下作用力相平衡，滑阀处于中间位置静止不动。当汽轮机转速升高时，主油泵出口油压随之增大，从而改变了滑阀上、下力的平衡关系，使滑阀向上移动，同时泄油窗口A随之关小，脉冲油压因回油减少而增加。反之，若汽轮机转速下降，脉冲油压将减少，动作过程与上述相反。

这样，压力变换器接受了微弱的主油泵的油压变化信号，而发出一个较强的脉冲油压变化信号，起到了传动放大的作用。

23. 断流式错油门由哪些部件组成的？它是怎样动作的？

答：图4-18所示为径向钻孔泵调节系统中第二级放大装置中的断流式错油门。其主要由壳体1、滑阀2、套筒3、弹簧4、调整螺杆6等组成。在套筒的中部开有四个圆形油口D，是来自主油泵的高压油的入口，高压油流经错油门套筒上部的四个矩形油口E，可通往油动机活塞的下部油室，流经错油门套筒下部的四个矩形油口F，可通往油动机活塞的上部油室。错油门滑阀下端与压力变换器来的二次脉冲油路相通，上端与主油泵入口的低压油路相通。这样，脉冲油压与主油泵入口油压之差，给滑阀一个向上的作用力，此力由弹簧4来平衡。

当机组负荷稳定即脉冲油压不变时，滑阀下部的脉冲油作用力和上部的弹簧力相平衡，此时滑阀处于中间位置，滑阀的凸肩盖住油口E和F，切断油口通往油动机上、下腔室的通路。当脉冲油压因负荷减少而增加时，错油门滑阀由于上、下受力不平衡而向上移动，高压油从D口进入E口，通往油动机活塞下部的油室，使油动机活塞上移，调节气阀关闭。在打开油口E的同时油口

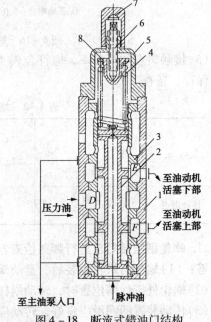

图4-18 断流式错油门结构

1—壳体；2—滑阀；3—套筒；4—弹簧；5—弹簧罩；
6—调整螺杆；7—调整螺杆罩；8—弹簧座

F也被打开，使油动机上部的油通过油口C排至主油泵入口。反之，若机组负荷增加而脉冲油压减少时，其动作过程与上述过程相反。显然，错油门接受了脉冲油压的变化而使一个更强的高压油来驱使油动机动作，起到了进一步放大的作用。

24. 简述全液压调节系统错油门与油动机的结构。

答： 图4-19、图4-20所示为全液压调节系统错油门与油动机的结构图。其主要由错油门9、油动机4、连接体6、反馈系统等组成。活塞杆上装有反馈导板2及关节轴承1，用于连接调节气阀操纵系统和执行机构。错油门滑阀8和套筒7被装配在其壳体中。错油门滑阀顶端装有叶轮16，其径向和切向钻有均布的通道。止推滚珠轴承15被热装配在叶轮16顶端的轴上，弹簧14压靠在推力轴承上。弹簧14的作用力由调节螺钉11和杠杆10的位置来确定。

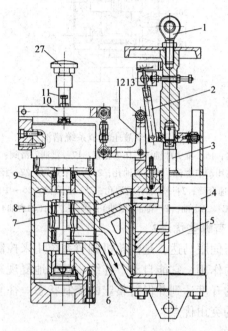

图4-19　全液压调节系统错油门与油动机

1—关节轴承；2—反馈导板；3—活塞杆；4—油动机缸；5—活塞；
6—连接体；7—滑阀套筒；8—滑阀；9—错油门壳体；10—杠杆；
11—调整螺钉；12—弯角杠杆；13—滚针轴承；27—排气过滤器

25. 全液压调节机构传动放大机构的错油门和油动机的作用是什么？

答： 油动机通过错油门将由调速器输出的二次油压信号转换为油动机活塞的行程，并通过杠杆系统操纵调节气阀的启闭，使进入汽轮机流量与设计的流量或所需要的负荷相匹配。

26. 简述全液压调节系统错油门工作原理。

答： 全液压调节系统错油门的工作原理（图4-20）。二次油压的变化会导致错油门滑阀相应的位移（上、下移动），错油门滑阀随着二次油压增加向上移动，从而使压力油从接口26进入油动机的上油室，而油动机活塞的下油室则与回油口相通，油动机活塞在油压差的作用下向下运动，并通过调节杠杆使调节气阀的开度增大。与此同时，使反馈导板向下移动，由于反馈导板有一定的斜度，推动弯曲杠杆12将活塞的运动传递给杠杆10，杠杆便产生与滑阀逆时针转动，使杠杆的右端向下，作用在压缩弹簧上，增加反馈弹簧的压力，使错油门滑阀向下移动，又回到中间位置。

当二次油压下降时，调节过程动作与上述相反。

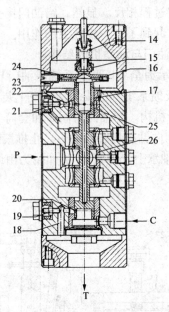

图 4 - 20 全液压调节系统错油门

14—反馈弹簧；15—推力球轴承；16—轮盘；17—错油门滑阀；18—排泄孔；

19—振荡用调节螺钉；20—放油孔；21—调节螺钉；22—径向钻孔；

23—测速套筒；24—轮盘径向油孔；25—上套筒；26—中间套筒

C—二次油；T—排油(回油)；P—压力油(动力油)

27. 什么是油动机？它有哪些优点？

答：油动机，又称液压伺服马达，是汽轮机调节系统用来控制调节气阀开度的液压执行机构，起液压功率放大器的作用。它能自动、连续、精确地复现来自中间放大环节输入信号的变化规律，使调节气阀的开度达到并保持整定的控制状态。往复式油动机具有惯性小、驱动力大、动作快、能耗低的突出优点。

28. 油动机分为哪几种？

答：油动机分为旋转式、往复式油动机等，但汽轮机调节系统应用最多的是断流式双侧进油往复式油动机或单侧进油式油动机两种。

29. 简述油动机工作原理？

答：油动机是一个典型的反馈控制位置随动系统，主要由错油门、油动机及反馈机构等组成，其原理框图如图 4 - 21 所示。其中，错油门起着控制进、出油动机上下腔室的流量或活塞运动速度的作用；静反馈起到消除静态偏差的作用，使油动机活塞的行程与输入信号同步；动反馈起着消除动态超调、抑制过渡过程振荡的作用。

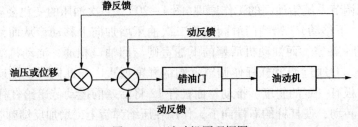

图 4 - 21 油动机原理框图

30. 简述双侧进油往复式油动机的结构。

答: 图 4 - 22 所示为汽轮机全液压调节系统中的双侧进油往复式油动机。其主要由反馈套筒 1、活塞套筒 2、活塞 3、球面支承 4、紧定套筒 9 和活塞环 11 等组成。

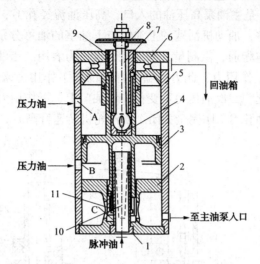

图 4 - 22　油动机结构图

1—反馈套筒；2—活塞套筒；3—活塞；4—球面支承；5—壳体；6—油动机上盖；
7—球头拉杆；8—防尘板；9—紧定套筒；10—反馈油口；11—活塞环

在调节过程中，油动机活塞上、下两侧一侧进油，另一侧排油。在稳定状态下，错油门滑阀处于中间位置，其凸肩正好将通往油动机的进油口挡住，油动机两侧既不进油也不排油。靠错油门滑阀控制油动机的进、排油和推动活塞的运动速度。当错油门滑阀动作时，打开进出油的油窗口，使脉冲油进入油动机活塞的上部油腔室和下部油腔室，油动机活塞在上下油差的作用下向上或向下运动，通过球头拉杆调整调节气阀的开度。

油动机活塞上下油室各有窗口 A、B，它们分别与错油门上部油口和下部油口相通。当错油门滑阀在脉冲油压的作用下发生位移时，油动机活塞的上下油口与错油门的高压油和排油系统相通，油动机活塞发生位移，带动调节气阀上下移动，从而启闭调节气阀。

在反馈套筒上开有反馈油口 10，它通过油窗 C 与调节系统的排油系统相连。当脉冲油压降低时，错油门滑阀下移，压力油便从错油门下部油口流至油动机上部油口 A，进入油动机活塞 3 的上部，油动机活塞下部的油从油口 B 流出，经错油门上部排至主油泵入口，迫使油动机活塞带动球头拉杆 8 将调节气阀开启。

油动机活塞在移动中所处的位置不同，反馈套筒 1 上的反馈油口 10 就有不同的开度。不同的反馈油口位置，对脉冲油压就有不同的影响，借此抵消转速信号对脉冲油压的影响，使脉冲油压恢复到整定值，并使调节气阀和油动机处于新的平衡位置。

当脉冲油压降低时，油动机活塞下移，反馈窗口被关小，使脉冲油压上升。当反馈窗口使脉冲油压的上升值与原脉冲油压的降低值相等时，错油门回到中间位置，调节气阀和油动机便稳定在新的平衡位置。

31. 半液压调节系统传动放大机构采用什么装置?

答: 在半液压调节系统中，传动放大机构采用了一次继流放大（阀蝶）与一次断流放大（错油门和油动机）装置。

32. 简述半液压调节系统断流式错油门和油动机结构。

答：图 4-23 所示为断流式错油门和油动机结构图。断流式错油门主要由套筒 8、滑阀 12、调速器主弹簧 10 及随从弹簧 13 等组成。错油门套筒上共有四个环形孔 C、D、E、F 和二个圆孔 G、H。油孔 D 是主油泵高压油的入口，高压油流经孔 G、H 可分别通往油动机活塞的上部油室与下部油室，油动机活塞的上油室与下油室的油可分别经油孔 C、E 排之回油箱，油孔 F 与二次油压室相通，供测量二次油压装设压力表用。错油门滑阀受二次油压与调速器弹簧即主弹簧的向上作用力，此力由随从弹簧的向下作用力来平衡。当机组转速不变时，溢流间隙也未有变化，二次油压也不变化，错油门上、下作用力相平衡，滑阀处于中间位置，将通往油动机的油孔 G、H 完全关闭。当汽轮机转速升高时，二次油压因溢流间隙减

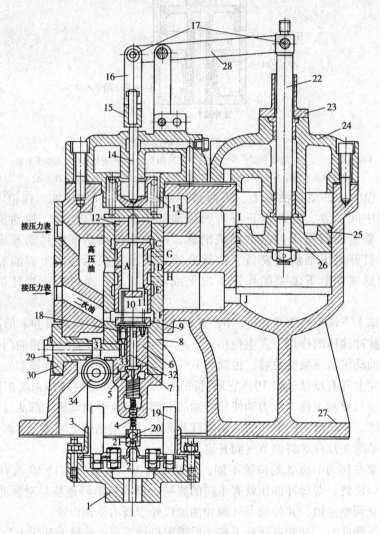

图 4-23　半液压调节系统错油门与油动机

1—托盘；2—扁弹簧；3—挡铁；4—蝶阀心杆；5—蝶阀；6—蝶阀座；7—蝶阀壳；8—套筒；9—弹簧座；10—主弹簧；
11—弹簧座；12—滑阀；13—随从弹簧；14—调整顶杆；15—十字接头；16—连杆；17—销轴；18—紧固螺钉；19—飞锤；
20—钢珠；21—蝶阀珠盒；22—活塞杆；23—定距套筒；24—油动机盖；25—活塞环；26—活塞；27—调速器壳体；
28—反馈杠杆；29—同步器行程（角度）指示盘；30—蜗母凸轮套筒；31—蜗轮；32—偏心轴；33—滚珠轴承；
34—传动蜗杆

小而增大，错油门滑阀受力不平衡而向上移动，通往油动机活塞下部油室的窗口 H 开启，高压油进入油动机使其动作，与此同时，窗口 G 和泄油孔 C 相通，油动机上部油室的油排回油箱。反之，若机组转速降低时，其动作过程与上述过程相反。这样，错油门进一步把二次油压的变化转化放大成为驱使油动机活塞动作较强的压力油油压，完成了传动、放大的作用。

油动机为双侧进油活塞式油动机主要由活塞26、活塞杆22、活塞环25 等组成。活塞的上下油室各有窗口 I、J 与错油门相通，其动作原理与全液压调节系统的双侧进油活塞式油动机相同。

33. 如何用专用工具检查断流式错油门滑阀的重叠度？

答：在不拆卸套筒情况下，错油门滑阀的重叠度（套筒上的油口开度）可用专用工具进行测量，如图4-24所示。图4-24(a)所示为用 L 形单足测量杆测量断流式错油门滑阀的重叠度，用 L 形单足测量杆 3 测量出套筒的油口宽度 s_1，L 形测量杆放在特制定位套筒 4 内，应保持0.03～0.05mm 间隙。特制定位套筒与套筒1 的接触端面应平整，特制定位套筒应具有一定的长度，避免测量时测量杆倾斜而影响测量尺寸的准确性。测量时，上下移动测量杆，测量杆顶部放置的百分表摆动值 Δ_1，Δ_1 与测量杆足部厚度 L_1 相加，即为所测错油门滑阀的重叠度。图4-24(b)所示为另一种测量工具，类似深度游标卡尺。

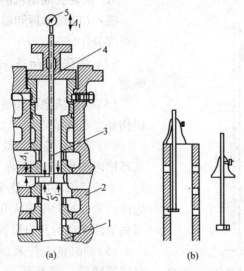

图4-24　测量错油门滑阀重叠度的专用工具
1—套筒；2—错油门壳体；3—L形单足测量杆；4—特制定位套筒；5—百分表

34. 如何计算断流式错油门滑阀的重叠度？

答：按图4-24(a)所示用专用测量工具所测量错油门滑阀重叠度（套筒油口开度）S_1 为：

$$S_1 = L_1 + \Delta_1$$

式中　S_1——套筒油口开度，mm；

　　　L_1——单足测量杆的单足厚度，mm；

　　　Δ_1——单足测量杆垂直移动时的百分表读数值，mm。

35. 如何用透光法检查错油门滑阀重叠度？

答：图4-25所示为用透光法检查错油门滑阀重叠度。其检查方法为将错油门滑阀放入套筒内，在套筒端部架设一块百分表，移动错油门滑阀，直到油口中能透过光亮时为止，读出百分表的读数并记录。然后，反方向移动错油门滑阀，直到油口另一侧能透过光亮，读出百分表的读数并记录。两次读数之差即为错油门滑阀重叠度，此方法应连续测量 2~3，以校验测量的准确性。

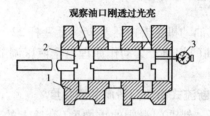

图 4-25　用透光法测量错油门重叠度

1—错油门套筒；2—滑阀；3—百分表

36. 如何检查错油门滑阀与衬套间的间隙？

答：用塞尺检查错油门滑阀与衬套之间的径向间隙时，一般 Δ_3 应为错油门滑阀直径的 2% 左右，滑阀导向密封凸肩与衬套的径向间隙 Δ_4，应小于 Δ_3，如图 4-26 所示，其径向间隙应符合制造厂技术文件的规定。

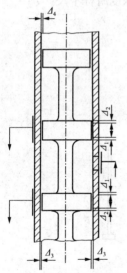

图 4-26　错油门滑阀与衬套之间的间隙

Δ_1—进油侧重叠度；Δ_2—排油侧重叠度；

Δ_3—滑阀与衬套间隙；Δ_4—导向密封处间隙

37. 活塞式油动机的安装时应符合什么要求？

答：（1）解体拆卸前，应将油动机、错油门和反馈部分作好标记。

（2）清洗检查各油孔（口）、油路应清洁、畅通。

（3）检查活塞杆应光滑，不得有裂纹、划痕、碰伤和弯曲等缺陷。

（4）活塞环应无裂纹、弹性良好，活塞环在活塞环槽内应能灵活转动，无卡涩现象，且弹性良好。手按活塞环时，能全部沉入槽内，槽的深度应比活塞环径向厚度大 0.25~0.50mm。活塞上相邻两个活塞环的开口位置应相互错开 120°~180°。

（5）油缸体工作表面应光滑、无拉毛、锈蚀、磨损等缺陷，活塞环装入油缸后进行漏光检查，应符合制造厂技术文件规定。

（6）检查各部尺寸与配合间隙应符合制造厂技术文件的规定，活塞环端面翘曲应符合表 4-3 规定。

表 4-3　活塞环端面翘曲　　　　　　　　　　　　　　　　mm

活塞环外径 D	允许翘曲偏差值	活塞环外径 D	允许翘曲偏差值
≤150	≤0.04	>400~700	>400~700
>150~400	≤0.05	>700	>700

（7）活塞环与活塞环槽的侧间隙及活塞环在自由状态和工作位置的开口间隙，应符合机器技术资料的规定。

（8）活塞行程应符合制造厂技术文件的要求。

（9）反馈导板与弯角杠杆（肘形架）上滚针轴承工作面应光滑、无划痕、磨损缺陷。

（10）各联接部位联接应可靠，转动应灵活。

（11）油动机组装后，密封面应无泄漏现象。

38. 简述单阀芯调节气阀结构。

答： 单阀芯是汽轮机中常见的一种调节气阀，其结构主要由阀芯和阀座组成，如图4－27所示。单阀芯有球形阀和锥形阀两种型式。由于单阀芯调节气阀结构简单，但所需的提升力大，因此在中、小型汽轮机上得到广泛的应用。

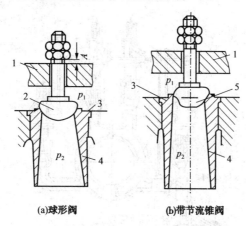

(a)球形阀　　　　(b)带节流锥阀

图4－27　单阀芯式调节气阀

1—提板；2—阀芯；3—阀座；4—扩压管；5—带锥阀芯

39. 简述双阀芯调节气阀的工作原理。

答： 对于大功率汽轮机，由于蒸汽参数高、调节气阀直径大，提升力也很大，为了减少开启调节气阀的提升力，现代大型汽轮机的调节气阀均采用双阀芯结构，如图4－28所示。当调节气阀处于全关位置时，压力为p_1的新蒸汽自孔 B 漏入卸载室（A 室），由于预启阀将主阀的下孔堵住，这时 A 室压力p_2'上升到接近p_1，即$p_2' = p_1$，使主阀芯紧贴在阀座上，所以主阀密封很严密。当预启阀开启时，当阀杆向上移动时，首先带动预启阀，预启阀打开后，由于孔 B 的节流作用而产生阻尼效应，使 A 室内压力p_2'很快降至p_2。在预启阀继续提升时，带动主阀向上移动。这样从而减少了主阀前后的压差，使主阀提升力大为较少。

40. 什么是调节气阀的传动机构？其有什么作用？

答： 将油动机活塞位移信号转变成调节气阀开度信号的装置，称为传动机构。传动机构的作用是将油动机活塞的位移传递给调节气阀，使其产生相应的位移。

41. 驱动调节气阀的传动机构有哪几种形式？

答： 驱动调节气阀的传动机构通常有杠杆式传动机构、凸轮传动机构和提板式传动机构三种形式。

42. 什么是凸轮式传动机构？

答： 采用凸轮传动控制调节气阀开度的装置，称为凸轮式传动机构。

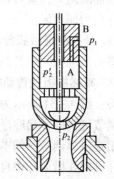

图4－28　双阀芯式调节气阀
（带蒸汽弹簧预启阀的调节气阀）

43. 简述凸轮式传动机构。

答： 图4-29所示为凸轮式传动机构。油动机活塞的位移是通过杠杆1和齿条2与齿轮3啮合，齿轮带动装有凸轮的轴4转动，凸轮通过杠杆分别控制调节气阀，并依靠凸轮型线的不同来确定调节气阀的开启顺序。调节气阀的开启是靠油动机活塞产生的提升力，而关闭调节气阀是靠调节启发上部的弹簧5的向下作用力来完成的。

在凸轮轴上装有四个凸轮，每个凸轮控制一个调节气阀，四个凸轮采用不同的型线，可使四个调节气阀依次开启。改变凸轮的型线即可改变调节气阀的流量特性，因此调节比较方便。这种机构开启力量较大，所以常用在高压机组上。

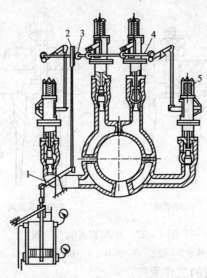

图4-29 凸轮式传动机构
1—杠杆；2—齿条；3—齿轮；4—凸轮轴；5—弹簧

44. 简述杠杆式传动机构。

答： 图4-30所示为杠杆式传动机构。对于蒸汽参数较高的大型汽轮机，由于开启调节气阀的力较大，常用一个或几个油动机各用杠杆开启2~4个调节气阀。杠杆的一端为活动支点，另一端由油动机活塞杆带动上、下摆动，杠杆通过销轴与各调节气阀阀杆的椭圆形吊环相铰接，椭圆吊环的长度确定了各调节气阀的开启顺序。通过调节螺母可以调整销轴到椭圆孔顶部的距离，就可以调整调节气阀的开启顺序。调节气阀依靠自身重量及双圈弹簧的向下的作用力而关闭。

45. 什么是提板式传动机构？

答： 油动机同时控制几个调速气阀的传动装置，称为提板式传动机构。

46. 简述提板式传动机构。

答： 图4-31所示为提板式传动机构。此机构用一个油动机可以同时控制几个调节气阀。调节气阀的开启顺序由横梁与每个调节气阀杆上的螺母之间的间隙所决定的，调节气阀的关闭是依靠调节气阀本身的自重和蒸汽作用力。阀杆与横梁孔中的配合间隙为2~3mm，使阀杆可以在横梁孔中自由活动，并在调节气阀关闭时不至于让横梁将调节气阀芯压在阀座上。这种调节气阀的传动机构的优点是结构简单，只适应于所需提升力较小，而且都是部分进汽的中、小型机组。

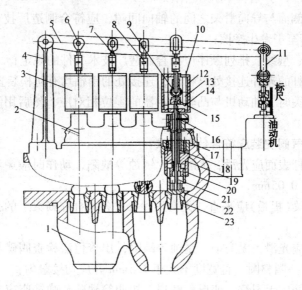

图 4－30　杠杆式传动机构

1—壳体；2—汽封套；3—弹簧套筒；4—杠杆；5—销轴；

6—吊环；7—调节套筒；8—叉形接头上的销轴；

9—叉形接头；10—弹簧盖；11—连杆；12—小弹簧；

13—双圈弹簧；14—弹簧座；15—球形铰链；

16—导汽圈；17—阀盖；18—汽封垫圈；

19—阀杆套；20—汽封套筒；21—阀杆；

22—阀碟；23—扩散器

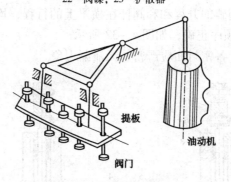

图 4－31　提板式传动机构

47. 调节气阀的凸轮传动机构安装应符合什么要求？

答：（1）用着色法检查齿条与齿轮的接触斑迹，沿齿高方向应大于40％，沿齿长方向应大于50％；在齿条全长上齿测间隙应符合制造厂技术文件的规定；啮合时应使齿条与齿轮上的永久性标志对准，如无永久性标志时，应在检查调整完毕后，在对应部位打上永久性标志；

（2）凸轮与滚轮间的间隙，冷态调整时通过调整螺杆调整到0.5mm并记录，作为以后调整依据；当汽轮机带满负荷后（热态）调节气阀在全关闭后，将凸轮型面与滚轮间隙调整为0.2～0.3mm；

（3）齿条背面与滚轮之间在全行程应留有0.25～0.65mm间隙，以保证调节气阀关闭的严密性；

(4)检查齿条两侧面与导向滑架之间的轴向间隙，应符合制造厂技术文件的要求，运行时能满足热膨胀，不至于发生摩擦；

(5)各凸轮位置、型线、排列顺序应符合制造厂技术文件的规定；

(6)检查配汽杠杆的连杆连接处已锁紧，连接处的销轴均有防松装置；

(7)调节气阀全关时，油动机与凸轮指示器的零位相对应，然后用制动螺钉将凸轮指示器紧固。

48. 提板式调节气阀安装应符合什么要求？

答：(1)检查拉杆表面应光滑，无磨损、锈蚀等缺陷，动作时应灵活、不卡涩，拉杆的最大弯曲值应不大于 0.05mm；

(2)调节气阀横梁(提板)应平直，无变形现象；各阀杆在横梁上的孔内应活动灵活，无卡涩现象；

(3)阀碟与阀座应光滑，无磨损、锈蚀等缺陷，用着色法检查阀碟与阀座接触情况，接触痕迹应为无间断的一圈整圆，且宽度不大于 1.5mm 并应均接触匀；

(4)检查压力弹簧应无裂纹、变形、磨损、扭曲等缺陷，弹簧座应平整，其刚度和压缩量均应符合制造厂技术文件要求的规定；

(5)各传动部件应连接可靠、动作灵活，无卡涩现象；

(6)在蒸汽室上安装横梁时，横梁的方向和调节气阀的位序应符合设计文件的要求，不得任意颠倒；

(7)调整各阀碟的行程的同时，应检查、调整阀杆与横梁、拉杆与横梁等装配间隙，均应符合制造厂技术文件的规定；

(8)检查、调整每个阀碟的升程和和阀杆在横梁上的行程，均应符合制造厂技术文件的规定，以保证各阀碟开启顺序正确，如图 4-32 所示；

(9)调节气阀组装后，各密封面应严密、无泄漏现象。

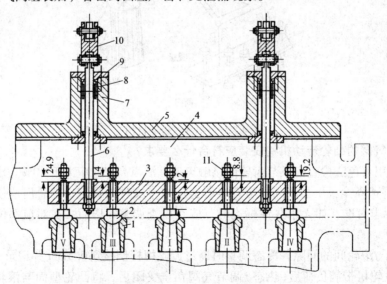

图 4-32　提板式调节气阀阀碟的升程和阀杆在横梁上的行程的检查与调整
1—阀座；2—阀碟；3—横梁；4—蒸汽室；5—蒸汽室盖；6—阀杆；
7—填料密封；8—漏汽口；9—压盖；10—叉形接头；11—螺母

49. 调节气阀的杠杆传动机构安装应符合什么要求?

答：(1)检查各调节气阀开启顺序应符合制造厂技术文件的规定；

(2)在油动机活塞处于零位且预启阀及调节气阀均关闭的情况下，检查连杆销轴的各部间隙应符合制造厂技术文件的规定；

(3)检查阀杆与球形铰链应转动灵活；

(4)组装双圈弹簧时，内外圈弹簧的末端位置应错开180°。

50. 汽轮机启动装置有哪几种型式?

答：启动装置通过供给压力油压来开启汽轮机主气阀。只有当主气阀完全开启时，调速器才接受允许汽轮机启动的启动信号。启动器的类型很多，常用的主要带手动启动定位器的启动装置、带比例杠杆的启动装置、启动器等三种型式。

51. 简述带手动启动定位器的启动装置结构。

答：图4-33所示为带手动启动定位器的启动装置结构，它与电液转换器安装于底座上，并与压力油管道相连接，在其上部开有压力油P、脱扣油E、启动油F和回油T接口。其结构主要由带螺杆2的手动启动调节器1、压力弹簧、滑阀套筒9和带变速杆4的滑阀7组成。滑阀套筒9垂直装配在启动装置壳体中并由压盖5固定位置，其中间是滑阀7，变速杆4从滑阀顶部内孔穿过。压力弹簧8将滑阀压靠在滑阀套筒9的凸肩6上，经由变速杆4、手动启动定位器的螺杆，使滑阀被弹簧顶起使滑阀移动至所需的位置，然后用锁紧螺母固定。

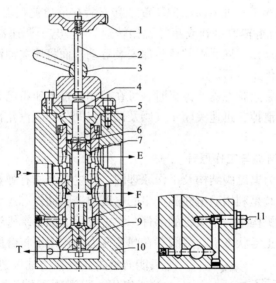

图4-33　带手动启动定位器的启动装置

1—手动启动调节器；2—螺杆；3—锁紧螺母；4—变速杆；5—压盖；

6—凸肩；7—滑阀；8—弹簧；9—滑阀套筒；10—壳体；11—节流螺钉；

P—压力油；E—脱扣油；F—启动油；T—回油

52. 简述启动器结构及动作过程。

答：图4-34所示为启动器结构，其主要由手动启动调节器1、锁紧手柄2、连杆3、滑阀6、比例杠杆9、蜗杆12、传动轴13和蜗轮14等组成。汽轮机启动时，首先松开锁紧手柄2，上旋启动调节器1，将主气阀开启，由于连杆4及其相连的比例杠杆9继续上移，使调速器处于"调节气阀开启"的状态，再用启动调节器1逐步提高二次油压，调节气阀开启，继续操作启动调节器1使汽轮机转速随之升高，直至达到调速器动作转速。然后继续上旋启动调节器1至图示位置，汽轮机转速不再升高。这时将锁紧手柄2下旋到底并锁牢，继续用调速器升速。

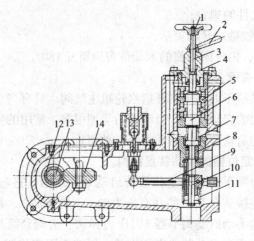

图4-34 启动器结构图

1—手动启动调节器；2—锁紧手柄；3—连杆；4—盖；5—衬套；6—滑阀；
7、8、11—弹簧；9—比例杠杆；10—轴；12—蜗杆；13—传动轴；14—蜗轮

53. 电磁阀有什么作用？

答：两位三通电磁阀是一种电动保护装置，它安装在危急遮断器前面的控制油管道上，当机组遇到紧急状态（机组转速达到或超过脱扣转速）时，电子调速器将发出信号，将电磁阀的电路接通，电磁阀动作，同时引起危急保安装置动作而将速关油泄掉，主气阀及调节气阀迅速关闭，使汽轮机停止运行。

另外，当机组遇到紧急状态需要停机时，可在控制室按电钮将电磁阀接通，使电磁阀动作，将电磁阀后的压力泄掉，迅速关闭主气阀及调节气阀，切断汽轮机进汽，使汽轮机停止运行。

54. 简述电磁阀的结构与工作原理。

答：图4-35所示为电磁阀结构及工作原理图。其主要结构有弹簧、磁铁、滑阀Ⅰ及滑阀Ⅱ和壳体组成。电磁阀是利用通电线圈产生的电磁力来驱动铁芯运动，来改变速关油流向的阀门。电磁阀是执行机构中一个关键的部件，它主要用于油系统管道中的自动控制、程序控制和远距离控制。在正常状态下，滑阀Ⅰ在弹簧压力的作用下将旁路Ⅰ堵住，这时压力油只能向滑阀Ⅱ所在的油腔进油。滑阀Ⅱ的上端无油压作用，而滑阀下端受压力油的作用而上移。滑阀Ⅱ下端的活塞将排油口c堵住，于是压力油便从油口b送至危机遮断器。当有切断信号输入电磁阀时，即接通电路，磁铁产生磁力，滑阀Ⅰ在磁力的作用下被提起，打开旁路Ⅰ。于是压力油便经旁路Ⅰ进到油腔，然后经上下油腔进入滑阀的上端。这时作用于滑阀Ⅱ上端与下端的油压是相同的，但由于受油的作用面积不同；上端的受压面积大，迫使滑阀Ⅱ下移，切断压力油通向

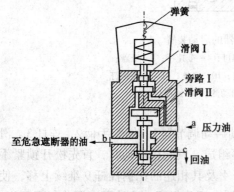

图4-35 电磁阀工作原理

油口 b 的通路，同时打开油口 b 与油口 c 的通路，于是脱扣油被泄掉，迅速关闭主气阀及调节气阀，使汽轮机停止运行。

第三节　保护装置的安装

1. 什么是保护系统？

答：汽轮机组在启动和运行过程中，机组或各系统主要参数超过整定值，或机组发生异常情况时，发出报警甚至停机而保护机组的安全系统，称为保安系统。

2. 什么是保护装置？

答：保证汽轮机安全运行的装置，称为保护装置。由于汽轮机是在高温、高压、高转速下运行，为了保证工业汽轮机安全、平稳运行，防止设备损坏事故的发生，避免引起严重事故，除了要求调节系统动作迅速、灵敏可靠外，还应在汽轮机上设置各种自动保护装置。这些保护装置主要有危急遮断器、危机保安器、自动主气阀、磁力短路油门，低油压保护装置，低真空保护装置等。

3. 绘制 NK32/36 型凝汽式汽轮机转速调节和保安系统示意图。

答：NK32/36 型凝汽式汽轮机转速调节和保安系统绘制，如图 4 - 36 所示。

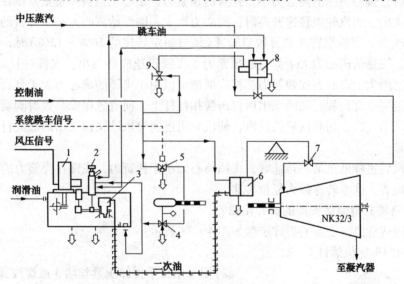

图 4 - 36　NK32/36 型凝汽式汽轮机转速调节和保安系统示意图

1—PG—PL 型 WOODWARD 调速器；2—启动器开车手轮；3—压力变化器；4—危急遮断器；5—电磁阀；6—错用门和油动机；7—调节气阀；8—主气阀；9—试验阀门

4. 简述飞锤式保安器的结构。

答：飞锤式危急保安器结构及动作原理，如图 4 - 37 所示。其主要由调整螺钉 1、调节套筒、偏心飞锤 5、配重脱扣销 6、弹簧 9 等组成。导向环 4 和 8 装配在汽轮机转子前端纵向孔内，高耐磨性能的导向衬套 3 和 7 装配在导向环 4 和 8 内，螺纹衬套 2 将上导向环 4 压在孔内支承面上，下导向环 8 支撑着弹簧 9，两导向环 4 和 8 之间的偏心飞锤 5 被弹簧压住，偏心飞锤只能在工作位置上滑动。配重脱扣销 6 装配在飞锤的中心孔内，将螺钉 1 拧入螺栓衬套内，使配重脱扣销 6 不会掉到另一侧。

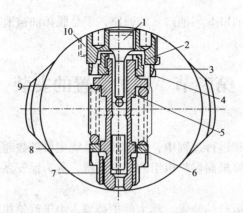

图 4 - 37　飞锤式危急保安器

1—螺钉；2—螺纹衬套；3—导向套；4—导向环；5—偏心飞锤；

6—脱扣销；7—导向套；8—导向环；9—弹簧；10—埋头螺钉

5. 简述飞锤式保安器的工作原理。

答：飞锤式保安器的工作原理是利用飞锤的重心和汽轮机轴线的偏心在超速旋转时所产生的离心力起作用的。偏心飞锤在旋转时产生离心力，其离心力有使飞锤向外飞出的趋势。在额定转速时，偏心飞锤的离心力小于弹簧的预紧力，偏心飞锤被弹簧紧紧压在底座上，所以飞锤不能飞出。当汽轮机转速升高时，离心力增大，刚开始离心力小于弹簧的预紧力，飞锤位置不会改变。当机组转速超过脱口转速(超过额定转速的 10% ~ 12%)时，偏心飞锤的离心力增大，飞锤的离心力大于弹簧的预紧力，飞锤迅速向外飞出。飞锤一旦动作飞出后，偏心距将随之增大，离心力和弹簧力都相应增加，但由于飞锤的离心力大于弹簧力，所以飞锤必然加速走完全部行程。飞锤飞出后打击脱扣杠杆上，使危急保安装置滑阀动作，迅速关闭主气阀和调节气阀，切断汽轮机进汽，使汽轮机迅速停机。飞锤飞出的最大行程 Δ_{max} 值一般为 4 ~ 6mm。

在汽轮机转速降低至某一转速时，飞锤离心力小于弹簧力，飞锤在弹簧力的作用下，恢复到原来的位置，这个转速称为复位转速。

6. 简述飞锤式危急保安器的拆卸步骤？

答：飞锤式危急保安器的拆卸步骤如图 4 - 38 所示：

(1)拆卸凹头定位螺钉 1、2；

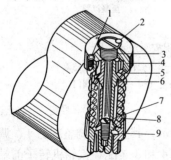

(2)用专用板手拆卸压紧丝堵 3 或螺纹盖 4；

(3)将偏心飞锤 6 和导向衬套 5 一起取出；

(4)从飞锤中取出弹簧 8、销或调节螺钉 7。

7. 飞锤式危急保安器的清洗、检查时应符合哪些要求？

答：(1)如图 4 - 38 所示，危急保安器的飞锤头部应无麻点、锈蚀、毛刺和裂纹等缺陷；

(2)弹簧应无裂纹、变形扭曲、锈蚀等缺陷，其刚

图 4 - 38　飞锤式危急保安器结构图

1、2—凹头定位螺钉；3—压紧丝堵；

4—螺纹盖；5—导向衬套；6—偏心飞锤；

7—调节螺钉；8—弹簧；9—紧配螺栓

度和压缩量均应符合制造厂技术文件的规定；

(3)各端面面应光滑、平整；

(4)各滑动件的相对滑动面应光滑；

(5)飞锤尾部端面的压紧丝堵与飞锤配合后应平齐；

(6)各孔应清洁、畅通。

8. 简述飞锤式危急保安器的组装步骤。

答：（1）将弹簧装入危急保安器内；

（2）将飞锤和销或调节螺钉一起放入导向衬套；

（3）将导向衬套回装危急保安器内；

（4）装入压紧螺母并紧固；

（5）将凹头定位螺钉紧固，防止压紧螺母松动；

（6）组装时，零部件应涂汽轮机油，组装后飞锤应灵活、无松旷、偏斜现象；

（7）组装时，检查零部件的配合尺寸及间隙应符合制造厂技术文件的规定，如无规定时，应符合图 4－39 和表 4－4 的要求。

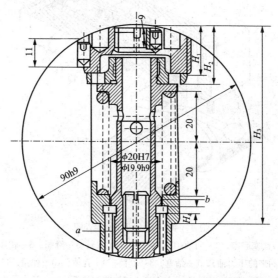

图 4－39　飞锤式危急保安器装配间隙示意图

表 4－4　飞锤式危急保安器装配间隙允许偏差值　　　　　　　　　　　　mm

项　目	飞锤与导向套间隙	飞锤与导向套间隙	止推环位置	导向环位置	导向套位置	飞锤位移量（动作时）
代号	a	b	H_1	H_2	H_3	H_4
设计值	0.1~0.173	0.05~0.095	18.5	$22^{+0.1}_{0}$	$76^{+0.1}_{0}$	3
实测值						

9. 危急保安器的安装应注意哪些事项?

答：（1）危急保安器脱扣转速在制造厂作动平衡、运转试验时已调整好，一般新机组在安装时无需拆装；

（2）如需现场拆装时，拆卸前应作好标记并应注意各零件的相对位置；

（3）拆卸后，清洗检查各零部件的应完好，并按原位回装；

（4）回装后应作脱扣转速试验。

10. 危急遮断器有什么作用?

答：危急遮断器的作用是接受危急保安器的动作，来控制主气阀及调节气阀启闭的机构。当机组发生紧急情况时，危急遮断器可自动或手动切断压力油，并使脱扣油（跳闸油）泄压，从而使主气阀和调节气阀迅速关闭，切断汽源，使汽轮机停机，可以避免事故发生。

11. 危急遮断装置是由哪两部分组成的？

答：在现代汽轮机中，当汽轮机出现故障时，危急保安装置的飞锤飞出后，撞击危急遮断器上的脱扣杠杆，将自动主气阀中速关油压泄掉，使主气阀和调节气阀关闭，切断汽轮机进汽。因此，危急保护装置是由危急保安器和危急遮断器或危急遮断油门两部分组成的。危急遮断器结构如图4-40所示。

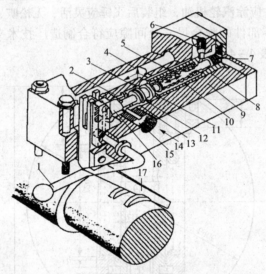

图4-40 危急遮断器结构

1—手柄；2—活塞腔室；3—回油（T）；4—脱口油（E）；5—滑阀；6—转换油（从危急
遮断器试验滑阀来的压力油）；7—活塞；8—套筒；9—壳体；10—弹簧；11—控制凸肩；
12—控制凸肩；13—套筒；14—压力油（P）；15—节流孔板；16—活塞；17—脱扣杠杆

12. 简述危急遮断器动作过程。

答：危急遮断器如图4-40所示。危急遮断器安装在汽轮机前轴承座上，滑阀5可在套筒8、13内水平移动，滑阀5上的两个控制凸肩11、12分别与套筒8、13凸肩相贴合，起着接通或切断压力油油路的作用。危急保安装置在未投入工作时，弹簧10将滑阀5推向左侧，与套筒13端面贴合。

当手柄1处于图中所示的位置时，压力油流过油口14，经过壳体上的节流孔板15从油口4流出。由于控制凸肩12面积大于活塞16面积，所以脱扣油克服弹簧力将活塞7推向右端，使控制凸肩11与套筒8左端面贴合，这样，回油3被挡住，脱扣油经出口4流经启动装置进入主气阀的活塞盘。

当危急遮断器滑阀前的油压下降，弹簧力则把滑阀5推向套筒13的左端面，切断压力油，脱扣油与回油接通，通向主气阀的油压下降，使主气阀迅速关闭。

13. 危急遮断器安装应符合什么要求？

答：（1）检查滑阀与衬套应光滑，无磨损、锈蚀、划痕等缺陷，手动手柄时，滑阀应上下移动灵活，无卡涩现象；

（2）清洗各油孔、油路应清洁、畅通；

（3）弹簧应无锈蚀、裂纹和变形等缺陷，且弹性良好，其刚度和压缩量均应符合制造厂技术文件的规定；

（4）危急遮断器脱扣杠杆表面应光滑、平直，无磨损、变形等缺陷。脱扣杠杆与飞锤头的径向间隙为 0.8～1.0mm，杠杆与两凸台间的轴向间隙为 0.8～1.2mm，如图4－41所示；

（5）组装时，各部间隙应符合设计文件的规定。

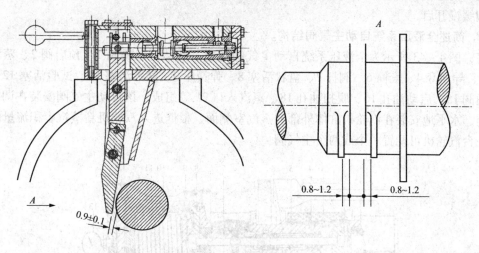

图4－41　危急遮断器

14. 什么是主气阀？

答：使主蒸汽进入汽轮机并能迅速关闭的阀门，称为主气阀，又称为危急切断阀或速关阀。它是主蒸汽管道与汽轮机之间的主切断阀，安装在调节气阀之前，在汽轮机启动和运行中主气阀处于全开状态，当机组出现紧急状态时能迅速切断汽轮机的进汽，使机组迅速停机。

15. 主气阀有什么作用？

答：主气阀的作用是当汽轮机发生危急状态时，在保护装置或运行人员的控制下，得到执行信号后迅速关闭主气阀，切断汽源，使汽轮机停止运行，以保证机器设备不受损坏。

16. 自动主气阀有哪两种？

答：自动主气阀有半液压调节系统的自动主气阀和全液压系统自动主气阀两种。

17. 简述半液压调节系统的自动主气阀结构。

答：图4－42所示为半液压调节系统的自动主气阀。其结构由阀座1、阀蝶2、阀杆3、活塞4、弹簧5、手轮8等组成。活塞与活塞杆连接，活塞缸与主气阀杆连接。在活塞上方装有弹簧。此自动主气阀在开启时，应先挂上危急保安器，接通高压油路，使压力油自孔A进入活塞4的下部，供给活塞一向上的力。此时，只需逆时针转动手轮8时，就带动螺杆7上移，同时带动罩盖6上移，于是活塞4在高压油的作用下克服了弹簧5的向下作用力而随之上移，便打开了自动主气阀。当出现危急情况时，危急保安器动作，将活塞4下部的脱扣油迅速泄

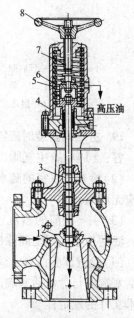

图4－42　半液压调节系统
的自动主气阀结构

1—阀座；2—阀碟；3—阀杆；

4—活塞；5—弹簧；6—罩盖；

7—螺杆；8—手轮

掉，活塞4便在弹簧力的作用下向下运动，迅速关闭自动主气阀，切断汽轮机的进汽，使汽轮机迅速停机。

若重新开启主气阀，应顺时针转动手轮，使罩盖下降与活塞接触，将泄油孔堵住，使高压油进入活塞下部油室，再转动手轮使罩盖、活塞缓慢上移，带动活塞杆、阀杆向上运动，主气阀缓慢开启。

18. 简述全液压系统自动主气阀结构。

答：图4-43所示为全液压系统自动主气阀结构。其结构由蝶阀1、预启阀2、蒸汽过滤器3、导向套4、套筒6、阀杆7、盘状活塞8、弹簧座9、筒形活塞10、试验活塞12、两位三通阀15、启动油孔16、脱扣油孔18、蒸汽入口21等组成。该自动主气阀安装在调节气阀之前，水平地安装在汽轮机缸体外部的蒸汽室侧面，根据进入汽轮机新蒸汽容积流量的大小，一台汽轮机可配置一个或两个主气阀。

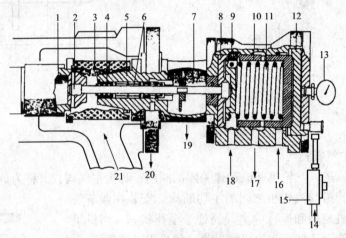

图4-43 自动主气阀结构

1—蝶阀；2—预启阀；3—蒸汽过滤器；4—导向套；5—阀盖；6—套筒；7—阀杆；8—盘状活塞；
9—弹簧座；10—筒形活塞；11—弹簧；12—试验活塞；13—压力表；14—试验油；15—两位三
通阀；16—启动油孔；17—回油；18—脱扣油孔；19—排水孔；20—漏汽；21—蒸汽入口

19. 主气阀安装时应符合什么要求？

答：(1)检查主气阀、预启阀应无冲刷、锈蚀、磨损、裂纹和弹簧变形等缺陷；

(2)检查蒸汽室的疏水孔应清洁、畅通，各油路、主气阀漏汽管应清洁、畅通，各管接头应无泄漏；

(3)主气阀前的蒸汽过滤网应清洁、完整、无破损，蒸汽过滤网的孔径应符合设计要求；滤网与主气阀之间除应留有膨胀间隙外，尚应设置防止滤网转动的装置；

(4)检查试验活塞、筒形活塞及油动缸工作表面应光滑、无划痕、冲蚀沟槽等缺陷，筒形活塞端面与盘装活塞端面应无冲刷沟槽，且密封严密；活塞及活塞环的间隙应符合制造厂技术文件的规定；

(5)检查阀杆应无划痕、弯曲等缺陷，阀杆弯曲应小于0.05mm；密封填料应密封完好，沿阀杆不泄漏蒸汽；

(6)主气阀阀蝶与阀座应光洁无划痕，用着色法检查阀蝶与阀座密封应接触严密，阀座应无松动；

（7）各部间隙、行程应符合制造厂技术文件的规定。如无规定时，可参照图4－44 和表4－5 的要求；

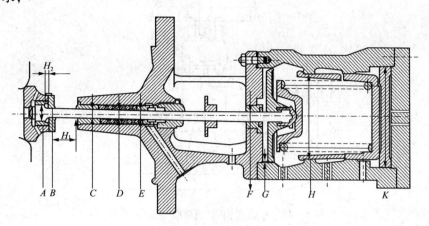

图4－44　汽轮机主气阀装配示意图

表4－5　汽轮机主气阀装配允许偏差值　　　　　　　　　　　　mm

项目	阀杆与螺纹套间隙		阀杆与导向套间隙			阀盘与油缸间隙		活塞与油缸间隙	试验活塞与油缸间隙	主气阀行程	预启阀行程
代号	A	B	C	D	E	F	G	H	K	H_1	H_2
设计值	0.25 ~ 0.30	0.64 ~ 0.76	0.14 ~ 0.18	0.18 ~ 0.25	0.14 ~ 0.18	0.04 ~ 0.08	1.5 ~ 1.73	0.05 ~ 0.14	0.056 ~ 0.16	50 ± 1.2	5 ± 0.5
安装值											

（8）组装时，在密封面上均匀涂抹石墨润滑脂或高温密封胶，在螺纹部分和阀杆上涂抹石墨润滑脂；

（9）组装后，手动、自动操作应灵活、无卡涩现象。

20. 汽轮机轴向位移保护装置有什么作用？

答：汽轮机保护装置的作用是当转子轴向位移量超过规定第一极限值时，便自动报警，若转子轴向位移量超过规定第二极限值时，轴向位移保护装置便自动动作，切断汽轮机进汽，使主气阀和调节气阀迅速关闭并停机，以保护机组的安全。

21. 轴向位移保护装置有哪几种形式？

答：轴向位移保护装置有液压式、电磁式和机械式三种形式。轴向位移及差胀保护装置的脉冲元件(发讯器及喷油嘴等)的安装调整，应在汽轮机推力轴承位置及轴向间隙确定后进行。

22. 简述电磁式轴向位移保护装置结构。

答：图4－45 所示为电磁式轴向位移保护装置结构，其主要由发送器、支座、制动螺栓、调节螺钉等组成。发送器固定在特殊转动支座4 上，支座4 安装在汽轮机前轴承箱的侧壁内的支架6 上。试验时微微的转动支座就可变动发送器和转子凸肩的相对位置。调节螺钉7 用来调整支座高度，弹簧5 顶在支座另一端，制动螺钉3 和9 是在试验时限制发送器移动到极限位置，以免转子凸肩与发送器两侧铁芯相碰。

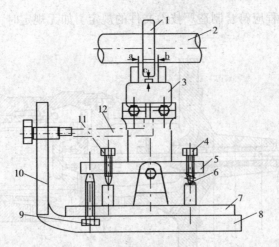

图4-45 电磁式轴向位移保护装置示意图

1—凸肩；2—转子；3—发送器；4、11—制动螺钉；5—特殊转动支座；

6—弹簧；7—支架；8—前轴承箱；9—调节螺钉；10—托架；12—电缆

23. 简述液压式轴向位移保护装置的结构及动作过程。

答：液压式轴向位移保护装置——轴向位移遮断器，如图4-46所示。推力轴承磨损后，转子轴向位移超过极限值时，使汽轮机停止运行的装置，称为轴向位移遮断器。其主要结构由滑阀3、限位螺钉、调整螺钉10及喷油嘴13等组成。图中所示为处于正常工作时的位置。

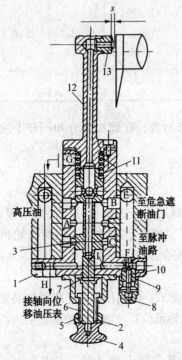

图4-46 轴向位移遮断器结构示意图

1—壳体；2—紧定螺钉；3—滑阀；4—捏手；

5—滚花环；6—限位螺栓；7—挡油环；

8—螺纹套；9—连接螺母；10—调整螺钉；

11—弹簧；12—延伸臂；13—喷油嘴

从主油泵来的高压油，一路经壳体上的油口A至B，经危急遮断油门、磁力断路油门到达油动机活塞的下部；另一路通过油口D、E经可调节流孔F进入滑阀3下部的油室I，然后经滑阀3的中心孔从喷油嘴13喷出。弹簧11对滑阀产生的向下作用力与下部油室I的油压给滑阀的向上作用力相平衡。油室I中的油压取决于喷油嘴的喷油量，即取决于喷油嘴与挡油板（盘）之间的间隙s。安装、检修调整喷油嘴与挡板间的间隙s时，应将推力盘至于推力轴承间隙一半位置并将间隙s调整为0.5mm。当转子轴向位移超过允许数值0.7mm时，即间隙s大于1.2mm，此时弹簧的作用力大于油压向上的作用力而使滑阀向下移动，从而切断了高压油至危急遮断油门的通路，并使自动主气阀活塞下的高压油自油孔B、G泄掉，自动主气阀迅速关闭。滑阀向下移动的同时，还接通了油孔A、C之间的通路，高压油经此通路与脉冲油路接通，使脉冲油压升高，将调节气阀迅速关闭。滑阀下移的同时，切断B油口的高压油，并将油口B、G接通，是油动机活塞下方的的油经磁力断路油门、危急遮断油门从G孔排出，主气阀迅速关闭。这样，当轴向位移遮断器动作时，自动主气阀和调节气阀迅速关闭，切断汽轮机进汽并停机，

158

保护了机组的安全。

若运行中出现紧急情况，需要手动紧急停机时，可将手柄4往下拉至极限位置，使轴向位移遮断器动作，迅速关闭主气阀和调节气阀，切断汽轮机进汽，使汽轮机停机。

24. 液压式轴向位移保护装置安装有哪些要求？

答：(1)喷油嘴和油管道应清洁、畅通，密封面应无泄漏；

(2)各零部件的相对位置应正确，动作应灵活，无锈蚀、卡涩现象；

(3)喷油嘴与转子端面的工作间隙、节流孔径等均应符合设计文件的规定。

25. 电磁式轴向位移及差胀保护装置安装有哪些要求？

答：(1)电磁式轴向位移保护装置的电气线路应正确，接点应接触良好，电路应畅通，卸油阀动作灵活、准确；

(2)发讯器铁芯与转子凸肩的径向和轴向位置及间隙均应符合制造厂技术文件的规定，内部位置与外部指示应相对应；

(3)发迅器的引出电缆绝缘应无损伤，通过轴承箱壳体处的孔应密封严密并不应漏油。

26. 汽轮机为什么要设置低油压保护装置？

答：汽轮机在运行中，当润滑油压力过低，将导致润滑油膜破坏，不仅会造成轴承损坏，而且还可能引起动、静之间摩擦、碰撞等恶性事故，为了保证润滑油系统正常工作，所以油系统中必须设有低油压保护装置，以便在油压过低时发出报警信号，启动辅助油泵，脱扣停机及停止盘车。

27. 低油压保护装置有什么作用？

答：避免由于某种原因使汽轮机润滑油压降低，造成轴承损坏或烧毁事故。因此：

(1)当润滑油压低于允许值时，低油压保护装置首先发出报警信号，提醒操作人员注意并应及时采取措施；

(2)当润滑油压继续降低到某一整定值时，自动启动辅助油泵，以提高油系统油压；

(3)辅助油泵启动后，若油压仍继续下降到某一整定值时，应立即手动停机，再继续降低到某一数值时，应停止盘车。

28. 低油压保护装置有哪几种形式？

答：低油压保护装置有活塞式、压力继电器式和电接点压力表式三种形式。

29. 简述压力继电器式低油压保护装置结构。

答：图4-47所示为压力继电器式低油压保护装置，它由三组继电器组成，各组结构均由弹簧、芯杆、微动开关、波纹管(波纹筒)等组成。润滑油从下部进入壳体内，油压作用在波纹管上，克服弹簧力使波纹管连同芯杆一起向左移动，达到极限点位置。芯杆压住微动开关的触点，使线路闭合，发出信号。即当润滑油压降至某一整定值时，芯杆在弹簧的作用下移动并使微动开关Ⅱ动作。当润滑油压继续降低到某一整定值时，微动开关Ⅲ启动辅助润滑油泵；当润滑油压继续降至某一极限值时，微动开关Ⅰ动作关闭

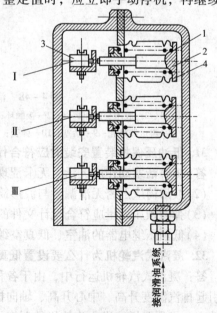

图4-47　压力继电器式低油压保护装置
1—弹簧；2—芯杆；3—微动开关；4—波纹管

主气阀，停盘车装置。

30. 简述活塞式低油压保护装置结构。

答：图 4-48 所示为活塞式低油压保护装置结构。其主要由活塞、弹簧、拉紧螺杆等组成。活塞 9 装在由继电器外壳 8 组成的油缸内。在活塞杆 7 上自由地装有三个接触环 2，接触环被胶木套筒 1 和螺母 2 夹紧并与活塞杆 7 绝缘。三个接触环从上向下分别为 A、B、C 三个接点。接触环 2 被压力弹簧 4 压紧，其位置被定位环 5 和活塞缸上的凸肩所限制。活塞 9 下部被拉伸弹簧 10 向下拉紧，弹簧的紧力由螺母 12 调整。

润滑油系统来油经油管道进入活塞 9 的下部，此时油压对活塞 9 向上的作用力与弹簧 4 向下的作用力相平衡。当润滑油压下降时，力的平衡被破坏，活塞向下移动时，按顺序接通电气 A、B、C 触点。触点的数目可根据需要选择，多数都有四个触点，第一触点功能是发出信号，第二触点功能是启动辅助油泵，第三触点功能是关闭主气阀，第四触点功能是停止盘车。

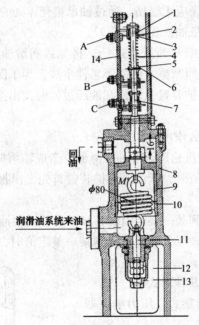

图 4-48　活塞弹簧式低油压保护装置

1、3—胶木套筒和螺母；2—接触环；4—压力弹簧；5—定位环；6—定位销；7—活塞杆；
8—继电器外壳；9—活塞；10—弹簧；11—拉紧螺杆；12—锁紧螺母；13—罩帽；14—胶木盖

31. 低油压保护装置安装时应符合什么要求？

答：(1) 活塞动作应灵活，无卡涩现象；

(2) 波形筒应严密无泄漏，与波形筒相连的继电器杆应能沿轴向活动自如；

(3) 弹簧预压缩量应符合设计文件的规定；

(4) 低油压继电器的油室、低真空继电器的汽室，均应严密无泄漏。

32. 凝汽式汽轮机为什么要设置低真空保护装置？

答：凝汽式汽轮机运行中，由于各种原因会使凝汽器内真空降低，当真空降低较多时还会引起排汽温度升高、中心升高、轴向推力增加、机组振动增加。当真空下降后，还要发较大功率，必须要增加进入汽轮机的蒸汽量，这将使汽轮机末级工作工况恶化，将严重影响汽轮机经济性和安全运行。因此，大容量汽轮机均应设置低真空保护装置。

33. 低真空保护装置有什么作用?

答：低真空保护装置的作用是当凝汽式汽轮机真空降低到某一整定值时,低真空保护装置发出报警信号,当汽轮机真空降至设计规定的最低允许值时,低真空保护装置动作,自动关闭主气阀和调节气阀,使汽轮机自动停止运行。当真空降至零,凝汽式汽轮机排汽产生正压时,还会使排气缸安全阀(大气阀)动作,以保护汽轮机不受损坏。

34. 简述水银触点式低真空保护装置的工作原理?

答：水银触点式低真空保护装置主要由三根装有水银的连通玻璃管和三通块组成,如图4-49所示。其工作原理是：玻璃管1与凝汽器连通,按不同水银高度接出电路线。当真空降到某一值时,接通电源,发出声光信号；当真空降到最低允许值时,玻璃管3内的水银与引出线接点接触,接通电路,切断汽轮机进汽,关闭主气阀和调节气阀,汽轮机迅速停机。

35. 简述单筒式波纹管低真空保护装置结构。

答：单筒式波纹管低真空保护装置,如图4-50所示。其结构主要由弹簧1、波纹管2、微动开关4、5及触头9等组成。波纹管外部汽室与凝汽器喉部相通,随着真空值的变化,波纹管相应伸缩,通过中芯杆3带动支架8移动。当真空处于正常时,端头7不与微动开关触头4接触,处于断开位置,微动开关5则被支架8压住,处于闭合状态。当真空降到某一值时,波纹管受压而收缩,带动中芯杆向下移动,使支架8与微动开关5脱离,发出声光报警信号,当真空度下降设计最低允许值时,中芯杆端头7与微动开关4接触,微动开关通过电气回路接通磁力断路油门的电源,泄掉二次油压,使主气阀和调节气阀同时关闭,停止进汽,汽轮机自动停机。

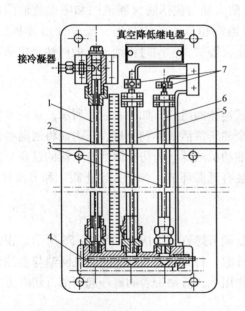

图4-49　水银触点式低真空保护装置
1~3—装有水印的联通玻璃管；4—三通块；
5、6—支承板；7—螺钉

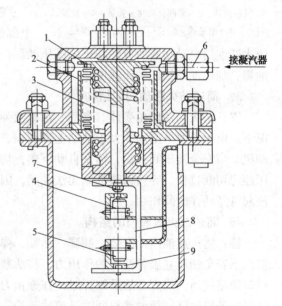

图4-50　单筒式波纹管低真空保护装置
1—弹簧；2—铜波纹管；3—中芯杆；4、5—微动开关；
6—接头；7—端头；8—支架；9—触头

36. 什么是磁力断路油门?

答：磁力断路油门是汽轮发电机组汽轮机调节保安系统中一种综合性的电动保护装置。当即组出现异常时,如超速、润滑油压低、真空恶化、背压汽轮机的背压低至极限值、发电机跳闸等,只要电磁回路接通,磁力断路油门就动作,迅速关闭主气阀和调节气阀,停止汽轮机进汽，汽轮机迅速停机。

37. 简述磁力断路油门的结构及其动作过程。

答： 磁力断路油门如图4-51所示。其结构主要由壳体、滑阀、弹簧和电磁铁等组成。

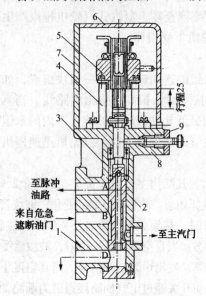

图示为磁力断路油门正常运行时的位置，来自危急遮断油门的高压油经油孔B、C后至主气阀。当手动或其他原因接通了牵引电磁铁的电路后，电磁铁带电，依靠磁力将滑阀吸起，切断高压油的通道，主气阀的高压油自油孔C、D泄压流回油箱，因此主气阀迅速关闭。在滑阀上移的同时，接通了油孔B、A的通道，高压油经此通道至脉冲油路，使脉冲油压上升，调节气阀关闭。这样，当磁力断路油门动作时，主气阀和调节气阀同时关闭，起到了保护作用。

当电磁铁将滑阀吸起后，卡销在小弹簧的作用下卡入滑阀的凸肩上，即使此时电磁阀失去电源，滑阀由于卡销的支撑处仍处于断开位置，从而保证了磁力断路油门动作的可靠性。

图4-51　磁力断路油门

1—壳体；2—滑阀；3、8—弹簧；4—支腿；
5—电磁铁；6、7—罩盖板；9—盖板

38. 防火油门包括哪两个部件？

答： 防火油门包括防火断油门和防火放油门两个部件。当汽轮机紧急停机时，安全油压卸掉后，防火断油门自动切断所有油动机的高压油源，防止火警扩大，同时将油动机的回油直接通向油箱，加快油动机的关闭速度。

39. 简述防火断油门的结构。

答： 防火断油门由壳体、套筒、活塞及弹子式逆止阀组成，如图4-52所示。在正常情况下，由于活塞下部面积大于活塞上部面积，安全油压将活塞推到上端，压力油将通向各油动机。当安全油压卸掉后，活塞自动下落，切断油动机油源。为防止因活塞下落的过快，高压油源切断过快，导致调节气阀无法关闭，因此装有延滞环节。弹子式逆止阀4和节流孔5便起延滞动作时间作用。

40. 简述防火放油门的结构。

答： 防火放油门由壳体、阀碟、活塞、弹簧及调节螺钉等组成，如图4-53所示。正常情况下安全油压克服弹簧6的作用力，将活塞5推起，打开阀碟4，使油动机回油与主油泵进口油路接通。当安全油压卸掉时，在弹簧力的作用下，活塞带着阀碟一起下落，切断去主油泵的进口油路，使油动机回油迅速放至油箱。

41. 防火油门安装应符合什么要求？

答：（1）解体、清洗防火油门，检查壳体应无裂纹、气孔等缺陷；

（2）防火断油门进、出油孔位置应符合设计文件的规定，且清洁、畅通，节流孔尺寸应符合制造厂技术文件的规定；

（3）用着色法检查防火油门的阀蝶与阀座接触应均匀、严密；

（4）弹簧应无裂纹或倾斜等缺陷；

（5）拆卸调整螺钉前，应首先测量外露部分尺寸，以确定弹簧的预压缩量；

（6）防火油门组装时，活塞表面应光滑、无损伤；活塞装配在壳体内应灵活、无卡涩现象，各部配合间隙应符合制造厂技术文件的规定。

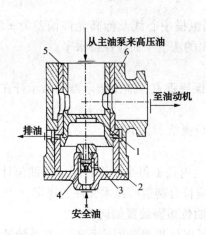

图 4－52　防火断油门

1—活塞；2—盖板；3—节流孔；
4—逆止阀；5—套筒；6—壳体

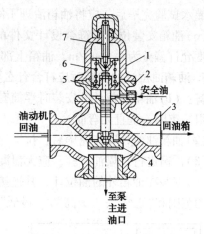

图 4－53　防火放油门

1—罩盖；2—中间接筒；3—壳体；4—阀碟；
5—活塞；6—弹簧；7—调节螺钉

第四节　汽轮机油系统

1. 油系统有什么作用？

答：（1）向机组各轴承提供润滑油，在轴颈与轴承之间形成油膜，以减少摩擦损失，同时带走轴承因摩擦所产生的热量及由转子传来的热量；

（2）向机组调节、保安系统提供工作用油，向盘车装置和顶轴装置提供用油；

（3）提供给机组各传动机构的润滑用油；

（4）对输送原料气、合成气、氨气等可燃或有毒气体的压缩机，提供密封用油（因为这些压缩机都是采用油膜密封）。

2. 汽轮机的油系统由哪几部分组成？

答：汽轮机的油系统主要由设备（包括油箱、油冷却器、油过滤器、油泵、注油器、排油烟机、蓄能器等）及阀门和管路三部分组成。

3. 油箱有什么作用？

答：油箱除了有储油作用外，同时还有分离油中空气、水分及沉淀杂物的作用。

4. 油箱安装时应符合什么要求？

答：（1）油箱安装前应检查各处开孔位置、油箱内部挡板、滤网均应符合制造厂技术文件的规定，各油室应无短路情况。

（2）检查油箱内部的焊缝和由型钢组成的框架焊缝焊接情况。如有漏焊时应进行密封焊，焊后应将焊渣清理干净。

（3）检查碳钢油箱内的防锈耐油漆脱落或起皮情况，对于油漆脱落或起皮部分应打磨干净并露出金属表面，然后在油箱内壁补涂一层不影响油质的耐油漆。

（4）检查法兰密封面应光滑、平整，法兰短管与油箱焊接时应符合要求，油箱上的法兰螺纹孔应不应穿透，如有穿透可用电焊将螺纹孔底部补焊。

（5）油箱进行灌水试验时，应将油箱放置平稳、并将水灌至油箱顶部，持续 12h 应无泄漏，灌水试验完毕后，应将油箱清理干净并擦干。

（6）油箱安装位置应符合设计文件的要求，油箱纵横中心线及标高允许偏差为 ±5mm，水平度允许偏差为 0.5mm/m。油箱上部安装立式油泵的法兰平面应保持水平。

5. 油箱油位计的安装时应符合什么要求？

答：（1）油箱油位计的安装时浮筒套管应与油箱保持垂直，油位指示器的指示杆在浮筒上应组装牢固、垂直无弯曲。

（2）油箱油位计安装完毕后，拉动浮筒上下动作应灵活、无卡涩。

（3）浮筒进行浸煤油试验，应无泄漏。

（4）安装在油箱外的油位计，其连接管直径、法兰内径不得小于设计尺寸。油位计指示刻度的范围和"正常"、"最高"、"最低"油位标志均应符合制造厂技术文件的规定。

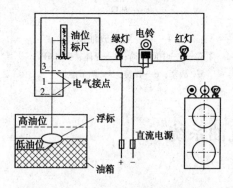

图 4 – 54　油箱油位报警装置示意图

6. 油箱油位报警装置如何动作？

答：为了保证机组的安全运行，油系统装设有电气声光报警装置，如图 4 – 54 所示。油箱油位指示器在正常运行时，油箱油位要求应比最低油位线高 50～100mm；最低油位线应不低于油泵吸入口以上 100～150mm。当油箱油位下降至最低油位时，浮标上的活动电器节点 1 与固定节点 2 闭合，此时电路接通，红灯亮，电铃发出声响信号；当油箱油位上升至最高油位时，活动节点 1 与固定节点 3 闭合，电路接通，绿灯亮，电铃发出声响信号。

7. 简述排油烟装置的结构。

答：排油烟装置主要由排油烟风机、排风碟阀、阀门和管道组成。排油烟风机主要由电动机、叶轮、蜗壳、支座、端盖板等组成。铝制风机叶轮直接安装在电动机轴上，为防止油烟引起火灾，电动机选用防爆电动机。排油烟风机运行时，油烟经过吸入口进入叶轮，升压后从蜗壳内引出，经排风蝶阀排至大气。

8. 排油烟装置及排油烟风机有什么作用？

答：排油烟装置及排烟风机安装在油箱的排烟管道上，它的作用是：

（1）用排油烟机将汽轮机的回油系统及各轴承箱回油腔室内形成微负压，防止轴承箱中油烟外溢，可以使机组平稳、安全运行；

（2）在排油烟装置上安装了一个排风碟阀，来控制排烟量，使轴承箱内的负压维持在 98～196Pa 范围内，以防止各轴承内负压过高、使汽轮机轴封漏汽窜入轴承箱内造成油中进水。

9. 排油烟机安装时应符合什么要求？

答：（1）检查机壳应完好、无损伤、漏焊等缺陷。

（2）叶片应完整、无损坏，叶片角度应正确，盘动转子机壳内应无异常声响。

（3）排油烟机入口管上应装有油烟分离器。

（4）排油烟机支架应安装牢固，一般沿气流的反方向应有 4/1000 的坡度。

10. 油系统为什么要设置油冷却器?

答: 汽轮机运行中,各滑动轴承的回油温度较高,一般在60℃以上,为了轴承润滑和冷却的需要,进入轴承的润滑油温度一般应控制在40℃±5℃范围内,才能保持轴承润滑油膜正常。润滑油经过轴承后的温升一般在10℃左右,因此应将温度较高的润滑油与低温冷却水在油冷却器中进行热交换后,方可再进入滑动轴承循环使用。所以,为了保证汽轮机安全、平稳运行,油系统必须设置油冷却器。

11. 油冷却器如何分类?

答: 油冷却器多为管壳式结构,一般均设计为管程内流动的是冷却水,壳程内流动的是汽轮机油。油冷却器从水侧的流程上分为单流程油冷却器和双流程油冷却器两种。按布置方式分为立式油冷却器和卧式油冷却器两种。

12. 简述油冷却器的工作原理。

答: 油冷却器的工作原理是两种不同温度的介质分别在铜管内、外流过,通过热传导,温度高的流体自身得到冷却,温度降低。经过轴承的润滑油流回油箱温度高达60℃左右,高温的润滑油经主油泵送入冷却器,经各隔板在铜管外面做弯曲流动;铜管内通入温度较低的冷却水,经热传导,润滑油的热量被冷却水带走,从而降低了润滑油温度,使进入轴承温度控制在40℃±5℃。

13. 简述油冷却器的结构。

答: 油系统大多采用两台油冷却器,如图4-55所示。其结构主要由壳体11、管束12、三通切换装置2、前、后管板8、13及前、后水室7、14等组成。水室内用隔板隔成二流程结构。管束管材采用铜管,管束由铜管、管板、隔板、定距管、拉紧螺栓等组成,铜管束两端胀接在管板8和13上。前管板8与壳体是固定的,后管板13是浮动的,在水室7和14

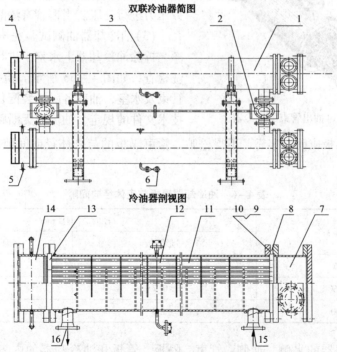

图4-55　双联冷油器简图

1—冷油器;2—三通切换装置;3—排油气口;4—排气口;5—排水口;6—排油口;7—前水室;8—前管板;9—压紧垫圈;10—密封圈;11—壳体;12—管束;13—后管板;14—后水室;15、16—进、出油口

和壳体法兰与管板之间装有密封垫圈9以保证密封良好和管束的轴向膨胀。后水室14上有排气口和排水口，前水室7连接进出水管。

14. 简述油冷却器工作过程。

答：表面式油冷却器的冷却水在管程内流动，汽轮机油在壳程内流动。油压应稍高于水压，以防止冷却水通过泄漏处漏入汽轮机油中。两台油冷却器是通过三通切换装置相互中间连接，当三通切换装置从一台油冷却器切换到另一台油冷却器时，油仍然不断地流经油冷却器。只有将切换手柄转到任一末端位置时，这可将油流从一个油冷却器切换到另一个油冷却器中。油冷却器的切换应尽可能在停机时进行，如果需要在汽轮机运行中切换时，必须将要投入运行的油冷却器内空气排放干净，并监视油压。

15. 提高油冷却器换热效率的方法有哪几种？

答：(1)保持管束内、外清洁，无油垢和水垢。

(2)缩小隔板与壳体的间隙，减少油短路。

(3)提高油的流速。

(4)将水侧的空气排净。

16. 油冷却器安装有哪些要求？

答：(1)油冷却器清理前，应进行油侧严密性试验。对于带有膨胀补偿器的油冷却器，试验前应对膨胀补偿器采取加固措施，以防止损坏膨胀器。如果油冷却器现场无需抽芯清理检查时，油侧严密性试验介质应采用汽轮机油，油侧试验压力为工作压力的1.5倍，保持试验压力5min应无泄漏。

(2)油侧试验后，若铜管胀口有渗漏时应排掉压力进行补胀。当铜管有渗漏时应予以更换。

(3)油冷却器油侧试验完毕后，将油(水)排净，拆除油冷却器上水室，进行油冷却器抽芯清洗检查，如图4-56所示。检查油冷却器壳体、管束及水室，油室各隔板装配位置应符合制造厂技术文件的规定，油流应无断路情况。

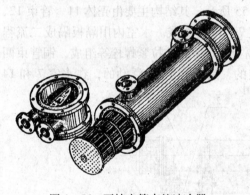

图4-56　可抽出管束的油冷却器

(4)油侧各隔板应固定牢靠，不得松旷。管束隔板的与壳体径向间隙应符合表4-6的规定。

表4-6　油冷却器隔板与壳体径向间隙

冷却面积/m²	径向总间隙/mm	
	弓形隔板	环盘形隔板
<10.5	≤0.5	
10.5~60	≤0.7	≤0.9
60~200	≤0.9	—

(5)对油冷却器的水侧、油侧、管束、隔板、管板和油冷却器的内表面等均应清理干净，不得有锈蚀、油垢、铁屑、焊渣、油漆皮等杂物。翅片式管束应无毛刺、裂纹，轧制倒角应圆滑。

（6）两台油冷却器之间的切换阀应密封严密，切换位置应在油过滤器外部有明显标志，阀位切换时应转动灵活。

（7）油冷却器组装前，应检查水室与壳体、管板、水室端盖相连接的结合面，以及各法兰密封面应光滑、平整，无贯通密封面的径向沟槽。

（8）油冷却器组装后，水侧应用1.5倍工作压力水进行强度试验。试验完毕后后，应将所有法兰、接管等封闭严密，防止杂物进入。

（9）油冷却器油箱安装位置应符合设计文件的要求，油冷却器纵横中心线及标高允许偏差为±5mm，水平度允许偏差为0.5mm/m。

17. 油系统为什么要设置油过滤器？

答：为了保证汽轮机油系统清洁度，在油冷却器之后，装设两个精细油过滤器，两个过滤器之间通过三通转换阀并列连接。当一个油过滤器工作时，另一个作为备用，这样可以在不停机的情况下，清洗或更换滤芯。油过滤器的壳体根据压力操作等级，应符合设计文件的规定，使其承受一定的压力，滤芯应符合设计文件压差的要求。一般油过滤器的过滤精度为20～40μm。

在油过滤器进出口之间装有压差计，当滤油器的前后压差超过10～15kPa时，说明滤芯上的杂质增多了，阻力增大了，应进行滤芯清洗或更换。

18. 简述油过滤器的结构。

答：油过滤器如图4－57所示。其结构主要由壳体5、滤芯8和三通切换阀1等组成。

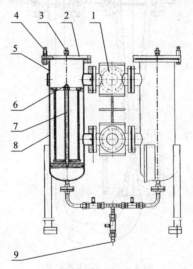

图4－57　油过滤器
1—三通切换阀；2—上盖板；3—排气接头；4—顶盖机构；
5—壳体；6—螺母；7—拉杆；8—滤芯；9—排污口

19. 油过滤器安装时应符合什么要求？

答：（1）解体拆卸油过滤器，检查其内部应无型砂、油漆脱落等缺陷，然后用面团将杂质粘干净。如有型砂、脱漆现象，应进行喷砂处理，喷砂后用压缩空气将其内部吹净，并用面团粘掉微小砂粒。

（2）检查油过滤器内部应无短路现象，滤芯应完好、无破损，各密封面应无泄漏。

（3）油过滤器的切换阀（三通阀）应密封严密，填料压盖无泄漏，切换阀的切换位置应在油过滤器外部有明显标志，阀位切换时应转动灵活、无卡涩现象。

20. 什么是注油器？它有什么作用？

答：向主油泵或润滑油系统供油的引射装置，称为注油器，又称为射油器。注油器主要用以由汽轮机转子直接驱动的离心式油泵作为主油泵的供油系统中。因为主油泵位置高于油箱约 3～3.5m，如果不经注油器而直接从油箱吸油，吸油管中必将产生负压，空气会从不严密处漏入吸入管，造成主油泵供油中断而造成事故。为使采用注油器向径向钻孔泵、离心式油泵正常工作，不发生因入口侧不严密而吸入空气，造成供油中断事故，必须采用注油器向主油泵入口侧连续不断地供油，使主油泵入口形成正压，避免空气漏入，提高主油泵的工作可靠性。

21. 简述注油器的结构。

答：图 4-58 所示为注油器的结构。它主要由高压油进油管 1、喷嘴 2 和扩压管 4 和混合室 7 等组成。整个注油器放在油箱内，注油器扩压管出口法兰和进油管法兰用螺栓固定在油箱的上盖板上。注油器的吸入口位置应比油箱允许最低油位还要低约 500mm，以确保机组运行中能连续供油。注油器安装在油箱内，可以防止吸入空气，使油箱内的油均匀地进入混合室。

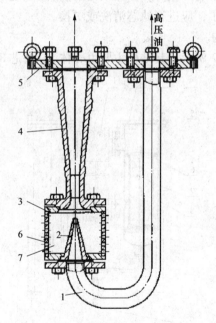

图 4-58　注油器结构

1—油管；2—喷嘴；3—垫片；4—扩压管；5—盖板；6—滤网；7—混合室

22. 简述注油器的工作原理。

答：注油器是一种以油为工质的喷射泵，其工作原理是：来自主油泵的高压油经油管 1 进入喷嘴 2，又以很高的速度喷出，混合室 7 中形成一个真空负压区，油箱中的油在负压作用下，通过滤网 6 被吸入注油器的混合室 7 中。同时由于汽轮机油具有黏性，高速油流带动周围低速油流，并在混合室 7 中混合进入扩压管 4 中。油沿扩压管流动时，由于流速降低，油压增加，最后将以正压进入径向钻孔泵及离心式主油泵的入口，如图 4-58 所示。

23. 注油器安装时应符合什么要求？

答：(1)注油器解体后检查喷嘴喉部直径、扩压管喉部直径以及喷嘴出口至扩压管喉部的尺寸，均应符合制造厂技术文件的规定。

（2）检查喷嘴和扩压管，应无裂纹、气孔等缺陷。

（3）注油器高压油法兰密封面应进行着色检查，接触面积应在75%以上。

（4）注油器组装时，内部应清洁，喷嘴与扩压管安装应牢固，吸入口滤网应清洁、完整，其孔径应符合设计文件的规定。

（5）注油器的吸入口必须安装在油箱的最低油位线以下约450mm处。

24. 什么是主油泵？

答：汽轮机运行中供给调节及润滑用的压力油泵，称为主油泵。主油泵是调节、保护及润滑油系统的主要供油设备。

25. 常用的主油泵型式有哪几种？

答：常用的主油泵型式有容积式油泵和离心式油泵两种，容积式油泵包括齿轮油泵和螺杆油泵。容积式油泵的供油量和齿轮（螺杆）的转速成正比，吸油可靠，即使在吸进的油中有空气，也能保证供油的可靠性，但容量较小，一般用在中、小功率汽轮机上。汽轮发电机组离心式主油泵，可以直接与汽轮机转子连接，由于离心式主油泵有较平坦的压力流量特性，所以能满足调节系统动态过程的要求。

26. 简述螺杆泵的结构及工作原理。

答：图4-59为一台三螺杆泵的结构图。它主要由衬套4、主动螺杆9、从动螺杆5、10、填料箱7和碗状止推轴承2、3等组成。主动轮螺杆是右旋的凸齿螺杆，从动螺杆为左旋的凹齿螺杆，主、从动螺杆与泵体包围的螺杆凹槽空间形成了密闭的容积。当电动机驱动主螺杆旋转时，吸入腔的一端的密封线连续地向排出腔一端沿着轴向向前移动，使吸入腔的容积增大，压力降低，液体在泵内外压差的作用下，沿着吸入管进入吸入腔。随着螺杆的旋转，三个相互啮合的螺杆凹槽密闭空间中的液体就连续而均匀地沿着轴向移动到排出腔。由于排出腔一端的容积逐渐缩小，就将液体排出。但由于出口端压力较高，会产生轴向力朝向入口端。因此吸入腔螺杆端部装有卸载（平衡）活塞，卸载活塞在螺杆止推轴承2、3的顶端，将出口高压油通过螺杆中心的钻孔，将高压油引至卸载活塞背面，起到了平衡轴向力的作用。

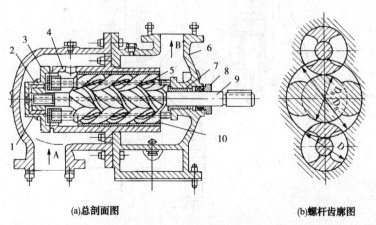

(a)总剖面图　　　　　　　　　　(b)螺杆齿廓图

图4-59　三螺杆泵的结构图

1—端盖；2、3—碗状止推轴承；4—衬套；5、10—从动螺杆；

6—泵体；7—填料箱；8—填料；9—主动螺杆

27. 螺杆泵有哪些特点。

答：螺杆旋转时，液体沿着螺杆齿槽空间作相对直线运动，且又是连续不断的，因此从螺杆齿槽排出的液体比齿轮泵均匀且压力脉动小；螺纹密封性好，有良好的自吸能力；螺杆凹槽空间较大，少量杂质颗粒液体仍不妨碍工作；主动螺杆只受扭转力矩，不受径向力和轴向力，从动螺杆仅受侧面径向力，不受扭转力矩作用。因此螺杆受力情况好，使用寿命长。

28. 螺杆油泵安装时应符合什么要求？

答：（1）清理各液体流道，应清洁、畅通。

（2）用着色法检查螺杆齿形部位的接触面、同步齿轮(限位齿轮)的接触面、螺杆轴端面与止推垫片的接触面，均应符合制造厂技术文件的规定。

（3）检查螺杆泵内部间隙均应符合制造厂技术文件的规定并记录。

（4）检查滑动轴承巴氏合金层应无分层、裂纹、重皮、夹渣、气孔、脱壳等缺陷，用着色法检查轴颈与轴瓦的接触面积、轴瓦间隙应符合制造厂技术文件的规定。

（5）泵轴端部的机械密封应装配完好。

（6）螺杆式油泵与电动机联轴器对中找正轴向倾斜及径向的允许偏差均应不大于0.10mm。

29. 半液压调节系统用什么泵作为主油泵？

答：在半液压调节系统中，主油泵为齿轮泵。它安装于减速箱内靠汽轮机一侧，由汽轮机传动轴经蜗轮蜗杆减速后带动，如图4-60所示。由于齿轮泵结构简单，无需进、排油阀，流量均匀，供油可靠，所以在小型汽轮机组的油系统仍在使用。

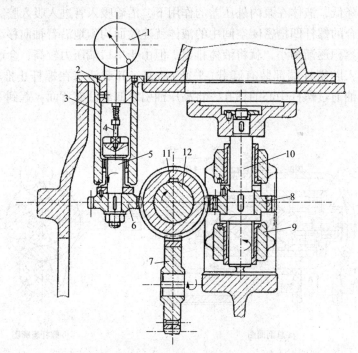

图4-60 调速器、齿轮油泵和转速表的传动机构

1—转速表；2、3—套筒；4—转速表连接轴；5—传动轴；6—转速表的传动蜗轮；7—齿轮油泵的传动蜗轮；8—调速器的传动蜗轮；9—轴承座架；10—调速器传动轴；11—蜗杆；12—汽轮机传动轴

30. 简述齿轮油泵的工作原理。

答：图4-61所示为外啮合直齿式齿轮泵工作原理图。当主动齿轮带动从动齿轮旋转时，在主动齿轮和从动齿轮啮合逐渐脱开处，齿间容积逐渐增大，形成局部真空，将汽轮机油由吸入口分别进入主动齿轮和从动齿轮的齿穴中。随着齿轮旋转，将吸入的油沿齿轮圆周与泵体所形成的空间输送到齿轮泵的另一侧油室中。在主、从动齿轮啮合的过程中，由于两齿轮啮合所形成齿间容积缩小，油受到挤压而升高压力，然后排出泵体。当油被排出后，吸入口又形成脱开空间，形成局部真空，在油箱液面上静压力作用下，油又被齿轮泵吸入。这样，油就不断地吸入和排出循环下去。

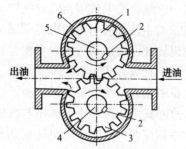

图4-61　齿轮油泵的工作原理图
1—主动齿轮；2—定位键；3—从动齿轮；
4—从动轴；5—主动轴；6—泵体

31. 齿轮油泵的供油量取决于哪些因素？

答：（1）齿轮泵转速愈高，流量愈大。但转速愈高，将使离心力增大，因此会使齿跟部形成"空穴"现象。因此，一般齿顶线速度应限制在6m/s以内。

（2）在外形尺寸一定时，齿轮模数 m 和齿数 z，齿数愈少、模数愈大，流量就愈大。

（3）泵的供油量 b 与齿宽成正比，齿宽大，流量大。一般用滚动轴承的齿轮泵的齿宽和齿轮外径比值为 $b/D = 0.5 \sim 0.6$，使用滑动轴承的齿轮泵的齿宽和齿轮外径比值一般为 $b/D = 0.4 \sim 0.5$。

32. 齿轮泵安装时应符合什么要求？

答：（1）检查泵盖、泵壳端部和轴承的润滑油槽的油路应清洁、畅通，采用卸荷槽的齿轮泵，卸荷槽应清洁、畅通；

（2）用着色法检查齿轮泵齿轮啮合面的接触情况，其接触面积沿齿长不少于70%，沿齿高不少于50%；

（3）检查滑动轴承的径向间隙应符合制造厂技术文件的规定；

（4）检查齿顶与泵壳内壁的径向间隙，其值宜为 0.10～0.25mm，但必须大于轴颈与轴瓦的径向间隙；

（5）检查泵壳与端盖的结合面的严密性，在对称均匀紧固螺栓的情况下，用 0.05mm 塞尺检查应塞不进；

（6）检查、调整泵盖与齿轮两端面的轴向间隙，宜每侧为 0.04～0.10mm；

（7）齿轮的啮合间隙应符合表4-7的规定。

（8）齿轮式油泵与电动机联轴器对中找正轴向倾斜及径向的允许偏差均应不大于 0.10mm。

表4-7　齿轮的啮合间隙　　　　　　　　　　　　　　　　　　　mm

中心距	啮合间隙
≤50	0.085
51～80	0.105
81～120	0.13
121～200	0.17

33. 由汽轮机转子直接驱动的离心式主油泵结构有哪两种?

答：汽轮机发电机组由汽轮机转子直接驱动的离心式主油泵一种是安装在汽轮机的前轴承箱内,其主轴直接与汽轮机转子通过联轴器直接联接驱动,无需任何减速装置,其转速就是汽轮机转速,增加运行的可靠性,其结构一般分为单级双吸卧式离心泵和单级单吸离心泵两种。这两种离心式主油泵不能自吸,因此在汽轮机启、停阶段要依靠电动机驱动的辅助油泵供给机组用油和主油泵进油。为了保证主油泵正常运行,专设一注油器向离心泵入口连续供油。离心式主油泵的出口油压与汽轮机转速成正比,随着汽轮机转速的增加,主油泵的出口压力也相应增大。当汽轮机转速达到额定转速90%时,主油泵和注油器就能提供油系统的全部油量,这时应将辅助油泵切换。

34. 由汽轮机转子直接驱动的离心式主油泵有哪些特点?

答：由汽轮机转子直接驱动的离心式主油泵的特点是供油量大,出口压力稳定,轴向推力小,且对负荷适应性好。其缺点是:油泵入口为负压,油系统一旦漏入空气就会使油泵工作失常。因此,必须在离心泵入口用注油器保证正压进油,以保证油泵的正常工作。

35. 简述单级双吸卧式主油泵的结构。

答：图4-62所示为单级双吸卧式主油泵的结构。其主要由泵体、轴承、转子、空心轴、叶轮、密封环等组成。油泵主轴采用套装双轴的结构,由两根空心轴组合起来的,叶轮是以动配合装配在外面的空心轴上,用键与轴连接并用两个螺母锁紧,内轴是用四个销钉和四个螺栓与外面的空心轴在轴端相联接在一起,这种结构具有良好的缓冲作用,减振性能较好。在泵转子的前端装配着弹簧钢带式调速器,后侧装配挠性联轴器。在泵轮前后两侧装配不等径的密封环(前侧小于后侧),前后密封环与泵轮的径向间隙近似相等,这就自然形成一向后推力,不至于使泵论受油流干扰而前后窜动(这是因为轴头上的调速器要求稳定运行的原因)。

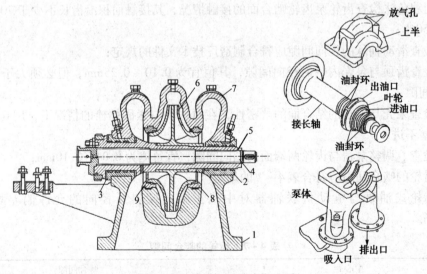

图4-62 单级双吸卧式主油泵
1—泵体；2、3—前、后轴承；4—泵转子；5—空心轴；6—叶轮；7—上壳体；8、9—前、后密封环

36. 简述单级单吸卧式主油泵的结构。

答：图4-63所示为单级单吸卧式离心主油泵。其心轴是用螺纹紧固在短轴上,叶轮装在心轴上。旋转阻尼调速器安装在短轴上，短轴与汽轮机转子用刚性联轴器连接在一起，无径向轴承支承，形成悬臂结构形式，这样拆装方便。

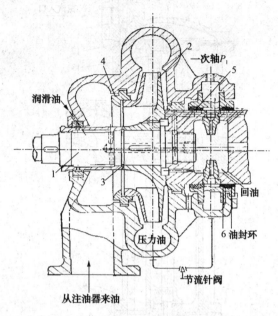

图 4-63　单级单吸离心式主油泵及旋转阻尼调速器
1—芯轴；2—叶轮；3—定位环；4—密封环；5—短轴；6—旋转阻尼调速器

37. 简述汽动油泵的结构。

答：图 4-64 所示为汽动油泵。它是由一台驱动用的小汽轮机和一台同轴的离心式油泵构成。其主要由汽轮、喷嘴、蒸汽室、离心油泵叶轮和止回阀组成。蒸汽进入小汽轮机之前，先经过调节螺钉 10 对蒸汽进行节流，然后通过汽道 A 进入喷嘴 12 膨胀加速，冲动小汽轮机叶轮 9，并通过轴 7 带动油泵叶轮 2 一起旋转。在小汽轮机作过功的排汽进入排汽室，从孔 B 排入大气。汽动油泵安装在油箱盖上，为保证油泵吸油可靠，除了小汽轮机外，其他部分全部浸在油箱内，油泵叶轮浸在油箱油面以下。为防止小汽轮机的蒸汽及疏水沿轴漏入油箱，在小汽轮机下方设有密封圈，少量漏汽可从孔 C 排入大气，疏水可从孔 D 排出。在压力油管的出口装有球形止回阀，在启动油泵不工作时，防止其他油泵启动时油倒灌。在油泵吸入口设有过滤网 1，以防止杂质吸入泵内而影响油质。在油泵的压力油出口管 18 上开有油孔 E，少量的润滑油经此孔为轴承供油润滑。

38. 汽轮发电机组的立式汽动辅助油泵安装有哪些要求？

答：（1）检查轴弯曲应不大于 0.04mm；

（2）检查滤网应清洁、无破损，且固定牢固；

（3）清理检查叶轮和油轮应无裂纹，叶片应无松动现象；

（4）检查汽轮机部分：油轮与喷嘴环之间的径向间隙，油轮与泵体之间的轴向间隙，油轮轴上的调整垫与轴承端面间的轴向间隙及汽封环间隙均应符合制造厂技术文件的规定；

（5）检查油泵部分：油泵吸入室与叶轮吸入侧的径向间隙，叶轮与泵体的径向间隙，泵体与叶轮轴向间隙及轴间间隙应符合制造厂技术文件的规定；

（6）泵组组装时，螺栓应按制造厂技术文件的规定加装锁紧垫圈和点焊固定；

（7）联轴器对中偏差应不大于 0.05mm。

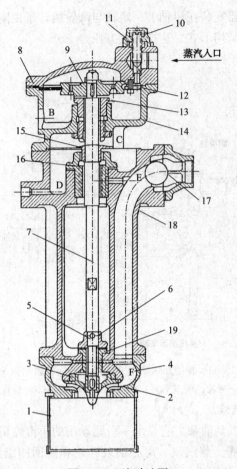

图 4 – 64　汽动油泵

1—过滤网；2—油泵叶轮；3—密封环；4—油泵壳体；5—推力套；6—圆锥销；7—轴；
8—蒸汽室盖；9—汽轮；10—调节螺钉；11—罩状螺母；12—喷嘴；13—汽封；
14—蒸汽室；15—挡汽盘；16、19—轴承；17—止回阀；18—压力油出口管

39. 顶轴装置有什么作用？

答：汽轮机组各轴承均为动压轴承，在机组启、停过程中，由于转子的转速较低，轴颈与轴瓦之间的油膜不能形成，为了避免转子转动时轴颈与轴瓦之间的磨损，在各轴承最低点提供一高压油将转子顶起，使轴颈与轴瓦之间形成油膜，有利于轴颈与轴瓦的润滑。

40. 油系统设置高位油箱有什么作用？

答：油系统设置高位油箱的作用是当机组发生停电、停汽或停机故障，辅助油泵又不能及时启动供油时，高位油箱内的润滑油将沿进油管道，流经各轴承及润滑部位进行润滑，然后返回油箱。为确保机组惰走过程中所需的润滑油量，高位油箱容量应保证有 5min 以上的供油。机组正常运行时，润滑油从高位油箱底部进入，由上部侧面溢流管排出，直接流回油箱。

41. 对高位油箱有什么要求？

答：（1）高位油箱应设计在距离机组中心线高 5 ~ 8m 处，其位置应在机组中心线一端正上方，并要求管线长度尽量短，弯头数量尽量少，以减小高位油箱的润滑油流经各轴承和润滑部位的阻力。

（2）高位油箱顶部应设呼吸孔，当润滑油由高位油箱流经轴承时，油箱容积空间由呼吸孔吸入空气予以补充，避免油箱内形成负压，影响润滑油靠重力流出高位油箱。

（3）在高位油箱进油管上装有节流孔板以控制进油量，当油系统和机组发生故障时，高位油箱内的润滑油将沿进油管道节流孔板上的节流孔，流经各轴承及润滑部位返回油箱。

（4）在高位油箱上部侧面应装有溢流管，并在流回油箱的立管上装上窥视镜，以观察回油情况。

（5）在润滑油泵出口至润滑油总管上应设置逆止阀，当主油泵故障、辅助油泵又未及时启动供油时，逆止阀应立即关闭，使高位油箱内的润滑油流经轴承和润滑部位后返回油箱，这样可以防止高位油箱的润滑油短路，从而避免机组惰走过程中断油而损坏轴承故障的发生，甚至更大的事故发生。

42. 高位油箱安装前的清理有哪些要求？

答：高位油箱安装前，应进行化学清洗处理，然后用干燥压缩空气吹净，再用面团将布纤维、微小杂质粘干净，并在其内表面喷涂汽轮机油和管口封闭后，再进行安装。

43. 在润滑油系统中设有蓄能器的作用是什么？

答：蓄能器是一种将液压能储存在内压容器里，待需要时将其释放出来的能量储存装置。蓄能器是液压系统中的主要附件，对于保证系统正常运行、改变其动态品质、保持工作稳定性、延长寿命、降低噪音起着重要的作用。在润滑油系统中设有蓄能器的作用是稳定润滑油系统压力，当主油泵需切换时，主油泵停机、备用油泵启动的瞬间，能保持一定的润滑油压，使机组不因油泵的正常切换而停机。

44. 简述皮囊式蓄能器工作原理。

答：皮囊式蓄能器是由液压部分和带有气密封件的气体部分组成，位于皮囊周围的油液回路接通。当压力升高时，油液进入蓄能器，气体被压缩，系统管路压力不再上升；当系统管路压力下降时，压缩氮气膨胀，将油液压入回路，从而减缓管路压力的下降。

45. 简述蓄能器结构。

答：图4-65所示为润滑油系统蓄能器剖面图。其主要由蓄能器体1、皮囊2、气阀芯3和油阀体9等组成。在油系统压力失稳时可以将油系统内的油压在一定的时间里维持较高压力。当主油泵故障停机时，蓄能器将保持油系统油压稳定至辅助油泵投入运行。向蓄能器皮囊加压时，只能充氮气，且不可充氧器。向蓄能器充氮气时，其氮气压力应≥最高工作压力的1/4，或≤最小工作压力的9/10。

46. 蓄能器安装应符合什么要求？

答：（1）蓄能器胶囊应完好，无变形、损坏等缺陷；

（2）向蓄能器内充符合设计文件规定的氮气压力，筒体、焊缝、密封面等应无泄漏、裂纹、变形等缺陷；

（3）筒体上的螺栓应对称均匀紧固并有防松装置，外部防腐层应完好，无脱落。

47. 简述润滑油系统节流阀的结构。

答：图4-66所示为润滑油系统节流阀结构。它由螺钉1、罩盖螺母2、壳体4、节流螺钉6等组成。在首次调整润滑油流量时，拆卸螺钉1并稍未松开罩盖螺母2，将节流螺钉向上转动，调整所需要的润滑油流量流向轴承，然后紧固罩盖螺母，再紧固定位螺钉7，将罩盖螺母固定。

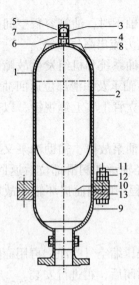

图 4-65 蓄能器剖面图

1—蓄能器体；2—蓄能器皮囊；3—气阀芯；

4—固定螺母；5、12—螺母；6—保护帽；

7、13—O 形密封圈；8—铭牌；9—油阀体；

10—软垫片；11—螺栓

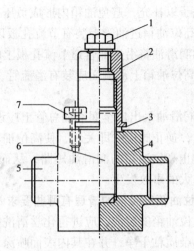

图 4-66 润滑油节流阀

1—螺钉；2—罩盖螺母；3—密封垫；4—壳体；

5—管接头；6—节流螺钉；7—定位螺钉

48. 简述润滑油压力控制器的结构及其工作原理。

答：图 4-67 所示为润滑油压力控制器结构。它主要由滑阀、弹簧、壳体、罩形螺母等组成。其工作原理是当轴承油压充足时，管接头 13d 处的油压克服滑阀 7 的自重和弹簧 4 的

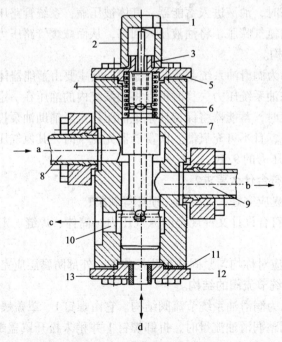

图 4-67 润滑油压力控制器

1—罩盖螺母；2—销；3—盖；4—弹簧；5、11—填料；6—壳体；7—滑阀；8、9、13—管接头；

10—排油口；12—盖板；a—压力油；b—至速关油；c—排油；d—至轴承油

作用力，使滑阀移至图中所示的上部位置，压力油 a 通过管接头 9 到速关阀，漏至弹簧 4 腔室的油通过滑阀 7 中的小孔流至排油管接头 10c 处。当轴承油压下降时，由于弹簧力作用使滑阀下移，堵住通往速关阀压力油，并使从管接头 8a 出来的油流入排油管接头 10c 处，使汽轮机立即停机。

49. 润滑油压力控制器有什么作用？

答：润滑油压力控制器的作用是当轴承压力不足时，控制器动作使汽轮机停机，按汽轮机装置的设备配置情况，在轴承油压下降而润滑油压力控制器动作之前，接通辅助油泵或润滑油泵。

50. 油系统管道安装有哪些要求？

答：油系统管道施工时，应按设计技术文件进行施工，并确保油系统工艺流程正确、管道、管支吊架、阀门位置符合设计文件的规定，安装应牢固。油系统经严密性试验后无泄漏，油系统投用后管道清洁、畅通，流量符合要求且无振动现象。油系统管道安装有下列要求：

(1)调节油系统的法兰应采用带止口的高颈法兰。润滑油系统的平口法兰应内外施焊，内圈应作密封焊，外圈应采用多层焊。

(2)调节油系统的阀门应选用钢制阀门。润滑油系统的阀门在管道上安装时应放平，防止运行中阀芯脱落切断油路。为了便于判明阀门开关位置，油系统应采用明杆阀门，并标明开关方向。

(3)油系统管道采用不锈钢管时，预制前应分段进行人工清理，先用旧布在管内反复拖拉，然后再用低压蒸汽吹扫干净，并及时封闭管口。当回油管道采用碳钢管道时，用圆盘钢丝刷在管内反复拖拉，再用海绵或白布拖拉，然后用压缩空气吹净，并及时封闭管口。

(4)对油系统管道中的窥视镜、管件、阀门、三通等附件逐一进行拆检、清理，并用面团粘净，对有缺陷的部件进行补焊和处理。阀门在安装前，应逐个进行强度和密封性试验。

(5)油管道预制和安装时应采用机械方法切割和加工坡口，并应清除管口内毛刺，其焊缝底层应采用氩弧焊。管道上开孔应在管道安装前完成，打磨坡口后应进行清洗，油管道安装前，应再次清除管道内的焊渣、铁屑及其他杂质，以提高油管内壁的清洁度。

(6)管道安装时，法兰密封面不得有径向划痕、翘曲、等锈蚀等缺陷，耐油石棉橡胶板垫片的边缘应切割整齐，表面应平整，不得有气泡、分层、折皱等缺陷，垫片内径应稍大于法兰密封面内径。

(7)安装后的进油管道应向油泵侧有应不小于 2‰坡度，回油管应向油箱侧倾斜，其坡度应不小于 5‰，有条件的以 30‰~50‰为好。

(8)调节油管道应无死头或中间拱起的管段，防止窝存空气。

(9)油管道外壁与蒸汽管道保温层外表面应保持不少于 150mm 的距离，若距离过小应加隔热板，对于运行中经常存有静止油的油管道，应加大距离，在主蒸汽管道和阀门附近的油管道，不宜设置法兰。

(10)与机器连接的油管道，其固定焊口应远离机器并在固定支架以外，以减小焊接应力的影响。管道与机器连接时，不允许机器承受设计以外的附加载荷。

(11)在自由状态下所有连接法兰的螺栓应在螺孔中顺利通过。法兰密封面间的平行偏差、径向偏差及间距，均应符合表4-8的规定。

表4-8 法兰密封面间的平行偏差、径向偏差及间距

机器转速/r/min	平行偏差/mm	径向偏差/mm	间距/mm
<3000	≤0.40	≤0.80	垫片厚度+1.5
3000~6000	≤0.15	≤0.50	垫片厚度+1.0
>6000	≤0.10	≤0.20	垫片厚度+1.0

（12）对汽轮发电机需隔绝轴电流的各部位与油管道连接时，应必须加装必要的绝缘件，组装前应检查绝缘件完好无损，并安装正确。

51. 油系统阀门安装应符合什么要求？

答：（1）在油系统上不宜采用螺纹连接的阀门；

（2）润滑油系统的阀门在管道上应水平安装或倒置安装，以防运行时阀芯脱落切断油路；

（3）截止阀、逆止阀安装时，油流方向应正确；

（4）油系统阀门应使用明杆阀门，并标有开关方向；

（5）为减少油系统阀门阀杆与填料处漏油，可采用聚四氟乙烯碗型密封垫；

（6）所有阀门都应进行清理和作强度试验，试验压力并应符合制造厂技术文件的规定；

（7）阀门及管道重量必须由支吊架承受，不得加在油泵或其他设备上。

52. 油系统的阀门阀杆为什么不允许垂直安装？

答：由于油系统的阀门阀杆经常开、关操作，有可能会发生阀芯与阀杆脱落的现象。如果汽轮机运行中阀芯脱落，且阀门阀杆又是垂直安装，将会导致油系统断油事故，致使轴瓦烧毁、调节系统失灵、汽轮机严重损坏的恶性事故。所以油系统的阀门阀杆不允许垂直安装，一般都是水平安装或倒置安装。

53. 油系统管道采用槽式浸泡法有哪些要求？

答：采用槽式浸泡法的油系统管道，其脱脂、酸洗、中和、钝化液配合比宜符合表4-9规定。经钝化后的油管道，应用清水冲洗干净，并用干燥的压缩空气吹干，检查其内壁应形成银灰色钝化膜，然后将管口用塑料布封闭。

表4-9 槽式浸泡法脱脂、酸洗、中和、钝化液配合比一览表

溶　液	成　分	浓度/%	温度/℃	时间/min	pH值
脱脂液	氢氧化钠	8~10	60~80	240左右	—
	碳酸氢钠	1.5~2.5			
	磷酸钠	3~4			
	硅酸钠	1~2			
酸洗液	盐　酸	12~15		240~360	—
	乌洛托平	1~2			
中和液	氨　水	8~12	常温	2~4	10~11
钝化液	亚硝酸钠	1~2		10~15	8~10
	氨　水				

54. 油系统管道采用循环化学清洗有哪些特点？其有哪些要求？

答：油系统管道采用循环化学清洗工艺特点是可以清除掉管道内壁的高温氧化皮、铁锈、焊渣等，钝化后金属内壁表面呈银灰色，并有金属光泽，在管道内表面形成一层致密的钝化膜，使管道内表面获得化学稳定性，增强管道耐腐蚀的能力，从而保证管道内的清洁度。油系统管道采用循环化学清洗时，既可以采用线上循环法也可以采用线下循环法。采用线下循环法时，可根据油管的不同直径组成 2 - 4 个循环回路。对无法接通的油管，可用临时管道连接，化学清洗用的循环泵应采用耐酸泵进行循环，出口流速为 0.3 ~ 1m/s。化学清洗可分为脱脂、酸洗、中和、钝化等步骤，其配合比宜符合表 4 - 10 规定。各工序溶液的配合比要正确，既能充分通过化学作用清除管道内壁上的氧化物，又不致将管道腐蚀或使管道内壁二次锈蚀。酸洗后的水洗、中和、钝化三道工序应连续进行，酸洗液、钝化液的浓度及温度要根据酸洗，钝化效果进行调整，化学清洗合格后立即用过滤干燥的压缩空气吹干，然后封闭系统。

表 4 - 10　循环化学清洗法脱脂、酸洗、中和、钝化配合比一览表

溶　液	成　分	浓度/%	温度/℃	时间/min	pH 值
脱脂液	四氯化碳	—		30 左右	—
酸洗液	盐　酸 乌洛托平	10 ~ 15 1		120 ~ 240	—
中和液	氨　水	1	常温	15 ~ 30	10 ~ 12
钝化液	亚硝酸钠 氨　水	10 ~ 15 1 ~ 3		25 ~ 30	1 ~ 15

55. 油系统化学清洗过程中如何进行质量检查？

答：酸洗后的油管内壁表面质量是以目测检查，呈金属光泽为合格。钝化质量检查是以兰点检验法检查钝化膜的致密性。用检验液一滴点在钝化表面，15min 内出现的兰点少于 8 点为合格。兰点检验液的配方见表 4 - 11。

表 4 - 11　兰点检验液配方

药剂名称	盐酸	硫酸	铁氰化钾	蒸馏水
含量/%	5	1	5	89

56. 油系统管道化学清洗过程应遵守哪些安全措施？

答：油系统管道化学清洗用的腐蚀液体，清洗时稍有疏忽，容易发生人身事故，故对于化学清洗的油管道应在循环清洗前，应对分别每一回路作空气试漏检查，以防止发生漏酸事故。并在施工中应遵守以下安全措施：

（1）操作人员必须穿耐酸工作服，防护鞋并配戴防护面罩和防护手套等。

（2）施工现场严禁明火，并禁止吸烟，四周隔离并挂牌警示，并排专人管理，禁止无关人员入内。

（3）在清洗现场应具备装满清水的小桶、2% ~ 3% 碳酸钠溶液、2% 的硼酸、5% 的重碳酸钠以及石灰、凡士林等，以便急救时使用。

（4）酸、碱运到现场后要设专人保管，各工序的溶液配合比要设专人配置。酸洗、碱洗

后的废液(水)要经过中和处理,并按照指定地点排放、防止对环境污染。

(5)应用专用工具搬运酸液和碱液,严禁将装酸、碱的容器扛在肩上或抱在怀里搬运。

(6)配置酸液时应先加水、再加酸。加酸时应慢慢的倒入水中,并不断搅拌,以防止反应剧烈,酸液溅出伤人,严禁将水到入酸内。

(7)操作时,不慎皮肤接触了酸液,应立即用事前准备好的2%~3%碳酸钠溶液中和,并用清水冲洗,以防烫伤。

57. 汽轮机组油系统为什么要进行油冲洗?

答:汽轮机组油系统的油质洁净度要求很高,油系统的洁净与否直接关系到汽轮机组能否安全、正常运行。如果油系统含有潜在的有害杂质,不仅影响轴承轴承的润滑,而且还影响调节系统的调节功能。调节系统中的错油门与套筒之间的间隙较小,若油系统中含有杂质,极容易使错油门卡涩,也将影响错油门的灵敏度和使密封面受到破坏,由此造成停机事故或调节性能恶化。因此,在机组调试、试运行前必须对油系统进行认真的油冲洗,以保证机组运行中的油路洁净、畅通,各部件的动作准确、灵敏。否则,会使汽轮机试运行中发生调节系统摆动现象;有的汽轮机甚至会出现油动机突然不动作现象;有的汽轮机在试运行初期调节系统动作还比较正常,但运行一段时间后,会发生调节系统不稳定异常现象等。

58. 油系统采用线上循环冲洗方式有哪几种?

答:(1)第一种油循环冲洗方式为轴承外旁路循环冲洗方式,即冲洗油不通过轴承箱,在轴承进油管与回油管之间装设临时尼龙管连接,进行旁路循环冲洗。

(2)第二种油循环冲洗方式为轴承内旁路循环冲洗方式,即冲洗油不通过轴承,但通过轴承箱,进行旁路循环冲洗。

(3)第三种油循环冲洗方式为与正常油循环方式相同,即冲洗油通过轴承,但应在轴承进油管上加装过滤网,进行油系统循环冲洗。

59. 油系统冲洗前应进行哪些准备工作?

答:(1)油系统管道和设备的吹扫及化学清洗应符合技术规程规范的要求,并经有关人员确认合格。

(2)制定出油循环冲洗措施并绘制油冲洗系统图。

(3)确认油系统内阀门开启状态符合设计流程要求,确认油系统安全工作状态良好有效。油系统油泵、排油烟风机试运转合格。

(4)分别将润滑油、调速油系统中进入机器及错油门、油动机各入口处的管道与油冲洗管道断开,配置临时接管,连接供、回油管道,形成冲洗油的循环回路。将供油系统中滤油器的滤芯、节流孔板等可能限制流量的部件均取出,并在机器和阀体入口处加设临时盲板。在回油总管进油箱前的法兰处增设临时检查滤网,滤网可逐次采用100~200目的滤网过滤,以便检查油管道的冲洗效果。

(5)拆除滤油器的滤芯,在滤油器出口法兰装上临时滤网,规格逐次由小到大更换(120~200目),并在油箱与泵入口管道连接处加设150~180目的临时滤网,其通流面积不小于管道横截面积的2~4倍。

(6)用滤油机向油箱注入符合设计文件或制造厂技术文件要求并经抽样化验合格的冲洗油或工作油,油位应达到最高油位。冲洗油与系统工作介质相容,冲洗油黏度低于工作介质黏度。滤油机出口临时管道,进油箱前应加180~200目的滤网过滤。

（7）油系统油循环配置的临时管道宜采用内衬钢丝透明胶管，法兰连接的密封垫片宜采用冲压耐油石棉橡胶垫片或聚四氟乙烯垫片。

60. 油系统冲洗时应采取哪些措施？

答：（1）在油冲洗的过程中，按油的流向用木锤沿管道敲击各焊缝、三通和弯头的管壁，使附着在管壁上的氧化物、焊渣和沙粒等杂物从管壁上松动脱落，从回油管窥视镜和透明胶管观察冲洗油流应正常。并定期排放或清理油路的死角和最低处积存的污物，并从冷油器放油丝堵处配临时接管，将油排至油箱，进油箱前用180目滤网过滤，以减少脏油积存在油冷却器内。

（2）提高冲洗油的流速，加大冲洗油的流量，在回油总管进入油箱前加节流孔板，使冲洗回路每一段管道内壁全部接触冲洗油。

油系统较长时，可采用自上游向下游按工艺流程进行分段冲洗，并联的各冲洗回路管径应接近，冲洗回路中的死角管段应另成回路冲洗。

分段冲洗时，可以间断开停油泵和开关油路阀门的手段产生冲击油流，使冲洗油在管内产生紊流；同时向管内充入氮气，使冲洗油在油管内产生漩涡流动，以提高冲洗效果；充入氮气压力应稍高于系统内的油压，充氮气应间断进行，每隔 1～2h 充氮一次，每次 5～10min，冲入氮气的时间应选择在油温最高和最低时进行。

（3）利用油加热器或油冷器交替地对系统内的油反复进行加热或冷却，使油温发生急冷、急热交替的变化，使附着在管道内壁沉积物在热胀冷缩的作用下更易于与管壁剥离。升降油温循环过程中，应每8h宜在35～75℃的范围内反复升降油温2～3次，油的加热、冷却曲线如图4-68所示。

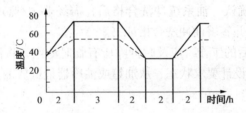

图 4-68　油系统循环时冲洗油的加热、冷却曲线

（4）冲洗油的冲洗流速应使油流呈紊流状态，冲洗油用油泵供油流速应大于1.5m/s，压力保持在0.2～0.4MPa之间，冲洗油压不得超过油系统额定压力的10%。

（5）详细记录并保存每天油冲洗的时间、油压及油温的变化和每次检查滤网上的杂质规格与数量情况。

（6）在油冲洗过程中采用滤油机连续、循环过滤，清除杂质和水分，直至油质洁净。

61. 如何进行油系统冲洗？

答：（1）首先进行润滑油站系统的冲洗　在油箱与泵入口管道连接处加设150～180目的不锈钢滤网。此段冲洗回路包括整个系统的油箱、油冷器、油过滤器和油泵等设备及主要阀门（调节阀、截止阀、止回阀等）。本系统管线多、弯头多、阀门多，且工艺复杂，是油系统冲洗的重点。

（2）油系统第一次冲洗　在滤油器出口法兰处加设120～150目的不锈钢滤网，在回油总管进入油箱前加设100～120目的不锈钢滤网。

为了检查油泵工作情况，两台油泵应交替进行工作，每冲洗4h停泵检查、清洗一次滤网，逐步延长 8h 清洗一次，当目测过滤网内表面每平方厘米面积上很少有杂质，可结束第一次的油冲洗工作，此冲洗过程应不少于 24h。然后，将油箱内冲洗油排净、用面团粘净油箱及各过滤器内部，并拆除油箱与油泵入口管处的滤网。

(3)油系统第二次冲洗　将过滤的冲洗油再次用滤油机注入油箱，将过滤器出口处的滤网更换为 150~180 目，将回油总管入油箱前滤网更换为 150 目。拆除临时设施，装好流量、温度、压力等检测部件，将油管道与润滑油、密封油和调速油系统进行连接，并在各进油管处加设 180~200 目的尼龙丝滤网。将各径向轴承上瓦取下，盖好轴承盖，然后进行油循环。开始每 2~4h 停泵检查、清洗一次滤网，此后，每隔 4h 检查、清洗一次滤网，当滤网每平方厘米上肉眼可见软性杂质不超过 3 点为合格。并视具体情况换装合格的工作油进行油冲洗。

(4)油系统第三次冲洗　清理轴承箱，将全部轴承清洗干净并组装好。拆除油过滤器出口处滤网，清洗滤油器和滤芯，然后将滤芯装入滤油器。在回油总管进油箱前更换为 180~200 目的滤网，在润滑油、密封油和调速油的进口处更换为 180~200 目新的滤网，冲洗时，将调速油压控制在正常操作油压，密封油应达到要求的油气压差。每冲洗 4h 停泵检查、清洗一次滤网和滤芯，在油冲洗中，应根据滤油器的前后压差变化情况经常清洗滤油器和滤芯。

(5)油系统冲洗质量检查　当按正常流程连续冲洗 4h 后，检查 180~200 目的滤网上，每平方厘米上肉眼可见软性杂质不超过 3 点(允许有微量纤维杂物存在)，但不允许存在硬质杂物；更换合格工作油后，再连续循环冲洗 20h，当油过滤器的前后压差值不超过 0.01~0.15MPa，视油系统冲洗合格。

(6)油系统冲洗质量确认　油系统冲洗合格后，需经业主/监理单位和制造厂的代表对油冲洗质量的予以确认，并签署油冲洗合格证书。

(7)油循环冲洗完毕后的工作　应及时拆除所有临时滤网，将油系统设备及管道、各节流孔板进行复位，并达到设计要求状态，从油箱或油冷器最低放油点取油样化验，油品合格后可作为机组试运行用油。

第五节　调节系统的试验

1. 汽轮机调节系统试验的目的是什么？

答：(1)通过试验可以确定调节系统的静态特性、速度变动率、迟缓率及动态特性等，这样可以全面了解调节系统的工作性能，同时也能发现在正常运行中不易发现的缺陷。

(2)通过试验，分析实验结果，有的放矢地检查某个部套的某个某位，才能迅速而有效地判断出产生缺陷的原因和部位，从而采取有效措施进行消除。

(3)通过试验可以测出调节系统各项特性，进行分析后，全面考虑地采取消除这一缺陷的整定措施，从而使调节系统的工作符合设计要求。

2. 对凝汽式汽轮机调节系统有哪些要求？

答：(1)调节系统静态特性应满足机组在任何工况下稳定运行；

(2)自动主气阀全开时，能维持空负荷运行；

(3)汽轮发电机组在瞬间全负荷时，机组转速不应超过危急保安器动作转速(危急保安器动作转速一般整定为汽轮机额定转速的 110%~112%)；

（4）调节系统的迟缓率 ε 应不大于 0.3%；

（5）调节系统速度变动率 δ 应在 5% 左右；

（6）同步器的界限为 $-5 \sim +7$；

（7）调节气阀重叠度一般应为 10% 左右；

（8）自动主气阀及调节气阀的关闭时间应符合设计规定。

3. 什么是调节系统静止试验？

答：调节系统静态试验是指在汽轮机静止状态下启动油泵，对调节系统部套进行整定试验。

4. 为什么在汽轮机静止状态下进行调节系统静态试验？

答：由于汽轮机处于静止状态，试验时干扰因素少，可获得比较准确的结果。对于安装或检修后的机组，通过静止试验可将各机构的关系调整到符合设计要求，为确保机组安全、可靠启动和运行提供必要条件。对存在缺陷或经过改进的机组，通过静止试验测得各机构间的相互关系，与设计数据进行比较，找出产生缺陷的原因或判断改进后的效果。

5. 液压调节、保安系统的静态特性调试的任务是什么？

答：机组未启动前调整好同步器和油动机的静态参数，进行调节部套的特性试验，对保护装置进行试验和调整；在机组启动后将一次油压整定符合设计要求，测定同步器的调速范围，并作手动危急遮断装置动作试验、危急保安器超速试验，检查气阀的严密性，进行机组调节系统的空负荷试验及带负荷试验，为机组安全、平稳运行创造条件。

6. 调节系统试验前应做好哪些准备工作？

答：（1）油系统油循环冲洗合格，油质化验合格，油温控制在 $40℃ \pm 5℃$；

（2）调节系统试验用的压力表、转速表、温度计、秒表或滤波仪已校验合格；

（3）准备好调节系统技术资料；

（4）汽轮机调节系统及油系统图；

（5）调节系统使用说明书、试验整定说明书；

（6）调节部套检验、试验记录。

（7）电动油泵试运行合格。

7. 调节系统静止试验主要内容有哪些？

答：调整各部套符合设计要求、测取各部套之间的相互关系，即：

（1）调速器信号（滑环位移或一次油压）与二次油压及油动机升程之间的关系；

（2）油动机升程与各调节气阀开度的关系；

（3）同步器的工作范围；

（4）传动放大机构的迟缓率等。

8. 自备电站汽轮机调节系统的静止试验有哪几种方法？

答：对于自备电站汽轮机调节系统静止试验时，由于汽轮机还未运行，由汽轮机转子直接驱动的离心式主油泵还不能进行工作，故压力油由高压辅助油泵供给，转速信号由人工产生。试验具体方法视不同调节系统而异：

（1）对于低速离心调速器的机组进行调节系统静止试验时，应拆除调速器的主弹簧，装设一个专用工具来移动滑套位置；

（2）对于高速弹簧片调速器进行调节系统静止试验时，可利用同步器来移动调速器错油门的滑阀的位置，以代替转速变化；

（3）对于径向钻孔泵调速器及旋转阻尼调速器进行调节系统静止试验时，则应切断原来的一次脉冲油路，则用人工产生可调节油压，以代替转速变化。

9. 汽轮机发电机组调节系统的静态特性试验包括哪几种试验？

答：包括空负荷试验和带负荷试验。通过试验求取调节系统各部套的特性和整个系统的静态特性曲线，从中验证调节系统的静态工作性能是否能满足运行要求。

10. 旋转阻尼调速器试验的目的是什么？

答：测取转速 n 与一次油压 p_1 的关系，如表 4-12 所示。对额定转速为 3000r/min 的汽轮发电机组而言，只有旋转阻尼转速达到 50% 额定转速以上时起作用，即转速平方与一次油压成正比。

表 4-12　旋转阻尼一次油压 p_1 与汽轮机转速 n 的关系

转速 n/（r/min）	2800	2850	2900	2950	3000	3050	3100	3150	3200	3210	3250
一次油压 p_1/MPa	0.1910	0.1979	0.2049	0.2121	0.2193	0.2267	0.2342	0.2418	0.2495	0.2511	0.2574

11. 径向泵调速器试验的目的是什么？

答：测取转速与径向泵出口压头与转速之间的关系。即

$$p = an^2$$

式中　p——泵出口压头（泵的出口压力与入口压力之差值），kPa；

n——泵转速，r/min；

a——与结构有关的比例常数，其设计点是：$n_0 = 3000$r/min，出口压头 $p_0 = 0.588$MPa，则

$$a = \frac{p_0}{n_0} = \frac{0.588}{3000^2} = 0.6533 \times 10^{-7} \text{MPa} \cdot \left(\frac{\text{r}}{\text{min}}\right)^{-2}$$

试验值应符合表 4-13 要求。

表 4-13　径向泵转速与泵出口油压、压头的关系

转速/（r/min）	2400	2500	2600	2700	2800	2900	3000	3100	3200	3300	3400	3450	3500
泵出口压头/MPa	0.384	0.417	0.451	0.486	0.522	0.560	0.600	0.640	0.682	0.724	0.771	0.794	0.864
泵出口压力/MPa	0.484	0.517	0.551	0.586	0.622	0.660	0.700	0.740	0.782	0.824	0.871	0.894	0.964

12. 放大器试验的目的是什么？

答：放大器试验时同步器应一起参加。放大器试验的目的是测取一次油压 p_1 与二次油压 p_2 的关系，计算出放大比和获得同步器工作范围，使同步器的工作范围为（ $-5\% \sim +7\%$ ）n。

13. 简述放大器试验方法。

答：放大器试验方法为：人为产生一次油压讯号通道放大器的一次油压油室，然后在同步器上、中、下三个不同的位置分别进行试验，以给定一个一次油压相应得到一个二次油压值，这样上行与下行来回分别作两次试验并记录，同时绘出同步器上、中、下三个不同位置时的一次油压 p_1 与二次油压的关系曲线 $p_1 - p_2$。

14. 放大器试验时有什么要求？

答：（1）同一个一次油压、二次油压数值下，上行与下行之间误差应在 3.9~4.9kPa 范

围内。

（2）同步器在零负荷的工作范围应在额定转速的95%～107%。

（3）放大器动作转速（即调速器动作转速）应为汽轮机额定转速的90%±2%，如有误差，可通过辅助同步器的弹簧来进行调整。

15. 油动机试验的目的是什么？

答：油动机试验的目的是测取控制油压p_x（或p_2）与油动机行程m的关系。试验时应记录油动机动作油压值与最大行程时的控制油压p_x（或二次油压p_2）值。

16. 如何进行油动机试验？有什么要求？

答：油动机试验时，可先给定一个控制油压p_x（或p_2）相应得到一个油动机行程数值m，这样上行与下行来回做两次试验并记录，同时绘出控制油压p_x（或p_2）与油动机行程m曲线控制油压p_x（或p_2）$-m$。

油动机试验时要求在同一个p_x（或p_2）数值下，油动机行程与行程在上行与下行之间数值误差为1.5～3mm。

17. 自动主气阀和调节气阀试验包括哪些试验？

答：包括严密性试验和关闭时间试验。

18. 自动主气阀和调节气阀进行严密性试验的目的是什么？

答：目的是鉴定它们是否漏汽和漏汽的程度。

19. 如何进行调节气阀严密性试验？

答：（1）在额定蒸汽参数、真空和转速条件下，自动主气阀处于全开状态，关闭调节气阀并同时记录汽轮机转速随时间变化的关系。调节气阀关闭后，汽轮机转速的下降速度一般要求应与在相同蒸汽参数、真空条件下，脱扣停机时的惰走曲线基本一致。

（2）在汽轮机空负荷和主气阀处于全开状态，同步器放在低限位置。试验时可操作同步器或辅助同步器，使调节气阀逐渐关闭，致使汽轮机转速下降，如果调节气阀不严密，则汽轮机转速降到一定值后就不再下降，这一稳定转速就表示调节气阀严密程度。一般要求汽轮机由额定转速下降到70%额定转速，所需时间应在2min左右。

20. 如何进行自动主气阀关闭时间试验？

答：全开主气阀，然后手拍危急遮断装置（或危急遮断器手柄或紧急停机手柄），脱扣油立即卸压，主气阀迅速关闭。此项试验应连续做2～3次。一般中压机组主气阀关闭时间在1s内为合格；高压机组或超高压机组关闭时间在0.5s内为合格。

21. 如何进行调节气阀关闭时间试验？

答：全开调节气阀，然后手拍危急遮断装置（或危急遮断器手柄或紧急停机手柄），脱扣油立即卸压，调节气阀迅速关闭。要求调节气阀关闭时间在0.5s内为合格。

试验合格后，危急遮断器手柄复位，调节气阀应立即自动开启，处于全开状态。

22. 在什么情况下应进行汽轮机超速保护装置试验？

答：汽轮机安装完毕，每次大修前后或运行2000h后，均应按有关规定进行超速保护装置试验，即手动、注油试验和超速试验。

23. 超速保护装置手动试验的目的是什么？手动试验在什么情况下进行？

答：手动试验的目的是检查危急遮断油门、自动主气阀和调节气阀是否能正常动作。手动试验应结合主气阀和调节气阀严密性试验和关闭时间试验一起进行，试验也应分别在汽轮机静止状态和空负荷状态下进行。

24. 超速试验的目的是什么？

答：目的是测取危急保安器实际动作转速。

25. 如何进行超速试验？

答：超速试验时，必须先试验手动紧急停机装置、自动主气阀和调节气阀能迅速动作关闭。超速试验时，将汽轮机缓慢升速至额定转速的 110% ~ 112% 时，危急保安器应动作。若超过额定转速 112% 时还未动作，应立即手动打闸停机。重新调整后，再进行试验。

26. 超速试验合格标准是什么？

答：超速保护试验时，危急保安器的动作转速范围为额定转速的 110% ~ 112%。试验应连续做两次，两次试验动作转速差不应超过 0.6%；新安装的机组，危急保安器动作转速应连续做 3 次。前两次动作转速差不应超过 0.6%，第三次动作转速与前两次平均值之差不应超过 1%。

27. 调节系统的静态特性试验包括哪些试验？

答：包括空负荷试验和带负荷试验。

28. 什么是调节系统静态特性的空负荷试验？

答：空负荷试验是指汽轮发电机组在无励磁空转运行工况下进行的试验。

29. 如何进行汽轮发电机组调节系统静态特性的空负荷试验？

答：(1)将同步器分别放在上限、中限位置(即 3150r/min、3000r/min)进行。

(2)对于速度变动率设计在 3% ~ 6% 范围内的可调系统，试验时速度变动率应分别在 3%、4%、5% 三个位置进行，检查实际刻度值与设计值是否相符。

(3)首先从速度变动率 5%，同步器在上限位置，待转速在 3150r/min 稳定后，由转速观察人员发出第一个记录信号。

(4)逐渐关闭主气阀的旁路阀，使转速缓慢下降，转速每下降 10 ~ 15r/min 应记录一次，直到油动机全开时为止。

(5)缓慢开启主气阀的旁路阀，使转速缓慢上升，每上升 10 ~ 15r/min 应记录一次，直到主气阀的旁路阀全开时为止。

(6)按上述方法将速度变动率为 5%，同步器放在中限位置，待转速稳定在 3000r/min 时，再做一次试验。

(7)然后分别以：

①速度变动率为 4%，同步器在上限位置，转速稳定在 3120r/min。

②速度变动率为 4%，同步器在中限位置，转速稳定在 3000r/min。

③速度变动率为 3%，同步器在上限位置，转速稳定在 3090r/min。

④速度变动率为 3%，同步器在中限位置，转速稳定在 3000r/min。

重复上述步骤分别进行试验。

(8)试验时应记录、绘制：转速与油动机行程 m 及一次油压 p_1、二次油压 p_2、随动错油门行程、控制油压 p_x 的关系曲线。

30. 汽轮发电机调节系统静态特性带负荷试验的目的是什么？

答：带负荷试验是机组并网运行时进行的试验，其目的是检查调节系统在各点负荷下运行是否稳定，在负荷变化时有无长时间的不稳定情况出现。

31. 进行汽轮发电机调节系统静态特性带负荷试验时应记录哪些项目？

答：进行汽轮发电机调节系统静态特性带负荷试验时应记录：负荷、主蒸汽参数、油动机行程、调节气阀开度、调节气阀前后压力、调节级汽室压力、同步器行程、电网频率、真空度等。

32. 什么是调节系统动态特性？

答：调节系统动态特性是指机组由一个平衡状态受外界干扰时，过渡到另一个平衡状态时的工作特性。

33. 调节系统的动态特性试验一般在什么情况下进行？

答：调节系统的动态特性试验，也称甩负荷试验。无特殊的情况大修前不做此项试验，只有在新机组安装后才进行此项试验。

34. 什么是甩负荷试验？

答：甩负荷试验是指甩汽轮机在满负荷情况下突然卸掉负荷的调节过程，以考核调节系统动态特性的试验。

35. 甩负荷试验的目的是什么？

答：一是通过试验求得转速的变化过程，以评价机组调节系统的动态特性是否合格；二是对一些动态性能不良的机组通过试验测取转速变化及调节系统主要部件间的动作关系曲线，从而分析缺陷的原因并提出改善的措施。

36. 甩负荷试验应满足哪些要求？

答：(1)甩掉额定负荷后，机组转速升高的最高值应在8%～9%额定转速范围内，即最高转速不应超过危急保安器的动作转速。

(2)从甩负荷至稳定转速的这段时间，即甩负荷后过渡过程的时间，一般不应超过5～50s。

(3)甩负荷后转速在过渡过程中，振荡是衰减的，明显的振荡次数不应超过3～5次。

(4)调节系统的被调量与最后稳定值的偏差 Δ 应不大于静态特性偏差的1/20～1/15。

37. 甩负荷试验时应具备哪些条件？

答：(1)调节系统静态特性符合要求，即迟缓率、速度变动率、各部套的行程范围及特性曲线均应符合要求；

(2)主气阀及调节气阀及抽气逆止阀严密性试验合格，抽气逆止阀动作灵敏、可靠、准确；

(3)手拍危急遮断装置手柄动作可靠。危急保安器动作转速(超速试验)符合要求；

(4)机组甩负荷后，在自动主气阀全开条件下，调节系统能维持空负荷运行；

(5)自动主气阀、调节气阀关闭时间应不大于0.4～1s；

(6)电气、锅炉、汽轮机现场均有相应的安全措施。

38. 甩负荷试验分为哪几个等级进行？

答：根据甩负荷的安全性，确定甩负荷的次数和甩负荷的等级。甩负荷试验一般分为1/2额定负荷、3/4额定负荷和额定负荷三个等级。只有当上一级甩负荷试验合格后，方可进入下一级甩负荷试验。

39. 甩负荷过程中应记录哪些项目？

答：(1)录波项目

转速，油动机行程，调速器滑阀行程，脉冲油泵进、出口油压，一、二次油压，脉动油压，功率讯号和时间等。

(2)记录项目

主蒸汽压力、温度，真空度，电网频率，调速油压、油温，抽气逆止阀动作灵敏可靠及严密性等。

40. 甩负荷试验后应整理哪些数据？

答：甩负荷试验后，为了分析调节系统工作情况，应对下列数据进行整理：

(1)以下数值在甩负荷过程中的最大值、最小值及稳定值

转速、调速器滑阀行程或讯号油压(一、二次油压)、油动机和调节气阀开度、调速油压、径向泵进出口油压差值等。

(2)下列参数在甩负荷后全过程时间及动作滞后时间

转速、滑阀或信号油压、油动机、调节气阀、主气阀、抽气逆止阀、调速油压等。

(3)求出油动机、调节气阀、主气阀从动作开始到全关的时间，求出活塞平均移动速度和最大速度。

(4)测出油动机关闭时间。

(5)按动态试验曲线用计算法求出：机组转子飞升时间常数、中间容积、中间容积时间常数。

41. 甩负荷试验时有哪些注事事项？

答：(1)试验时设备运行方式与平时正常运行方式相同。

(2)试验时电网频率、蒸汽参数及真空均应保持额定值。

(3)甩负荷试验前数据及自动滤波仪调整完毕。

(4)由专人监视机组转速，当转速超过脱扣转速，危急保安器仍不动作时，应立即打闸停机。

(5)试验时如发生事故，则应停止试验，按事故规程处理。

42. 进行真空系统严密性试验时有什么要求？

答：(1)机组带 $50\% \sim 80\%$ 的额定负荷。

(2)保持循环水量，维持凝汽器的正常真空值。

(3)迅速关闭凝汽器至射气抽气器的空气阀，及抽气器喷嘴蒸气阀。

(4)从真空开始下降的 1min 后，开始记录每 30s 真空下降的数值，连续记录 8min，取后 5min 的真空下降值，平均每分钟下降值应不大于 4mmHg。

(5)试验完毕后，恢复抽气器运行，维持凝汽器的正常真空值。

43. 如何进行 505 电子调速器的调节系统的整定？

答：(1)电液转换器的整定

①建立脱扣油压，将自动主气阀开启。

②利用信号发生器，向电液转换器输入 4mA 的电流，此时二次油压应为 0.15MPa，当电流升高到 20mA 时，二次油压应为 0.45MPa，二次油压与电流应成对应的线性关系。若不成对应的线性关系时，则应调节电液转换器上的调整按钮。

(2)油动机行程的整定

①给错油门 0.15MPa 的二次油压，调整错油门的反馈弹簧，使油动机行程位于"0"。

②逐渐将二次油压升高至 0.45MPa，此时油动机行程应符合设计值。若有差别，则应调整油动机活塞杠上的反馈架的反馈高度，从而使油动机行程达到设计值。

③反复进行上述调整，直至二次油压从 0.15MPa 升高到 0.45MPa 时，油动机行程从"0"到设计值的对应关系为止。

44. 如何进行 505 电子调速器的调节系统静态调试？

答：（1）建立脱扣油（或称速关油或跳闸油）。

（2）在控制室内的伍德瓦特 505 电子调速器上执行开车程序，按"RUN"键，并增加反馈导板的倾斜角度，由 0 升至 100%，现场对应的二次油压从 0.15MPa 升高到 0.45MPa，油动机行程应与二次油压相对应，并符合设计值。若有误差时，应调整反馈导板的倾斜角度，然后按"调节气阀特性曲线"调整油动机行程。若油动机行程的偏差大于 2mm 时，则应检查反馈导板上是否有卡涩现象或零件配合是否超差。

（3）反复进行上述调整，直至二次油压从 0.15MPa 升高到 0.45MPa 时，油动机行程从"0"到设计值的对应关系为止。在调整过程中，各部件应动作灵活、无卡涩、抖动等现象。

45. 如何进行 505 调速器保安系统的调试？

答：（1）调节气阀静态试验完毕后，将调节气阀、抽气调节气阀全开，手动关闭主油泵出口阀，当控制油压降至低联锁值时，联锁应动作，并应使调节气阀、抽气调节气阀等迅速关闭。

（2）复位控制油系统，分别按现场停机按钮、压缩机控制室按钮、主控制室按钮及手打危急保安器各一次，并确认联锁应动作，使调节气阀、抽气调节气阀等迅速关闭。

46. PG–PL 型 WOODWARD 调速器调节系统有哪几部件组成？

答：PG–PL 型 WOODWARD 调速器的调节系统为半液压式调节系统，调节系统由启动器、PG–PL 调速器、压力变换器、错油门、油动机和调节气阀等组成。PG–PL 调速器感受机组转速的变化信号，并将信号放大后以位移形式输出，通过压力变换器、错油门和油动机，控制调节气阀的开度，从而控制进入汽轮机的蒸汽量，来调节机组转速，保证机组稳定运行。

PG–PL 调速器即可以由手动同步器控制，也可使用风压信号远程调节改变机组转速。

47. 如何进行 PG–PL 型 WOODWARD 调速器调节系统的整定？

答：（1）将启动器手轮沿顺时针反方向旋转到最高位置，然后再逆时针方向旋转启动装置手轮，记录往下旋转的圈数同二次油压的关系，并应保证二次油压能升到 0.45MPa 以上。

（2）利用启动器调节二次油压，当二次油压达到 0.15MPa 时，调整错油门滑阀上部弹簧的预紧力，使油动机刚刚开启。

（3）逐步增加二次油压，当油压增加到 0.45MPa 时，调整油动机上的反馈板角度，使油动机行程刚好符合设计格数。

（4）反复进行上述调整，将实际测得值与制造厂设计值相比较，同时记录二次油压同油动机行程的关系。

（5）在调整过程中，调节气阀、错油门和油动机及调节传动机构应动作灵敏，无卡涩、抖动现象。

48. 如何进行 PG–PL 型 WOODWARD 调速器保安系统动作试验？

答：（1）手拍危急保安装置手柄，速关阀、调节气阀及抽气调节气阀应迅速关闭。然后重新挂上危急保安装置手柄，开启速关阀、调节气阀及抽气速关阀。

（2）手拍紧急停机阀手柄，迅速泄掉高压油，速关阀、调节气阀及抽气调节气应迅速关闭，试验之后再开启速关阀、调节气阀及抽气调节气阀。

49. 如何进行电磁阀遥控切换试验？

答：两位三通电磁阀是安装在保安系统的压力油管道上的，它不但可以切断进入危急保安系统的压力油，而且可以切断进入危急遮断装置的压力油，同时使危急遮断装置动作而迅速泄掉速关油，使速关阀迅速关闭。

(1)电磁阀可以在控制室控制或在现场控制按下停机按钮进行试验，控制油压力低指示灯亮，速关阀迅速关闭。

(2)电磁阀也可以由某一保护装置来控制，如润滑油压、轴向位移、轴振动、抽汽压力、相对膨胀值等超过整定值时来控制，根据需要将要求保护的物理量通过合适的传感器转换成电信号与电磁阀连接。

50. 如何进行轴向位移试验？

答：(1)由安装配合仪表调试人员分别接通或操作作轴向位移保护。主气阀(速关阀)、调节气阀、抽汽调节气阀应迅速关闭。

(2)试验合格后，应再用启动器手轮开启主气阀和调节气阀。

51. 如何进行润滑油过低保护试验？

答：(1)启动辅助油泵，将联锁开关打至"自动位置"。

(2)缓慢关闭辅助油泵出口阀或开启辅助油泵出口回油阀，逐渐降低油压。

①当润滑油总管油压低于 0.14MPa 时，低油压报警动作，备用润滑油泵应自启动。

②当停备用油泵，继续降低润滑油总管压力至 0.10MPa 时，磁力断路油门联锁应动作，主气阀应迅速关闭。

第六节　调节系统故障诊断

1. 调节系统最常见的故障有哪些？

答：(1)调节系统不能维持空负荷运转；

(2)调节系统工作不稳定；

(3)油动机摆动大；

(4)机组带负荷时负荷摆动；

(5)抽汽式汽轮机调压器工作不正常等。

造成汽轮机调节系统故障的原因主要有设计、制造、装配等方面因素，也有安装调试和操作不当的原因。

2. 什么是调节系统不能维持空负荷运行？

答：所谓调节系统不能维持空转是指当自动主气阀全开后，调节气阀尚未开启，由调节系统控制转速上升，甚至到危急保安器动作转速，或者即使同步器放到下限，机组转速仍超过额定转速，而稳定在一个高转速上，这时同步器已失去控制转速的能力，使机组不能并网。

3. 调节系统不能维持空负荷运行的原因有哪些？

答：(1)调节系统调整不当；

(2)调节气阀阀座升起；

(3)油动机或调节气阀卡涩；

(4)调节气阀关闭不严等。

4. 提板式调节气阀阀座升起的原因有哪些？

答：提板式调节气阀阀组中只要一个阀座(扩散器)升起，就造成调节气阀不能关闭，其主要原因是：

（1）装配质量不佳。如装配过盈量不足或接缝敛合不牢固，或点焊裂开。

（2）运行中由于汽流的反作用力，使阀座升起并卡死在某一高度位置。

5. 引起调节气阀卡涩的原因有哪些？

答：（1）蒸汽品质不良而在阀杆及阀杆套上结盐垢，造成阀杆与阀杆套之间间隙减小；

（2）传动放大机构润滑油不良而结油垢；

（3）调节气阀阀杆与阀套之间间隙调整不当。

6. 引起油动机卡涩的原因有哪些？

答：（1）活塞杆与活塞杆套之间的间隙调整不当；

（2）活塞与油缸中心偏斜；

（3）油质不良。

7. 调节气阀关闭不严的原因有哪些？

答：（1）调节气阀阀碟与阀座接触面接触不良。

（2）蒸汽从阀碟与阀座（扩散器）的间隙中漏入汽轮机内，也有可能是蒸汽从蒸汽室铸造砂眼或其他铸造缺陷漏入汽轮机内。

（3）油动机克服蒸汽力不足。

（4）油动机在关闭调节气阀侧的富裕行程不够。

（5）调节气阀上部的弹簧的预紧力调整不当。

（6）对采用凸轮传动机构的调节气阀，冷态时调整凸轮与滚轮间隙不符合要求，热态时间隙消失，或凸轮安装角度不符合要求。

8. 什么是汽轮发电机组调节系统工作不稳定？

答：所谓调节系统工作不稳定是指汽轮发电机组在空负荷时转速摆动，带负荷时负荷摆动。这种摆动可以是周期性的，也可以是非周期性的；有连续的，也有间断的；有定点的（即只在某一负荷下摆动），也有非定点的。

9. 引起液压调节系统工作不稳定的原因有哪些？

答：（1）机组空转时转速不稳定；

（2）机组带负荷时负荷摆动；

（3）油动机摆动较大，如各处油压波动引起油动机波动较大；

（4）各处油压不稳定，如主油泵入口油压不正常、主油泵出口油压不正常、一次油压不正常、二次油压不正常、调压器脉冲油压不正常、控制油压不正常、启动油压不正常、脱扣油压不正常等；

（5）油质不良，如油中含有机械杂质或铸砂剥落，油中带水；

（6）调节系统部件漏油；

（7）反馈机构磨损；如凸轮执行机构的凸轮磨损，具有反馈凸轮或斜面反馈机构局部磨损；

（8）调节气阀本身有缺陷。如调节气阀阀碟磨损、型线性能不良、调节气阀重叠度调整不良以及蒸汽作用力下造成调节气阀阀碟跳动等缺陷；

（9）调节系统迟缓率过大或调节部件卡涩，如调节部件（包括执行机构）连杆接头的卡涩、松动，错油门重叠度过大等；

（10）调节系统速度变动率过小。

10. 引起汽轮发电机组在空负荷时转速摆动的原因有哪些？

答：①提板式调节气阀的提升拉杆与提板套筒间的间隙过小引起较大的摩擦阻力，或中心偏斜导致出现卡涩现象；

②由于油质不良引起各滑动件之间卡涩；

③蒸汽参数或凝汽器真空变化；

④由于各处油压不稳定发生周期性低频振荡而引起油动机摆动，使机组空负荷运行时出现转速摆动；

⑤调节气阀传动机构各处的铰链处松旷或太紧；

⑥断流式错油门重叠度调整不当。

11. 造成汽轮发电机组带负荷时负荷摆动的原因有哪些？

答：(1)调节系统不正常或调整不当；

(2)错油门滑阀卡涩；

(3)调节气阀重叠度调整不当。

12. 液压调节系统的油动机摆动较大的原因是什么？

答：油压波动。

13. 如何判断汽轮发电机组是否经得起甩负荷？

答：汽轮发电机组在作用负荷试验时，如调速器在机组突然甩去负荷后转速上升，未引起危机保安器动作，说明调节系统动态特性是合格的；如调速器在机组突然甩去负荷时不能控制转速，致使危急保安器动作而停机，则说明调节系统动态特性是不合格的。

14. 汽轮机在突然甩全负荷后，转速飞升到危急保安器动作转速以上的原因有哪些？

答：(1)调节气阀不能正常关闭或严重漏汽。

(2)调节系统迟缓率过大或调节部件卡涩。由于迟缓率过大，致使调节气阀的关闭时间滞后于转速上升，在突然甩负荷时转速上升过大。

(3)调节气阀速度变动率过大。

(4)抽气逆止阀关闭不严密或不动作，造成抽气管道中的蒸汽倒流入汽轮机气缸内，使转速飞升。

(5)油动机时间常数 T_m 过大。由于主油泵工作性能低或管道过长，进油孔截面积较小等原因，致使油动机关闭时间过长，造成过剩蒸汽进入汽轮机，过剩蒸汽在汽轮机内的膨胀引起转速飞升较高。

(6)调节系统动态特性不良。

(7)电超速保护装置失灵，致使机组动态超速到危急保安器动作。

第五章　附属机械及设备的安装

第一节　附属机械及设备安装通用要求

1. 汽轮机组附属机械及设备包括哪些机械和设备？

答：附属机械包括泵类、配套电动机的机械部分等；附属设备包括凝汽器、抽气器、汽封冷却器等。

2. 附属机械及设备安装时的纵横轴线和标高有哪些要求？

答：应符合设计文件的规定，当无规定时，其允许偏差应符合表5-1规定。

表5-1　附属机械及设备安装时的允许偏差

项　目	允许偏差值/mm	
	立式设备	卧式设备
安装标高	±5	±5
纵横轴线	3	3
垂直度	0.8mm/m，且全高≤10	—
水平度	—	0.5mm/m

3. 附属设备中压力容器耐压试验应符合什么要求？

答：（1）附属设备中压力容器耐压试验，应按制造厂规定进行，若无规定时，可按表5-2进行。

表5-2　附属设备压力容器耐压试验的规定

容器名称	压力等级	耐压试验压力	
		水压	气压
钢制容器	低压	$1.25P$①	$1.2P$
	中压	$1.25P$	$1.15P$
	高压	$1.25P$	—
	超高压	$1.25P$	—

注：①P——容器的设计压力，MPa。

（2）在试验压力下保持10~30min，然后缓慢将压力降到工作压力，检查焊道、法兰及胀接口应无渗漏，容器应无变形即为合格。检查完毕后，应缓慢泄压，并留有排气口，防止容器内形成真空，而使容器抽变形。

（3）设备除有特殊规定使用气体代替水压试验外，一般不得采用气压试验。进行气压试验前，应采取可靠的安全措施，并有经总工程师批准的方案后方可进行。

4. 附属机械及设备安装前应如何进行基础的中间交接与处理？

答：（1）对基础进行外观检查，混凝土不应有裂纹、蜂窝、空洞、露筋等缺陷；

（2）按设计文件检查基础外形尺寸、纵横轴线、标高、地脚螺栓中心线等，应符合设计文件允许偏差的规定；

（3）各地脚螺栓预留孔内不应有杂物；

（4）二次灌浆的机器及设备基础表面应铲掉混凝土疏松层，并凿成麻面，清除基础表面上的油污。

5. 什么是铲麻面？它有什么作用？

答：基础验收后，在机器及设备安装之前，在基础表面（除安放垫铁的位置外）铲出一些麻点（小坑），这一工作称为铲麻面。基础表面铲出麻面可以使二次灌浆时，浇灌的混凝土或二次灌浆料能与基础紧密地结合起来，从而保证机器及设备的稳固。铲麻面的质量要求是：密度以每 $10cm \times 10cm$ 内应有 $3 \sim 5$ 个直径为 $10 \sim 20mm$，深度宜大于 $10mm$ 的麻点。

6. 如何选用平垫铁和斜垫铁的尺寸？

答：平垫铁和斜垫铁的尺寸如图 $5-1$ 所示。平垫铁和斜垫铁的尺寸应根据机器及设备的质量从 $5-3$ 和表 $5-4$ 中选择。

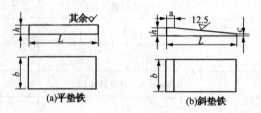

图 5-1 平垫铁和斜垫铁的尺寸

表 5-3 平垫铁的尺寸 　　　　　　　　　　mm

编号	L	b	h	适用范围
1	110	70	3, 6, 9, 12, 15, 25, 40	5t 以下的机器及设备
2	135	80	3, 6, 9, 12, 15, 25, 40	5t 以上的机器及设备
3	150	100	25, 40	5t 以上的机器及设备

表 5-4 斜垫铁的尺寸 　　　　　　　　　　mm

编号	L	b	h	c	a	适用范围
1	100	60	13	5	5	5t 以下的机器及设备
2	120	75	15	6	10	5t 以上的机器及设备

7. 附属机械及设备采用垫铁法安装时有哪些要求？

答：（1）垫铁的面积、组数和放置方法应根据机器设备的质量和底座面积的大小来确定。

（2）每个地脚螺栓旁边至少应有一组垫铁。

（3）垫铁应放置在靠近地脚螺栓和底座主要承力部位下方。

（4）垫铁表面应平整，无翘曲、毛刺等缺陷。

（5）每一垫铁组垫铁的层数，宜不超过 5 块。放置垫铁时，最厚的放在下面，薄的放在中间且不宜小于 2mm。垫铁在二次灌浆前，应将各垫铁间用定位焊焊牢。

（6）为了便于二次灌浆，垫铁总高度宜为 30~60mm。

（7）为了便于调整，机器设备找正找平后，垫铁端面应露出设备底面外缘，平垫铁宜露出 10~30mm，斜垫铁宜露出 10~50mm。垫铁组伸入设备底座底面的长度应超过机器设备地脚螺栓的中心。

（8）每一垫铁组应放置整齐、平稳，接触良好。机器及设备找正、找平后，垫铁间各承力面的接触应密实，用 0.5 磅小锤敲击检查应无松动现象。

8. 一般常见的放置垫铁方法有哪几种？

答：一般常见放置垫铁的方法有标准垫法、井子垫法、十字垫法、单侧垫法、三角垫法和辅助垫法等数种，如图 5-2 所示。

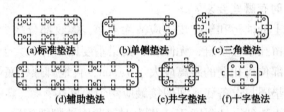

图 5-2　垫铁放置的方法

9. 什么是标准垫法？

答：标准垫法是指将垫铁放置在地脚螺栓两侧的方法。设备安装中大多采用此种方法布置垫铁。

10. 什么是辅助垫法？

答：辅助垫法是指设备地脚螺栓间距较大时，在中间位置上增设垫铁的布置方法。

11. 什么是混合垫法？

答：混合垫法是指将标准垫法、辅助垫法、筋底垫法等方法中的两种或两种以上，应用于一台设备安装的垫铁布置方法。此方法用于底座形状复杂、地脚螺栓间距较大的设备。

12. 什么是筋底垫法？

答：筋底垫法是指设备底座有加强筋时放置垫铁的方法。即把垫铁放置于筋底下面，以增强设备的刚性。

13. 附属机械及设备采用无垫铁法安装时有哪些要求？

答：（1）应根据机器、设备的质量和底座的结构确定调整螺钉或临时垫铁、小型千斤顶的位置和数量；

（2）当设备底座上设有调整螺钉时，支承调整螺钉用的支承板放置后，其各支承板上平面水平度允许偏差为 2mm/m，标高允许偏差为 ±5mm；

（3）采用无收缩混凝土和专用灌浆料时，应随即捣实灌浆层，待灌浆层达到设计强度的 75% 以上时，方可旋松调整螺钉或取出临时垫铁或小型千斤顶，并复测机器设备水平度应无变化，再将临时垫铁、小型千斤顶的空隙用砂浆或专用灌浆料填实；

（4）灌浆用的无收缩混凝土的配合比宜符合表 5-5 规定。

表5-5　无收缩混凝土及微膨胀混凝土的配合比

名称	配合比/kg					试验性能	
	水	水泥	沙子	碎石子	其他	尺寸变化率	强度/MPa
无收缩混凝土	0.4	1(425# 硅酸盐)	2		0.0004 (铝粉)	0.7/10000 收缩	40
微膨胀混凝土	0.4	1(425# 矾土)	0.71	2.03	石膏0.02 白矾0.02	2.4/10000 膨胀	30

注：1. 沙子粒度为0.4~0.45mm，碎石子粒度为5~15mm；

2. 表中的用水量是指用干燥沙子的情况下的用水量；

3. 无收缩混凝土搅拌好后，停放时间应不大于1h；

4. 微膨胀混凝土搅拌好后，停放时间应不大于0.5h。

14. 安装地脚螺栓时有哪些要求？

答：（1）地脚螺栓上的油污和氧化皮等应清除干净，螺纹部分涂少量润滑油脂；

（2）地脚螺栓在预留孔中应垂直，无倾斜，其铅垂度偏差应不大于1/100；

（3）地脚螺栓任意部位离孔壁的距离应大于15mm，且地脚螺栓底端不应碰孔底；

（4）螺母与垫圈、垫圈与设备底座间的接触应均匀、密实；

（5）预留孔中混凝土达到设计强度75%以上时，紧固地脚螺栓后，螺纹应露出螺母，其露出长度宜为螺栓直径的1/3~2/3。

15. 附属设备灌浆时有哪些要求？

答：（1）一次灌浆前，应将预留孔内杂物清理干净并用水清洗洁净；灌浆宜采用细碎石混凝土，其强度应比基础的混凝土强度高一级；灌浆时应捣实，但不应使地脚螺栓产生倾斜；

（2）二次灌浆层厚度不应小于25mm；

（3）二次灌浆层宜采用无收缩混凝土或专用灌浆料；

（4）灌浆前敷设外模板至设备底座底面外缘的距离应大于60mm，模板拆除后应进行抹面处理；

（5）二次灌浆后的抹面高度应低于底座上表面5~10mm；

（6）二次灌浆后，应及时将设备和底座上飞溅的混凝土清理干净；

（7）二次灌浆和养护时，应保证环境温度在5℃以上，否则应采取防冻措施。

第二节　凝汽器的安装

1. 什么是凝汽器？常用的凝汽器有哪几种？

答：凝汽器是指将凝汽式汽轮机的排汽冷却为凝结水并形成真空的装置。

2. 凝汽器如何分类？

答：凝汽器按排汽的凝结方式可分为混合式凝汽器和表面式凝汽器两大类。汽轮机的排汽与冷却水直接混合换热的凝汽器，称为混合式凝汽器。汽轮机的排汽与冷却水通过铜管表面进行间接换热的凝汽器，称为表面式凝汽器。工业汽轮机一般都采用表面式凝汽器。

3. 简述表面式凝汽器的结构。

答：图 5 - 3 所示为表面式凝汽器的结构示意图。其主要由外壳、端盖、管板、冷却水管、热水井、隔板和挡板组成。

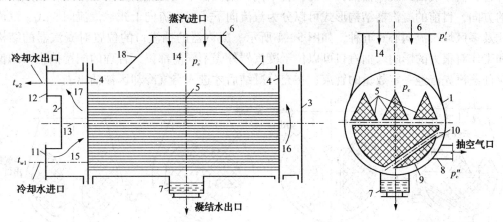

图 5 - 3　表面式凝汽器结构示意图

1—外壳；2—水室端盖；3—回流水室端盖；4—管板；5—冷却水管；6—蒸汽入口；7—热井；
8—空气抽出口；9—空气冷却区；10—空气冷却区挡板；11—冷却水进水管；12—冷却水出口管；
13—水室隔板；14—凝汽器的汽侧空间；15 ~ 17—水室；18—喉部

凝汽器的外壳 1 是通常是用 10 ~ 15mm 的钢板焊接而成的，通常呈圆柱形或椭圆形，大功率汽轮机的凝汽器为矩形。外壳两端连接着前后水室端盖 2、3，在端盖和外壳之间装有管板 4，管板 4 将水室与蒸汽空间隔开，冷却水铜管 5 安装在两端的管板上，形成主凝结区。铜管两端是开口的，并与管板胀接而密封，内孔与水室 15、16、17 相通。

4. 简述表面式凝汽器的工作流程。

答：如图 5 - 3 所示，循环水由冷却水进水管 11 进入凝汽器水室 15，在这里由水室隔板 13 分隔，下部的管束称为第一道流程管束。冷却水顺着第一道流程的管束流过后，进入回流水室 16，并在这里改变方向，流入第二流程的管束，最后经水室 17 由冷却水排水口 12 排出凝汽器。

汽轮机的排汽由蒸汽入口 6 进入凝汽器的蒸汽侧空间，即铜管束的外部空间（称为汽侧空间），由上向下流动，蒸汽流过铜管外壁时热量被铜管内的冷却水所冷却、降温，冷凝成凝结成水，最后汇集到凝汽器下部的热井 7 中，然后由凝结水泵抽走。

5. 热井有什么作用？

答：热井的作用是集聚凝结水，有利于凝结水泵的运行。

6. 表面式凝汽器按冷却水的流程如何分类？

答：表面式凝汽器按冷却水的流程可分为单流程、双流程、三流程和多流程几种。冷却水通过凝汽器管子的往返次数称为凝汽器流程数。

7. 什么是单流程式凝汽器？

答：单流程式凝汽器是指冷却水由凝汽器一端进入，从另一端直接排出，在凝汽器冷却水管内不经往返，只在凝汽器冷却水管内流过一个单程就排出凝汽器的称为单流程式凝汽器。

8. 什么是双流程式凝汽器？

答：双流程式凝汽器是指冷却水在凝汽器冷却水管内经过一个往返的流程再排出凝汽

器。中、小型机组一般采用双流程式凝汽器。

9. 凝汽器按汽流流动的方向如何分类?

答: 由于表面式凝汽器抽汽口的位置不同,凝汽器中汽流流动方向也不同,按照汽流流动的方向,目前的凝汽器结构形式可以分为汽流向下式、汽流向上式、汽流向心式、汽流向侧式及多区域汽流向心式五种,如图5-4所示。凝汽器的抽汽口的位置对凝汽器的结构形式和工作有很大的影响。抽汽口可以位于凝汽器外壳不同的部位,合理的配置抽汽口的位置应保证蒸汽先流经一定数量的管束,在充分凝结后才进入空气冷却区被抽出去。

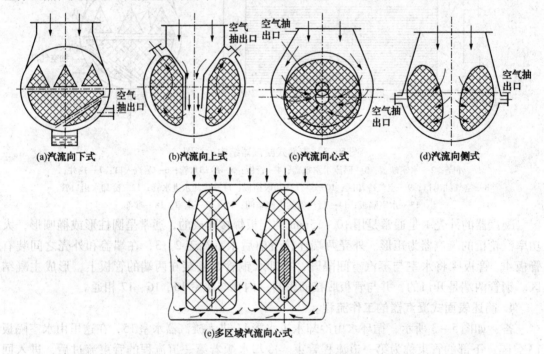

图5-4　凝汽器结构形式示意图

10. 汽流向下式凝汽器有什么特点?

答: 汽流向下式凝汽器如图5-4(a)所示。汽轮机排汽的流动方向是由上至下,抽气口和空气冷却区的管束都布置在凝汽器下部。这种凝汽器的特点是凝汽器的全部容积都布满冷却水管。其缺点是蒸汽向抽气口流动的路径长、阻力大,增大了凝汽器的汽阻。同时,在上排管凝结的蒸汽在向下滴落的过程中,会遇到下排冷却水管的再冷却。另外,由于抽气口在凝汽器的下部,凝结水与蒸汽不能产生对流传热,致使凝结水过冷度增大,降低了机组的热经济性,这种形式的凝汽器适用于工业汽轮机组。

11. 汽流向上凝汽器有什么特点?

答: 汽流向上凝汽器如图5-4(b)所示。汽轮机排汽进入凝汽器后,先沿着蒸汽空间由纵向隔板所形成的中央通道向下流动,流至冷却水管的底部后分成左右两路,分别向上部两侧抽气区流动,在流动过程中蒸汽较均匀地分布到两个对称布置的管束中,蒸汽与凝结水形成了逆向流动,凝结水得到加热,减小了凝结水的过冷度。汽流在进入管束之前转向,在离心力的作用下排汽中所含水滴被甩向凝汽器的底部,减少了水滴在管束上黏附形成水膜的现象,有利于管束的传热,同时也消除了管束受湿蒸汽直接冲刷而损坏的可能。这种凝汽器由于汽流转向多,加长了蒸汽的流动路径,使蒸汽阻力增加,凝汽器的尺寸增大,故很少采用。

12. 汽流向心式凝汽器有什么特点？

答：汽流向心式凝汽器如图 5-4(c)所示。蒸汽被引向管束的全部外表面，并沿半径方向流向中心的抽气口。在管束的下部有足够的蒸汽通道，使向下流动的凝结水及热水井中的凝结水与蒸汽相接触，从而使凝结水得到很好的回热。这种凝汽器还由于管束在蒸汽进口侧具有较大的通道，同时蒸汽在管束中的路径较短，所以汽阻比较小。另外，由于凝结水与被抽出的蒸汽、空气混合物不接触，保证了凝结水的良好的除氧作用。其缺点是体积较大，这种型式凝汽器在大型机组中得到广泛应用。

13. 汽流向侧式凝汽器有什么特点？

答：汽流向侧式凝汽器如图 5-4(d)所示。汽轮机的排汽进入凝汽器后，因抽气口处压力最低，所以汽流向抽气口处流动。汽流向侧式凝汽器有上下直通的蒸汽通道，保证了凝结水与蒸汽的直接接触。一部分蒸汽由此通道进入下部，其余部分从上面进入管束的两半，空气从两侧抽出。在这类凝汽器中，当通道面积足够大时，凝结水过冷度很小，汽阻也不大。这种形式凝汽器在中小型汽轮机得到广泛应用。

14. 凝汽器铜管在管板上的固定方法有哪几种？

答：垫装法和胀接法两种方法，如图 5-5 所示。

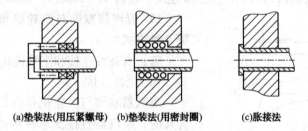

(a)垫装法(用压紧螺母)   (b)垫装法(用密封圈)   (c)胀接法

图 5-5   管子在管板上的连接方法

15. 垫装法分为哪两种？各有什么特点？

答：垫装法分为螺母压紧垫装法和密封圈垫装法。

(1)螺母压紧垫装法，如图 5-5(a)所示。为了防止冷却水漏入蒸汽空间，在管子四周装有填料并用螺母压紧，保证密封效果。其优点是管子在受热后能够自由膨胀，检修时拆换管子方便。其缺点是制造复杂，成本较高，且长期运行后因垫料变质，严密性较差，不易保证凝结水质量，检修工作量大，故较少采用。

(2)密封圈垫装法，如图 5-5(b)所示。它是利用密封圈的紧力达到密封作用的，密封圈可用丁腈橡胶和氯乙烯共聚体制成。其优点是管子受热后能自由膨胀，且拆装方便，但长期运行时严密性较差。适用于温差变化较大的场合。

16. 凝汽器管束(铜管)在管板上的排列形式有哪几种？

答：管束的排列合理与否，直接影响凝汽器的传热效果、汽阻和凝结水过冷度。随着试验技术和设计计算方法的不断发展，管束排列的型式日渐增多。管束在管板上的排列形式有三角形、正方形和辅向排列三种，如图 5-6 所示。

(1)三角形排列

按三角形排列的管子都位于等边三角形的各顶点上，如图 5-6(a)所示。这种排列方式的管子密集程度大，应用在蒸汽空气混合物具有较高流速的地方。其优点是管束紧凑，换热效果佳。缺点是管子布置较密，汽阻较大。

但在同样的三角形排列方式下，汽流方向与菱形的短对角线方向一致时，蒸汽的流速和

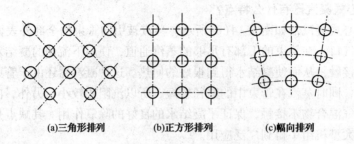

(a)三角形排列　　　　(b)正方形排列　　　　(c)辐向排列

图5-6　管束的排列形式

汽阻为最小。

（2）正方形排列

正方形排列的管子位于正方形四个角上。如图5-6(b)所示。这种排列方式的管子应用较少。

（3）辐向排列

辐向排列的管子位于各辐射线和各同心圆的交点上，如图5-6(c)所示。这种排列方式的管子较稀疏，汽阻较小，因此常在凝汽器进口区域采用。因为凝汽器进口处的蒸汽流量大，所以希望有较大的流通面积，使汽流速度不超过40~50m/s，以减少汽阻。

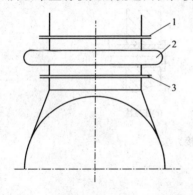

图5-7　波纹型补偿器（伸缩节）

1—汽轮机排汽口；2—伸缩节；3—凝汽器喉部

17. 凝汽器喉部与汽轮机排汽口的连接方式有哪几种方式？

答：有挠性连接和刚性连接两种。

（1）挠性连接

凝汽器喉部与汽轮机排汽口的连接当采用挠性连接时，凝汽器直接支承在基础上，汽轮机的基础应考虑附加真空吸力的影响。挠性连接可采用金属波纹型补偿器（伸缩节），如图5-7所示。凝汽器喉部与排汽口之间用管道连接时，在凝汽器喉部与汽轮机排汽管道之间加装有一个波纹补偿器，以利于汽轮机排汽口的热膨胀。当工况变化时，靠补偿器来补偿凝汽器与汽轮机之间发生一定的自由位移，不至于引起额外作用力。

（2）刚性连接

凝汽器喉部与汽轮机排汽口采用刚性连接（法兰或焊接连接）时，凝汽器自重或部分水重通过压缩弹簧支承在基础上，其上、下方向的热膨胀靠弹簧来补偿。

18. 凝汽器底部弹簧支架起什么作用？

答：图5-8所示为凝汽器底部弹簧支架，它除了承受凝汽器的重量外，当汽轮机排汽缸和凝汽器受热膨胀时，由弹簧发生弹性变形来补偿，而且汽轮机的排汽管又不承受重力。

19. 凝汽器安装有哪些要求？

答：（1）凝汽器安装前，汽侧应进行耐压试验，

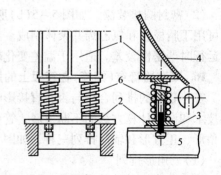

图5-8　凝汽器的弹簧支架

1—凝汽器外壳支座；2—调整螺栓；

3—垫圈；4—凝汽器外壳；5—底座；6—弹簧

试验时灌水高度应充满整个冷却管的汽侧空间，并高出顶部冷却管100mm，持续时间24h应无泄漏现象。对于已支持在弹簧支座上的凝汽器，灌水前应加临时支撑。凝汽器灌水试验后应及时将水排净。

（2）凝汽器安装前，应用枕木搭成木垛，在木垛上放置两根［200×70槽钢，使凝汽器很容易滑到基础上，槽钢平面应略高于基础表面。

（3）凝汽器临时安装标高应比设计标高低20~25mm。凝汽器与排汽缸接口或法兰位置应符合设计技术文件的要求，其纵横轴线的允许偏差为2mm，水平度允许偏差为0.5mm/m。

（4）在汽轮机上下气缸闭合完毕后，汽轮机基础二次灌浆前，将凝汽器找正、找平，并保持凝汽器滑动端支座地脚螺栓与支座螺栓孔之间应有5~10mm的膨胀余量。凝汽器在整个安装过程中，应采取防止杂物落入汽侧的措施。最后封闭前应检查汽侧空间和冷却管束间不得有任何杂物，顶部冷却管应无损伤。

20. 凝汽器与排汽缸接口采用法兰连接有哪些要求?

答：（1）对于凝汽器与排汽缸间连接的的短管和膨胀节的焊缝，安装前应进行煤油渗油试验，应无渗漏。

（2）对于有波形膨胀节的法兰，应在法兰的密封面处预留设计规定的预拉间隙应均匀，一般预拉间隙为2.5~3.0mm，两法兰密封面的平行度允许偏差为0.3~0.4mm；法兰密封面可采用石棉橡胶板或石棉带密封。

（3）安装波形膨胀节时，汽封管法兰应置于膨胀节上方，如图5-9所示。

21. 凝汽器与排汽缸采用焊接连接时有哪些要求?

答：（1）连接工作应在气缸最终定位后进行；

（2）施焊前应编制焊接工艺和制定防止焊接变形的施焊措施，应采用对称分段退焊法进行施焊；施焊时应用百分表监视气缸支座四角的变形和位移的变化，当变化大于0.10mm时，应暂时停止焊接，待气缸冷却，间隙消除后再继续进行施焊；

（3）凝汽器与排汽缸的接口可以加铁板贴焊，或加调节板进行焊接，其上口弯边突入排汽缸内的部分，一般不应超过20~50mm，如图5-10所示。

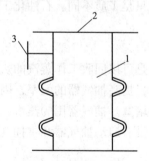

图5-9　波形膨胀节

1—膨胀节；2—与排气缸连接法兰；3—汽封管

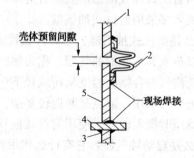

图5-10　凝汽器与排汽缸接口采用调节板焊接示意

1—排汽缸接口；2—膨胀节；3—凝汽器接口；
4—调节板；5—排汽缸接管

22. 排汽连接管组装完后，应做哪些试验?

答：排汽管连接组装完毕后，向凝汽器汽侧壳体内注水至汽轮机排汽口法兰以上约100mm并持续12h后，对焊接接头、法兰连接处进行检查，应无渗漏现象。凝汽器水侧应做严密性试验，冲水时应将空气排净，水室盖板、人孔等处应无泄漏。

23. 简述凝汽器安装在基础支持弹簧支座上的安装步骤。

答：(1)凝汽器就位之前，根据设计文件复查凝汽器基础及洞口尺寸，并划出凝汽器支座的中心线。

(2)将放置凝汽器支座处的混凝土表面凿成麻面。

(3)进行弹簧外观检查，应无裂纹、倾斜等缺陷；检查弹簧几何尺寸时，应将高度相接近的弹簧编为一组，也可对弹簧分别进行压缩试验，将试验特性接近的弹簧编为一组。

(4)对每个支持弹簧应作几个定点标记，并记录其上下对应点间的自由高度。

(5)将凝汽器直接放置在弹簧支座上，根据制造厂技术文件的规定，在凝汽器内注入一定量的水，用调整螺钉调节凝汽器的高度，使其高度比标准高度低 30~40mm。检查弹簧与弹簧支座接触平面应平整、光滑、并垂直，检查弹簧与弹簧座的四周间隙应均匀，测量并记录同一支座下的弹簧的压缩量及四周的高度应相等，其允许偏差为 1mm。

(6)凝汽器最终定位是在汽轮机气缸安装完毕后进行，用调整螺钉均匀地将凝汽器抬起，使其与汽轮机排汽口四周有均匀地约 2~3mm 间隙，凝汽器定位后应处于自由状态，无倾斜现象。然后调整弹簧座下的调整垫铁时，垫铁与底板和弹簧座之间接触面应接触均匀、密实，并应保证弹簧的压缩量不变。弹簧座下的调整垫铁调整完毕后，应完全旋松调整螺钉。

(7)凝汽器最终定位后，应测量并记录每个弹簧的高度。

第三节　抽气器和汽封冷却器的安装

1. 什么是抽气器？它有什么作用？

答：为保持凝汽器内的真空而将其内部空气抽出的装置，称为抽气器。抽气器的作用是将漏入凝汽器中的空气和蒸汽中所含的不凝结的气体连续不断地抽出，保持凝汽器始终处于高度真空状态。

2. 常用的抽气器有哪几种？

答：抽气设备种类很多，常用的抽气器主要有射汽式抽气器、射水式抽气器两种。射汽式抽气器和射水式抽气器都是气流引射器，工作原理相同，只是工质不同。石油化工装置的工业汽轮机大多采用射汽式抽气器。

3. 什么是射汽式抽气器？它有什么优缺点？

答：以蒸汽为工质的抽气器，称为射汽抽气器。其优点是可以回收工作蒸汽的热量和凝结水，降低汽气混合物的温度从而减轻下一级抽气器的负担，提高抽气器的效率，因而在很多机组上被广泛采用。缺点是制造较复杂，造价高，喷嘴易堵塞。抽气器用的蒸汽，使用主蒸汽节流减压时损失较大。使用射汽式抽气器的机组一般都设有启动抽气器和主抽气器。

4. 什么是启动抽气器？它有什么作用？

答：汽轮机启动时使用的抽气器，称为启动抽气器。其作用是在汽轮机启动前抽出汽轮机和凝汽器内的空气，使凝汽器内迅速建立真空，以缩短汽轮机启动时间。在汽轮机启动时，它就既可以单独工作，也可以与主抽气器并列工作。启动抽气器都是单级的，所以它的抽气能力有限，只能将凝汽器的绝对压力降到 0.040~0.053MPa(即 300~400mmHg)，而汽轮机正常工作时需要的凝汽器的绝对压力为 0.021MPa(即 160mmHg)，故启动抽气器只能在汽轮机启动时使用。

5. 启动抽气器有什么优缺点？

答：启动抽气器具有结构简单(无冷却器)、启动快、设计的抽吸能力较大等优点。其缺点是耗汽量大，形成真空较低，并且是工质排入大气运行，蒸汽的热量全部损失，也无法回收洁净的凝结水。

6. 什么是主抽气器？它由哪些设备组成？

答：主抽气器是指抽出凝汽器蒸汽空间的不凝结气体，维持凝汽器真空的设备。主抽气器一般由一、二级抽气器和一、二级冷却器组成。它既可以维持凝汽器较高的真空，又可以回收工作蒸汽的凝结水。

7. 简述两级抽气器的工作原理。

答：图 5－11 为两级主抽气器的工作原理图。蒸汽由第一级喷嘴喷射出来，流速很高，压力很低，将凝汽器中的蒸汽－空气混合物吸入抽气器；在第一级扩散管中混合降低流速，压力升高，然后进入中间冷却器中将其中大部分蒸汽凝结成水。其余不凝结的气体再被第二级抽走，同样经过第二级扩散管降低流速，压力升高后，进入第二级的冷却器中，将蒸汽冷却凝结成水。由于第二级扩散管后的气体的压力已升高到稍高于大气压力，所以可将蒸汽－空气混合物直接由排汽管排入大气。

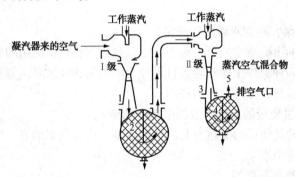

图 5－11　两级抽气器工作原理图

1——级抽气器；2——级冷却器；3—二级抽气器；4—二级冷却器；5—排空气口

主抽气冷却器的冷却水是从汽轮机凝汽器来的凝结水，由凝结水泵将它先输入第一级冷却器铜管中，然后经过水室流入第二级冷却器铜管里，与工作蒸汽进行热交换后重新送入汽轮机的凝结水系统中。凝结水经过主抽气器后，既冷却了工作蒸汽又得到了加热，从而相应提高了循环热效率。

8. 主抽气器有什么优缺点？

答：主抽气器的优点是结构简单，运行可靠，效率比较高，可以回收蒸汽的热量。缺点是要消耗大量新蒸汽、制造较复杂、成本高、喷嘴易堵塞。

9. 射汽抽气器安装有哪些要求？

答：（1）检查喷嘴与扩散管的喉部直径以及喷嘴与扩散管的距离均应符合设计技术文件的要求；

（2）检查喷嘴和扩散管的内壁应光滑，无裂纹、锈蚀等缺陷；

（3）检查多级抽气器的隔板端面应与法兰密封面应处于同一平面内，级间隔板应无泄漏现象；

（4）清理检查冷却器管束应清洁、通畅，无裂纹、锈蚀等缺陷；

（5）检查调整隔板与外壳间的间隙不应大于1mm；

（6）对抽气器的水侧和汽侧分别进行强度试验，试验压力应符合制造厂的规定，如无规定时，按 1.25 倍工作压力进行强度试验，焊道、胀口和法兰密封面均应无泄漏现象；

（7）清理检查各疏水孔应清洁、畅通；

（8）蒸汽进口过滤网的孔径应小于喷嘴的最小直径。

（9）安装时的纵横轴线和标高，应符合设计文件的规定，当无规定时，其允许偏差应符合表 5－1 的规定。

10. 汽封冷却器安装有哪些要求？

答：（1）清理检查管束应清洁、畅通，无锈蚀、杂物等缺陷；

（2）对其水侧和汽侧应分别进行工作压力 1.25 倍的严密性水压试验，各焊缝、胀接口和法兰密封面等均应无泄漏；

（3）水室分流通路应符合设计文件要求，隔板应无短路现象；

（4）检查汽封冷却器各接管方位，应符合设计文件要求；

（5）汽封冷却器支座底面与基础上底板结合面应光滑、平整并接触良好，固定支座应固定牢靠，滑动支座在膨胀方向应留有足够的膨胀间隙并应符合设计文件的要求。

第四节　凝结水泵的安装

1. 什么是凝结水泵？凝结水泵如何分类？

答：从凝汽器中抽出凝结水的泵，称为凝结水泵。汽轮机组使用的凝结水泵按泵轴位置分为立式泵和卧式泵两种；按工作叶轮数目可分为单级泵和多级泵。每台汽轮机都设有两台凝结水泵，其中一台运行，另一台作为备用。

2. 自备电站汽轮机使用的凝结水泵类型有哪几种？

答：自备电站汽轮机使用的凝结水泵的类型较多，比较典型的有：NB 型凝结水泵、GN 型凝结水泵、LNL 型凝结水泵。

3. 简述 NB 型凝结水泵结构。

答：图 5－12 所示 NB 型凝结水泵结构图，它是一台单级单吸悬臂式离心泵。其结构主要由泵体、叶轮、转子和悬臂架等组成。悬臂架部件采用两个向心推力球轴承和一个单列向心球轴承组合，支承转子部件并承受泵的径向力和轴向力，轴承用润滑油润滑。水泵轴端采用填料密封，中间有水封环并通一冷却水密封起密封、润滑和冷却作用。叶轮与壳体有密封环密封，以防止磨损和减少泄漏，在转子上的密封环处装有可更换的轴套以保护转子。轴与

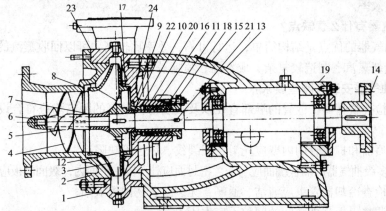

图 5－12　NB 型凝结水泵结构

1—泵体；2—泵盖；3—叶轮；4—诱导轮；5—轴；6—锁紧叶轮螺母；7—叶轮挡套；8—泵盖密封环；9—轴承；
10—填料垫环；11—轴套；12—水封管；13—托架；14—联轴器；15—铭牌；16—水封环；17—密封环；
18—填料压盖；19—转向指示牌；20—填料；21—平键；22—垫片；23—浸油石棉垫；24—沉头螺钉

轴套之间装有 O 形密封圈，以防止从配合间隙处进空气或漏水。

4. 简述 GN 型凝结水泵结构。

答：图 5 - 13 为 GN 型凝结水泵结构，它是一台单吸双级悬臂式离心泵。其结构主要由首级叶轮、导叶、末级叶轮、密封环、填料密封、中段、轴和悬臂架等组成。悬臂架部件采用两个向心推力球轴承和一个单列向心球轴承组合，支承转子部件并承受泵的径向力和轴向力，轴承用润滑油润滑。水泵轴端采用填料密封，叶轮与壳体有密封环密封，以防止磨损和减少泄漏，在转子上的密封环处装有可更换的轴套以保护转子。轴与轴套之间装有 O 形密封圈，以防止从配合间隙处进空气或漏水。

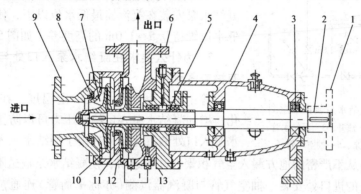

图 5 - 13　GN 型凝结水泵结构

1—联轴器；2—轴；3—滚动轴承；4—悬臂架；5—填料密封；6—出口法兰；7—首级叶轮；
8—密封环；9—进口法兰；10—导叶；11—末级叶轮；12—中段；13—泵盖

5. 简述 NL 型立式凝结水泵结构。

答：图 5 - 14 为 LNL 型立式凝结水泵结构图。其结构为立式双层壳体离心式水泵，吸

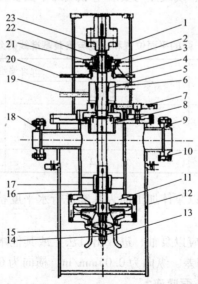

图 5 - 14　LNL 型立式凝结水泵

1—电动机支架；2—轴承体；3—轴承支架；4—轴承冷却管出口；5—机械密封部件；6—机械密封冲洗管出口；
7—脱气管；8—平衡套；9—凝结水吸入管和法兰；10—螺栓、螺母；11—中段；12—圆筒体；13—壳体密封环；
14—防松螺母；15—诱导轮；16—导轴承压盖；17—导轴承；18—凝结水排出管和法兰；19—机械密封冲洗管入口；
20—轴承冷却管入口管；21—轴承压盖；22—油杯；23—联轴器部件

入口设诱导轮。泵的轴封为机械密封，轴向力由泵本身平衡。泵的吸入管和出口管均在基础上方。

6. 凝结水泵为什么布置在凝汽器热水井下0.5~1.0m处？

答：（1）为了防止凝结水泵入口易发生汽化；

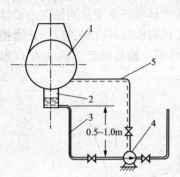

图5-15 凝结水泵装置示意图
1—凝汽器；2—热井；3—凝结水管；
4—凝结水泵；5—抽空气管

（2）水泵性能中规定了入口侧的灌注高度，借助水柱产生的压力，使凝结水离开饱和状态，避免汽化；

（3）由于离心式水泵的吸入高度最大只能达到7~8m，因而在很高的真空下吸出水来是不可能的，因而凝结水泵安装在凝汽器最低水位以下，使水泵入口与最低水位维持0.5~1.0m的高度差，如图5-15所示。

7. 为什么要求在凝结水泵入口处与凝汽器之间设有抽空气管？

答：由于凝结水具有一定温度，在低压下容易汽化，增加凝结水泵入口绝对压力可以防止凝结水在凝结水泵入口处的汽化。另外由于凝结水泵入口处在高度真空状态下，容易从不严密的地方漏入空气积聚在叶轮进口，使凝结水泵输送不出水。所以要求应在凝结水泵的进口处安装一抽空气管与凝汽器汽侧（亦称平衡管）连通，用以平衡凝结水泵入口和凝汽器内压力，并可以防止在凝结水泵中积聚空气，维持凝结水泵入口与凝汽器处于相同的真空度。另一方面要求凝结水泵入口处管道上的阀门填料、法兰等处密封应严密，防止空气漏入泵内破坏真空，以保证凝结水泵的正常工作。

8. 离心泵的找正、找平有什么要求？

答：（1）泵定位基准的面、线或点与安装基准线的平面位置和标高的允许偏差，应符合表5-6的规定。

表5-6 泵的平面位置和标高与安装基准线的允许偏差

项 目	允许偏差/mm	
	平面位置	标高
与其他设备无机械联系的	±10	+20 −10
与其他设备有机械联系的	±2	±1

（2）解体进行安装的泵，以泵体加工面为基准进行水平度检查。泵的纵、横向水平度允许偏差为0.05mm/m。

（3）整体进行安装的泵，应以泵轴、进、出口法兰或其他水平加工基准面等处为基准进行水平度检查。水平度允许偏差，纵向为0.05mm/m，横向为0.10mm/m。

9. 如何用三点法找平离心泵底座？

答：（1）首先在 a 点位置垫好需要高度垫铁组，同样在地脚螺栓1、2两侧也安放需要高度垫铁组（如图5-16中的 b_2、b_4），如图5-16所示；

（2）用长水平仪在机座的加工表面 A、B、C、D、E、F 上测量水平度并利用 b_2、b_4 和 a 处的垫铁进行调整；

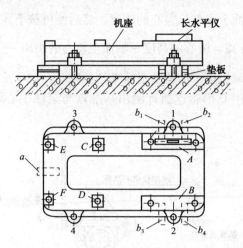

图 5 - 16　用三点找平法找平机离心泵底座

(3)当机座标高和纵横向水平度符合要求后，进行预留地脚螺栓孔的灌浆；

(4)待一次灌浆达到设计强度 75% 以上时，复查机座水平度并紧固地脚螺栓；

(5)纵横向水平复查合格后，在 b_1、b_3 及地脚螺栓 3 和 4 的两侧加入垫铁组，将垫铁组进行定位焊，同时将 a 点垫铁组拆除。

10. 离心泵机座找平时，水平仪为什么要在原地旋转 180°测量两次？

答：水平仪由于加工制造上的原因，或由于长期使用及保管不善，测量时会产生误差，使气泡指示的水平度不准确。所以，在使用水平仪时，应事先了解或设法消除水平仪本身误差。为了减少水平仪本身误差的影响，所以应在被测工件表面上原地旋转 180°进行两次测量，以两次读数的平均值加以计算修正。如表 5 - 7 所示。

表 5 - 7　水平仪测量数据的计算方法

	水平仪读数			
	例1	例2	例3	例4
第一次测量	0	0	X_1	X_1
第二次测量(旋转180°后)	0	X_2	X_2	X_2
a - 被测工件表面水平仪偏差	$a=0$	$a=1/2x$	$a=(x_1-x_2)/2$	$a=(x_1+x_2)/2$

11. 离心泵泵体的安装包括哪几个方面？

答：包括找标高、找正、找平三个方面。

12. 如何进行离心泵泵体的找正工作？

答：离心泵泵体的找正工作就是找正泵体的纵横中心线与基础上的纵横中心线相重合。泵体的纵向中心线是以泵轴中心线为准，横向中心线是以泵出口法兰的中心线为准。

13. 如何进行离心泵体的找平工作？

答：泵体的中心位置调整好后，便可以调整泵体的水平，首先用精度为 0.02/1000mm 的框式水平仪，在泵体前后两端的轴颈上进行测量，或在泵出口法兰上进行测量。调整水平时，可在泵体支腿与机座加工面 A、B(图 5 - 16)间加薄调整垫片来进行调整。

14. 如何进行离心泵找标高工作？

答：离心泵的标高是以泵轴的中心线为准。找标高一般用水准仪来进行测量，如图 5 - 17 所示。测量时，将标杆放在厂房内设置的基准点上，测出水准仪的镜心高度，然后将标杆移到轴上，测出轴面至水准仪镜心的距离，然后便可按下式计算出泵轴中心的标高。

$$泵轴中心的标高 = 镜心的高度 - 轴面至镜心的距离 - \frac{1}{2}泵轴的直径$$

调整标高时，可用增减机座下的调整垫铁来达到的。

离心泵的标高也可以用 U 形管连通计测出基准点与泵轴中心线的高度差，得出离心泵轴中心的标高。

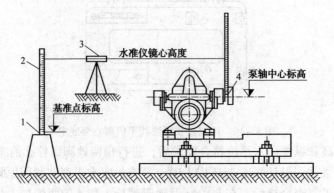

图 5 - 17　用水准仪测量泵轴中心的标高
1—基准点；2—标杆；3—水准仪；4—泵轴

15. 离心泵解体检查时有什么要求？

答：（1）泵体、叶轮、泵盖、支座等铸件，应无夹渣、气孔、裂纹等缺陷；

（2）轴、叶轮、密封环、平键、轴套等各部件应无裂纹、锈蚀和损伤，加工面应光滑；

（3）泵体、叶轮等流道应光滑、畅通，无堵塞现象；

（4）叶轮键槽、轴套键槽、平衡盘键槽的中心线与相对应轴中心线偏差应不大于 0.03mm/100mm；

（5）轴颈的圆柱度和圆度应小于 0.02mm，其跳动值应符合表 5 - 8 的规定；

表 5 - 8　离心泵轴颈跳动允许偏差值　　　　　　　　　　　　　　　mm

公称直径	径向跳动	轴肩端面跳动
18 ≤	0.025	0.01
>18 ~ 50	0.03	0.016
>50 ~ 120	0.04	0.025
>120 ~ 260	0.05	0.04

（6）轴的弯曲值应不大于 0.02mm；

（7）用百分表对轴套、叶轮密封环、平衡盘等进行径向和端面跳动值的检查，应符合制造厂技术文件的规定，如无规定时，应符合表 5 - 9 的规定。

表 5 - 9　离心泵叶轮、轴套、平衡盘跳动允许偏差值　　　　　　　　mm

叶轮、轴套、平衡盘孔径	叶轮密封环、轮毂、轴套 外缘、平衡盘径向跳动	叶轮密封环、轮毂、轴套 外缘、平衡盘端面跳动
18 ≤	0.04	0.025
>18 ~ 50	0.05	0.04
>50 ~ 120	0.06	0.06
>120 ~ 260	0.08	0.10

16. 如何测量转子各部径向跳动值？

答：（1）首先以键槽为起点，将叶轮沿圆周分成六等份并标上记号，如图5-18所示；

（2）然后缓慢转动转子，每转过一等份，便记录1次百分表读数；

（3）转子转动1周后，每一叶轮上便有6个百分表读数，并将这些读数记录在表5-10中；

（4）同一测点处的最大读数减去最小读数就是径向跳动值。从表5-10中可以看出，第Ⅰ测点处径向跳动值为0.05mm，第Ⅱ、Ⅲ、Ⅳ测点处的径向跳动值分别为0.03mm、0.04mm、0.02mm。

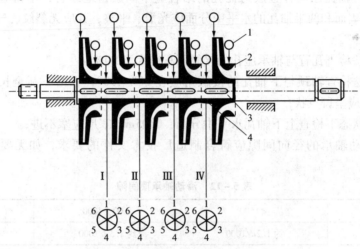

图5-18 转子各部位跳动值的测量

1—百分表；2—叶轮；3—转子；4—轴套

表5-10 离心泵转子轴套处径向跳动测量记录　　　　　mm

测点	转子转动角度						径向跳动值
	1(0°)	2(60°)	3(120°)	4(180°)	5(240°)	6(300°)	
Ⅰ	0.21	0.23	0.22	0.24	0.20	0.19	0.05
Ⅱ	0.32	0.30	0.31	0.33	0.31	0.30	0.03
Ⅲ	0.30	0.29	0.29	0.33	0.33	0.32	0.04
Ⅳ	0.32	0.31	0.31	0.33	0.32	0.33	0.02

17. 如何测量泵轴弯曲度？

答：先将泵轴上的叶轮、轴套等部件拆下，将轴夹持在车床上，在轴上选定几个测点并放置千分表如图5-19所示。然后盘动泵轴一周可测量四个等分点，将测得的千分表读数记录在表5-11中，即计算出轴的弯曲值。用这些数值在图上选取一定的比例，可以用简单的图解法（图5-19）近似地求出泵轴上最大的弯曲点和弯曲方向，并且可以用同样的比例得该点的弯曲值（图5-19中为0.10mm）。如果轴的弯曲值大于0.05mm，则必须进行轴的校直。轴校直后再进行轴弯曲度的检查。

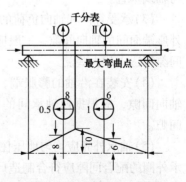

图5-19 离心泵轴弯曲度的测量

表 5 - 11　离心泵轴弯曲测量记录　　　　　　　　　mm

测　点	转子转动角度				弯曲值与弯曲方向
	1(0°)	2(90°)	3(180°)	4(270°)	
Ⅰ	0.36	0.27	0.20	0.28	0.08(0°)；0.005(270°)
Ⅱ	0.30	0.23	0.18	0.25	0.06(0°)；0.01(270°)

18. 滑动轴承检查及组装时有哪些要求?

答: (1)检查轴瓦巴氏合金层与瓦壳的结合应牢固紧密地结合,不得有分层、脱壳现象。巴氏合金层表面和两半轴瓦的水平中分面应光滑、平整,并应无裂纹、气孔、重皮、夹渣和碰伤等缺陷;

(2)用着色法检查瓦背与轴承座孔的接触面积应大于50%;

(3)用着色法检查轴颈与下轴瓦的接触角在60°~90°,在沿下瓦全长应均匀接触达75%以上,接触应呈斑点状;

(4)在自由状态下检查上下轴瓦水平中分面,0.05mm 塞尺应塞不进;

(5)检查滑动轴承的径向间隙应符合制造厂技术文件的要求,如无要求时,应参照表 5 - 12的规定;

表 5 - 12　滑动轴承顶间隙

转速/(r/min)	<1500	1500~3000	>3000
顶间隙/mm	约 1.2d/1000	约 1.5d/1000	约 2d/1000

注: d—轴颈。

(6)轴瓦单侧间隙应为轴颈的1/1000,但不得小于0.06mm,测量时塞尺塞进阻油边的长度为 10~15mm;

(7)下瓦两侧应开有油囊;

(8)轴瓦过盈量,一般为 0.03~0.05mm。

19. 滚动轴承检查及组装时有哪些要求?

答: (1)滚动轴承装配前,应测量轴承与配合间的配合尺寸,按轴承不同的防锈方式选择适当的清洗方法。

(2)检查滚动轴承应清洁,无锈蚀、无裂纹、无损伤等缺陷,滚体与内圈应接触良好,滚体与外圈配合应转动灵活,并无卡涩和异常声响;推力轴承的紧圈应与活圈相互平行,并与轴线垂直。

(3)承受径向和轴向负荷的滚动轴承座圈应与轴肩或轴承座挡肩靠紧。轴承压盖与轴承外座端面间的轴向间隙,一般应不大于0.10mm,若两个滚动轴承不是紧靠在一起时,轴向间隙可适当放大些。

(4)安装在沿轴的膨胀端,游隙不可调整的滚动轴承,外座圈端面与轴承压盖之间的轴向间隙,应根据两轴承间的距离和运行温度计算该处轴的膨胀量,并留出足够的膨胀间隙。

(5)轴承外壳应均匀地压住滚动轴承外圈,不得使滚动轴承有歪斜现象。轴承外壳与轴承外圈的配合间隙应符合制造厂技术文件的规定。

(6)滚动轴承内圈与轴的配合应有适当的过盈量。

20. 如何拆卸滚动轴承？

答：滚动轴承在装配过程中如需拆卸，可采用各种不同的拆卸器进行拆卸，如图 5－20 所示。滚动轴承与轴配合较紧时，可采用压力机来拆卸，如图 5－21 所示。另外滚动轴承也可采用热油来拆卸，如图 5－22 所示。采用热油拆卸时，应先将轴承两侧的轴颈用石棉布包裹好，装上拆卸工具，将热油浇在轴承的内座圈上，待内座圈加热膨胀后，便可借助拆卸器将轴承从轴上拆卸下来。

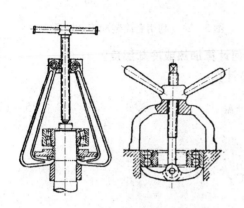 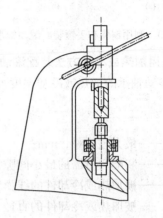

图 5－20　用拆卸器拆卸滚动轴承　　　　　图 5－21　用压力机拆卸滚动轴承

图 5－22　用热油加拆卸器拆卸滚动轴承

21. 滚动轴承的装配方法有哪几种？

答：（1）当滚动轴承和轴颈或轴承座孔的过盈较小时，可以采用压入法装配：

①利用铜棒和手锤敲打法，如图 5－23 所示。手锤应按一定的顺序对称的进行敲打，而且一定要打在带过盈的座圈（内套）上并对承受力。

②利用软金属制的套筒打入或压入，如图 5－24 所示。

（2）当滚动轴承和轴颈或轴承座孔过盈较大时，可采用热装法或冷装法装配

当滚动轴承采用热装法装配时，先将滚动轴承放在加热装置中用机油加热。油温不应大于100℃，以免轴承回火使硬度降低。轴承达到温度后应迅速取出，装配到轴上。

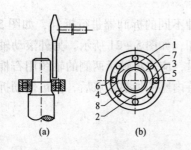

图 5 - 23　利用铜棒和手锤装配滚动轴承

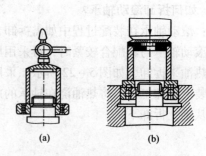

图 5 - 24　利用套筒装配滚动轴承

22. 采用加热或冷装方法装配滚动轴承时，如何计算加热或冷却温度？

答：滚动轴承的加热或冷却温度可按式（5 - 1）计算：

$$T = \frac{\delta_{max} + \Delta}{\alpha d} + t_0 \tag{5 - 1}$$

式中　δ_{max}——最大过盈量，mm；

　　　Δ——装配时所需的最小间隙，mm；

　　　α——被加热或冷却件的线膨胀系数，1/℃；

　　　d——被加热或冷却件的直径，mm；

　　　t_0——装配时的环境温度，℃。

23. 游隙不可调整的滚动轴承，轴承外座圈端面和轴承压盖间的轴向间隙如何确定？

答：安装在沿轴的膨胀端游隙不可调整的滚动轴承，在工作时，由于轴在温度升高时的伸长而使其内外座圈发生相对位移，故轴承的轴向间隙将减小，甚至将滚动体在内外座圈间挤住。如将双支承滚动轴承中的一个轴承和轴承压盖之间留出轴向间隙 S，则可避免上述现象的发生，如图 5 - 25 所示。因此，外座圈端面与轴承压盖之间，应根据轴在工作条件下的热膨胀值，计算出轴向间隙 S，其轴向间隙值可由式（5 - 2）确定：

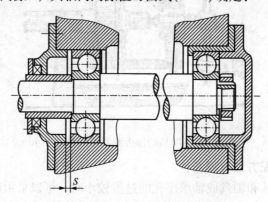

图 5 - 25　轴向热膨胀间隙的调整

$$S = \Delta l + 0.15 = \alpha \cdot l \cdot \Delta t + 0.15 \tag{5 - 2}$$

式中　S——轴承外座圈端面与轴承压盖间的间隙，mm；

　　　Δl——轴在工作时，因温度升高而引起的轴向膨胀量，mm；

　　　α——轴的线膨胀系数，碳钢 $\alpha \approx 12 \times 10^{-6}$，1/℃；

　　　l——两轴承间的距离，mm；

　　　Δt——轴工作时温度与环境温度差，℃。

24. 滚动轴承装配时，对于对开式轴承座有什么要求？

答：（1）轴承盖与轴承座之间的水平中分面在对称中心线的90°范围内应均匀接触，并用0.03mm塞尺检查，塞入长度应小于外圈长度的1/3。

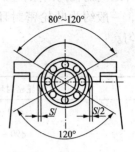

（2）轴承外座圈与轴承盖的接触角应在对称中心线的80°~120°内；轴承外座圈与轴承座的接触角应在对称中心线的120°范围内，如图5－26所示。

（3）轴承外圈与轴承座的半圆孔间不得有加帮现象，外座圈两侧的"瓦口"应留出$\frac{S}{2}=(0.1~0.25mm)$的间隙，如图5－26所示。轴承座"瓦口"如需修刮时，其修刮的尺寸和深度见表5－13。

图5－26　滚动轴承在对开式轴承座内的配合要求

表5－13　对开式轴承座"瓦口"应修刮的尺寸及深度　　　　mm

轴承外径 D	$S/2$	h
$D \leqslant 120$	0.10	10
$120 < D \leqslant 260$	0.15	15
$260 < D \leqslant 400$	0.20	20
$D > 400$	0.25	30

25. 装配推力球轴承时，为什么要检查活座圈与轴承座孔的间隙？

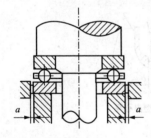

答：装配推力球轴承时，除了应遵守滚动轴承装配的一般规定外，还必须检查滚动轴承不旋转的推力座圈（活座圈）与轴承座孔的间隙a，如图5－27所示。这个间隙主要是为了补偿零件加工和装配上的误差，因为当旋转的和不旋转的推力座圈的中心线有偏移时，此间隙可以保证其自动调整，否则将会引起剧烈的磨损。间隙a一般为0.20~0.30mm。

图5－27　推力球轴承活座圈与轴承座孔的配合间隙

26. 离心泵组装时有哪些要求？

答：（1）叶轮旋转方向应符合设计文件要求，并与壳体上的标志一致，固定叶轮的螺母应有锁紧装置并锁牢。

（2）检查调整叶轮出口的中心线与涡室的中心线应对准。多级泵在平衡盘与平衡环靠紧的情况下，叶轮出口宽度应在导叶进口宽度范围内。

（3）叶轮在泵体应位于中心，两侧间距应相等，有导轮的离心泵叶轮的流道与导叶的流道应对齐。

（4）用百分表检查泵体止口外圆和孔的径向跳动值，其允许偏差见表5－14。

表5－14　离心泵泵体止口外圆和孔的允许径向跳动值　　　　mm

止口直径	允许径向跳动值	止口直径	允许径向跳动值
<360	<0.07	<630	<0.09
<500	<0.08	>630	<0.10

（5）用游标卡尺分别测量泵体密封环及叶轮密封环的直径，以确定泵体密封环与叶轮密

封环之间的径向间隙，应符合制造厂技术文件的要求，当无要求时，应符合表 5 - 15 的规定，一般约为叶轮密封环处直径的 1 ~ 1.5/1000，但最小不应小于轴瓦顶间隙，且四周均匀。

表 5 - 15　离心泵叶轮密封环径向间隙　　　　　　　　　　　mm

叶轮密封环处直径	密封环直径方向允许间隙值
$\phi 30 \sim 90$	0.3 ~ 0.4
$\phi 90 \sim 120$	0.4 ~ 0.5
$\phi 120 \sim 180$	0.5 ~ 0.6
$\phi 180 \sim 250$	0.6 ~ 0.7
$\phi 250 \sim 500$	0.7 ~ 0.85
$\phi 500 \sim 800$	0.85 ~ 1.20

(6)离心泵组装后，盘动转子应转动灵活，无卡涩、摩擦等现象。

(7)管道与离心泵连接前，进、出口法兰处应用钢板和螺栓临时封闭，不得进入杂物。

27. 离心泵常见的密封圈型式及固定方式有哪几种?

答：离心泵常见的密封圈型式及固定方式如图 5 - 28 所示。在单级单吸 BA 型离心泵上，密封圈是采用静配合来固定的；在单级双吸 Sh 离心泵上，密封圈是由它自身外圆处铸有凸起的半圆环镶在泵体来固定；在多级单吸的 GC 型离心泵上，密封圈是用埋头螺钉来固定的。

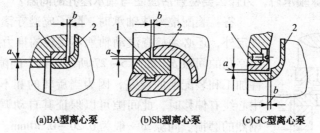

(a)BA型离心泵　　　(b)Sh型离心泵　　　(c)GC型离心泵

图 5 - 28　离心泵常见密封圈型式和固定方式
1—密封圈；2—叶轮

28. 机械密封安装有哪些要求?

答：如图 5 - 29 所示，要求如下：

(1)装配前应检查机械密封件的型号、材质、规格、数量及质量等应符合制造厂技术文件要求；

(2)检查动环和静环密封端面应光滑，无划伤、裂纹等缺陷；

(3)检查弹簧无裂纹，锈蚀等缺陷，弹簧两端面与中心线的垂直度偏差应不大于 5‰，同一个机械密封中各弹簧之间的自由高度偏差应不大于 0.5mm，弹簧在弹簧座内应无倾斜、卡涩等现象；

(4)弹簧压缩量应符合制造厂的规定，允许误差为 ±2mm。过大会增加端面比压加速端面磨损；过小会造成比压不足而起不到密封作用；

(5)检查安装动环处轴的径向跳动应不大于 0.03mm；

(6)动环和静环密封端面的端面跳动应不大于 0.02mm；

（7）动环和静环密封端面的平行度偏差应不大于0.04mm；

（8）静环防转槽端部与防转销顶部应保持1~2mm的轴向间隙，以免泵抽空时被破坏；

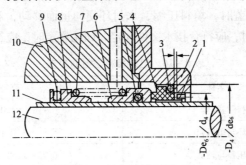

图5-29 机械密封示意图

1—防转销；2—泵盖；3、5—O形环密封圈；4—静环；6—动环；

7—弹簧；8—弹簧座；9—固定螺钉；10—泵体；11—轴套；12—泵轴

（9）组装机械密封时，应在动静环密封端面和动静环密封圈上，应薄薄地涂一层清洁的润滑油，动、静环安装位置应符合制造厂技术文件的要求；

（10）动环装配后，应在轴上灵活移动，将动环压向弹簧后应能自由弹回来；

（11）机械密封组装后用手盘动转子应转动灵活；

（12）机械密封的冲洗或密封系统，应保持清洁、通畅。

29. 填料密封组件的安装有哪些要求？

答：如图5-30所示，要求如下：

（1）检查轴表面应光滑，无划痕、毛刺等缺陷，填料箱应清洁、无异物；

（2）用百分表检查轴在密封部位的径向跳动值为0.03~0.08mm（大直径取大值）；

（3）密封用的填料应采用质地柔软并带有润滑性能的材料制成，材质应根据工作介质温度进行选择；

（4）测量填料挡环4与轴套8的径向间隙为0.30~0.50mm；

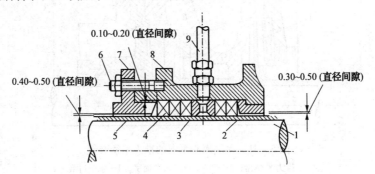

图5-30 离心泵填料密封装置

1—泵轴；2—填料挡环；3—液封环；4—填料；5—轴套；

6—填料压盖螺栓；7—填料压盖；8—填料函；9—水封引水管

（5）装填料时，填料接口应严密，两端搭接应呈45°切口；

（6）填料装入填料函时，相邻两圈填料的接口应相互错开90°，最后一根填料装填完毕后，应用填料压盖螺栓将压盖压紧，紧力应适当；

（7）填料安装完毕后，用手转动泵轴，使装配压紧力趋于抛物线分布，使填料表面磨光，并无卡涩现象；然后，略旋松填料压盖螺母，使填料压盖略松一点；

（8）填料压紧后，水封环进水口应对准进水管的管口，并将水封环装在稍偏向外侧的位置上，这样当紧固填料压盖时，填料压缩，水封环便向里面移动，和进水管口对准；

（9）填料密封件安装时，应符合技术文件规定。如无规定时，应符合表 5-16 的要求。

表 5-16　组装填料密封的要求

序号	组装件名称	直径间隙/mm
1	液封环与轴套	1.00 ~ 1.50
2	液封环与填料箱	0.15 ~ 0.20
3	填料压盖与轴套	0.75 ~ 1.00（四周间隙应均匀）
4	填料压盖与填料箱	0.10 ~ 0.30
5	填料底环与轴套	0.70 ~ 1.00
6	减压环轴套	0.50 ~ 1.20

（10）轴密封件组装后，用手盘动转子应转动灵活，转子的轴向窜动量应符合制造厂技术文件的规定。

30. 分段式多级离心泵组装时，应符合哪些要求？

答：（1）检查叶轮旋转方向应与泵体上的箭头标记相一致，固定叶轮的螺母已紧固并将锁紧装置锁牢。

（2）检查推力平衡装置的平衡盘与泵壳上的平衡环之间的装配轴向间隙为 0.1 ~ 0.25mm，如图 5-31 所示。

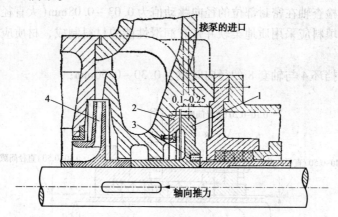

图 5-31　多级离心泵上的推力平衡装置
1—推力平衡盘；2—平衡环；3—平衡室；4—末级叶轮

（3）检查平衡盘和平衡环的工作端面与泵轴的中心线的垂直度偏差应不大于 0.03mm。

（4）检查密封环与泵体间的径向配合间隙为 0.00 ~ 0.03mm。

（5）检查、调整转子与泵体的同轴度应符合制造厂技术文件规定。

（6）多段式多级离心泵的拉紧螺栓紧固时，应按拆卸时的标记顺序进行，并应对称紧固。

31. 联轴器对中找正时可能遇到哪四种情况？

答：联轴器垂直方向轴对中找正时，可能遇到如图 5-32 所示的 4 种情况（也可分析为 7 种情况）。

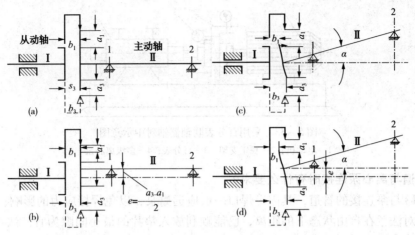

图 5 – 32　联轴器轴对中找正时可能遇到的四种情况

（1）$b_1 = b_3$；$a_1 = a_3$，如图 5 – 32（a）所示。表示两半联轴器的端面互相平行，主动轴和从动轴的中心线又同在一条水平线上。这时，两半联轴器处于正确位置。

此处 b_1、b_3 和 a_1、a_3 表示在联轴器在垂直方向上方（0°）和下方（180°）两个位置上的轴向读数值和径向读数值。

（2）$b_1 = b_3$，$a_1 \neq a_3$，如图 5 – 32（b）所示。表示两半联轴器的端面平行，但两轴的中心线不同轴，这时两轴的中心线之间有一平行的径向位移（偏心距）$e = \dfrac{a_3 - a_1}{2}$。

（3）$b_1 \neq b_3$，$a_1 = a_3$，如图 5 – 32（c）所示。表示两半联轴器的端面互相不平行，但两轴的中心线相交（也就是两轴中心线同心），其交点正好在从动轴的半联轴器的中心点上。这时两轴的中心线之间有一个倾斜的角位移（倾斜角）α。

（4）$b_1 \neq b_3$，$a_1 \neq a_3$，如图 5 – 32（d）所示。表示两半联轴器既不同心又不平行，这时两轴的中心线之间即有轴向倾斜角位移（轴向偏差）又有径向位移。

联轴器对中找正时出现的以上 4 种情况，第一种情况是最理想的也是泵组轴对中找正要求的。其他 3 种情况都不符合要求，均必须重新找正、调整，达到制造厂技术文件要求。离心泵安装时，应先将离心泵找正找平，使其轴处于水平状态，然后再安装主动机，进行联轴器对中找正。所以，联轴器对中找正时只需调整主动机，即在主动机的支座下面用加、减垫片的方法来进行调整。

32. 离心泵联轴器对中找正时有哪些要求？

答：（1）离心泵组轴对中找正是以泵联轴器为基准，调整电动机底座垫片来达到泵组联轴器对中的要求；

（2）调整泵组轴对中时，宜使用百分表找正，两轴应同时转动，如图 5 – 33 所示；

（3）百分表支架应固定牢固，转动一周后百分表数值变化应小于 0.02mm；

（4）两半联轴器间的端面间隙及径向位移、轴向倾斜均应符合制造厂技术文件的规定；

（5）根据泵底座的材料、结构形式和介质温度联轴器在常温状态下找正时，应按设计规定预留其温度变化的补偿值；

（6）联轴器对中找正完毕后应作记录，并应在泵组二次灌浆前和管道与离心泵连接后复查联轴器对中情况，其偏差应不大于 0.05mm。

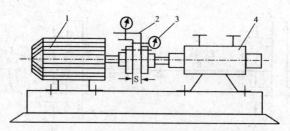

图 5－33　采用百分表联轴器轴对中示意图

1—电动机；2—找正支架；3—百分表；4—多级离心泵

33. 管道与离心泵连接时有什么要求？

答：（1）与泵连接的管道，其固定焊口一般应远离泵，以免焊接应力的影响；

（2）配对法兰在自由状态下的距离，已能顺利放入垫片的最小间隙为宜。法兰的平行度和同轴度允许偏差应符合表 5－17 的规定；

表 5－17　法兰平行度、同轴度允许偏差

机器转速（r/min）	平行度/mm	同轴度/mm
3000～6000	≤0.15	≤0.50
>6000	≤0.10	≤0.20

（3）管道连接后，不允许管道对离心泵承受设计以外的附加应力；

（4）管道与离心泵最终连接时，应在联轴器上架设百分表监视泵位移。当转速小于或等于 6000r/min 时，其位移值应小于 0.05mm。

参 考 文 献

[1] 《机械工程手册、电机工程手册》编辑委员会. 机械工程手册第 4、9、21、50、72 篇. 北京：机械工业出版社，1984

[2] 《化工厂机械手册》编辑委员会. 化工厂机械手册. 北京：化学工业出版社，1989

[3] 黄汝霖，黄继宗，何华，等. 积木块系列工业汽轮机：培训教材. 杭州：杭州汽轮机动力集团有限公司科协，1992

[4] 中国石化集团第五建设公司王学义. 工业汽轮机技术. 北京：中国石化出版社，2011

[5] 化学工业部人事教育司、教育培训中心. 压缩机. 北京：化学工业出版社，1997

[6] 钱德祥，鲍引年. 大型汽轮机安装（上、下册）. 北京：中国水利电力出版社，1987

[7] 中国石化集团公司第十建设公司. 乙烯装置离心式压缩机组施工技术规程. 北京：中国石化出版社，2004

[8] 中国电力企业联合会基建工作部. 电力建设施工及验收规范：汽轮机机组篇. 北京：中国电力出版社，1992

[9] 原中华人民共和国机械工业部. 机械设备安装工程施工及验收通用规范. 北京：中国计划出版社，1998

[10] 汪玉林. 汽轮机设备运行及事故处理. 北京：化学工业出版社，2007

[11] 北京电力工人技术学校. 汽轮机安装工艺学（上、下册）. 北京：中国工业出版社，1961

[12] 杨国安. 转子动平衡实用技术. 北京：中国石化出版社，2012

[13] 李多民. 化工过程机器. 北京：中国石化出版社，2007

[14] 萧开梓. 化工机器安装与检修. 北京：中国石化出版社，1992

[15] 楼宇新. 化工机械制造工艺与安装修理. 北京：化学工业出版社，1981

[16] 宋天民，孙铁，谢禹钧. 炼油厂动设备. 北京：中国石化出版社，2006

[17] 华东电力建设局上海技工学校. 汽轮机设备安装工艺学. 北京：中国水利电力出版社，1985

[18] 汪玉林. 汽轮机辞典. 北京：化学工业出版社，2009

[19] 苏云堤. 汽轮机本体安装. 北京：中国电力出版社，1999

[20] 化学工业部人事教育司，教育培训中心. 化工机器和设备安装. 北京：化学工业出版社，2001

[21] 肖增弘，徐丰. 汽轮机数字式电液调节系统. 北京：中国电力出版社，2003

[22] 周仁睦. 转子动平衡原理. 方法和标准. 北京：化学工业出版社，1992

[23] 施维新. 汽轮发电机振动及事故. 北京：中国电力出版社，1999

[24] 中国标准出版社总编室. 中国国家标准汇编(67、73、109). 北京：中国标准出版社，1991

石油化工设备技术问答丛书

书　名	定价/元	书　名	定价/元
管式加热炉技术问答(第二版)	12	石化工艺管道安装设计实用技术问答(第二版)	30
塔设备技术问答	8	石化工艺及系统设计实用技术问答(第二版)	30
油罐技术问答	9	炼化静设备基础知识与技术问答	38
球形储罐技术问答	9	炼化动设备基础知识与技术问答	39
转鼓过滤机技术问答	8	设备状态监测技术机故障诊断问答	12
焦化装置焦炭塔技术问答	8	实用机械密封技术问答(第三版)	28
连续重整反应再生设备技术问答	8	泵操作与维修技术问答(第二版)	15
电站锅炉技术问答	15	离心式压缩机技术问答(第二版)	15
空冷器技术问答	10	往复式压缩机技术问答(第二版)	10
换热器技术问答	12	催化烟机主风机技术问答	8
金属焊接技术问答	48	设备润滑技术问答	12
无损检测技术问答	28	电站汽轮发电机技术问答	18
设备腐蚀与防护技术问答	30	电站汽轮机技术问答	18
压力容器技术问答	12	工业汽轮机设备及运行技术问答	54
压力容器制造技术问答	8	汽轮机技术问答(第三版)	18
炼油厂电工技术问答	14	工业汽轮机安装技术问答	42
带压堵漏技术问答	10	工业汽轮机检修技术问答	估42